新世纪高校机械工程规划教材

机械工程测试技术

主　编　刘培基　王安敏

副主编　王淑君　沈建坤

参　编　贺松林　刘艳香　蒋　炜

主　审　赵永瑞

U0240675

机 械 工 业 出 版 社

本书是根据教育部"高等教育面向 21 世纪教学内容和课程体系改革计划"精神编写的新世纪高校机械工程及自动化专业规划教材。

全书共分十二章，前六章主要介绍测试技术的基础理论和基本知识，内容包括：概论、信号分析、测试系统的基本特性、常用传感器原理及应用、信号变换及测量电路、测试信号处理等。后六章以工程应用为主，介绍工程实用测试技术，阐述了工程中典型参数（位移、振动、应变、力、扭矩、温度、压力、流量等）的测试方法及数字滤波、计算机测试系统的组成和设计、虚拟仪器等。反映了测试技术向自动化、智能化发展的新趋势以及计算机在测试技术中的应用，并帮助学生学会运用所学测试技术知识设计或构成现代的测试系统。考虑到机械类宽口径专业的教学要求，后六章在内容编排上便于根据不同专业方向及学时数进行取舍。

本书注意拓宽基础知识面，加强工程背景以及培养学生的创新能力和工程实践能力，反映测试技术领域的新发展、新知识。在内容的叙述方面，力求简洁。本书是机械工程及自动化专业本科教材，也可供相近专业使用以及作为工程技术人员的参考书。

图书在版编目（CIP）数据

机械工程测试技术/刘培基，王安敏主编 . —北京：机械工业出版社，2003.1（2023.8 重印）
新世纪高校机械工程规划教材
ISBN 978-7-111-11357-7

Ⅰ. 机... Ⅱ.①刘...②王... Ⅲ. 机械工程-测试-技术-高等学校-教材 Ⅳ. TG8

中国版本图书馆 CIP 数据核字（2002）第 100439 号

机械工业出版社（北京市百万庄大街 22 号　邮政编码 100037）
策　　划：高文龙　王世刚
责任编辑：高文龙　版式设计：张世琴　责任校对：韩　晶
封面设计：姚　毅　责任印制：刘　媛
涿州市般润文化传播有限公司印刷
2023 年 8 月第 1 版·第 13 次印刷
169mm×239mm·16.25 印张·316 千字
标准书号：ISBN 978-7-111-11357-7
定价：27.00 元

电话服务　　　　　　　网络服务
客服电话：010-88361066　机 工 官 网：www.cmpbook.com
　　　　　010-88379833　机 工 官 博：weibo.com/cmp1952
　　　　　010-68326294　金 书 网：www.golden-book.com
封底无防伪标均为盗版　机工教育服务网：www.cmpedu.com

前　言

本书是根据教育部"高等教育面向 21 世纪教学内容和课程体系改革计划"精神编写的新世纪高校机械工程规划教材。

"机械工程测试技术"课程是"机械工程及自动化"宽口径专业本科生的一门专业基础课。它主要介绍机械工程领域中的非电量电测技术，侧重于动态信号测试。

本书前六章为测试技术的基础理论和基本知识，主要内容包括：

1. 测量误差的概念、信号分析、数字信号处理、测试系统的基本特性等。

对于这部分内容数学推理是不可避免的，但尽量避免纯数学推导，重点阐述有关数学内容的物理意义。数字信号处理主要从实用的角度给予简要介绍。

2. 测试信号的获取和调理技术。

主要介绍常用传感器的原理和信号测量电路。注意介绍新型半导体传感器、固体图像传感器和智能传感器等。

本书后六章以工程应用为主，主要介绍工程实用测试技术，这部分内容可根据不同专业方向和学时数进行选讲，主要内容有：

1. 主要机械量测试技术：包括位移、应变、力、扭矩、振动、温度、压力和流量等的测试方法以及测试系统的设计。

2. 计算机自动测试技术：介绍数字滤波、计算机测试系统的组成和设计、虚拟仪器等，试图反映测试技术向自动化、智能化发展的新趋势以及计算机在测试技术中的应用和发展，并帮助学生学会运用所学测试技术知识设计或构成现代的测试系统。

本教材以前行课程为基础来展开本课程内容的讨论，尽量避免与前行课程和相近课程的重复。在教材内容的选取上，本书注意拓宽基础知识面，加强工程背景以及培养学生的创新能力和工程实践能力，既有经典的基本理论，又注意介绍测试技术的新发展和新知识。在教材内容的叙述方面，力求简洁。本课程有很强的实践性，应注意开设相应的实验课。

本书中，青岛大学刘培基编写了第一、第四、第五、第十、第十一章、第二章第四节、第十二章第四节，青岛科技大学王安敏编写了第七章和第十二章第一、二、三、五节，山东理工大学王淑君编写了第二章第一、二、三节和第三章、第六章，青岛建筑工程学院沈建坤编写了第八章和第九章，青岛大学贺松林、青岛科技大学刘艳香和山东理工大学蒋炜参加了部分章节的编写。全书由刘培基和王安敏负责统稿和修改。

本书由山东科技大学赵永瑞教授担任主审，赵永瑞教授全面、认真、细致地审读了全书，提出了许多宝贵意见，在此表示深切谢意。

在编写过程中，编者参阅了大量文献，从中受益匪浅，特向有关作者致谢。

由于编者的水平有限，加之时间仓促，书中一定会有错误及不当之处，恳请读者批评指正。

编　者

目　录

第一章 概　　论

21 世纪的到来，世界开始进入信息时代。测试技术属于信息科学范畴，是信息技术三大支柱（测试控制技术、计算机技术和通信技术）之一。测量、计量和测试是三个含义相近的术语。测量（Measurement）是指以确定被测对象量值为目的的操作过程。实现单位统一和量值准确的测量一般称为计量。而测试（Measurement and Test）是带有试验性质的测量或者说是测量和试验的综合。测试和检测一般也看作同义语。

第一节　测试的意义

测试是人们认识客观世界的手段之一，是科学研究的基本方法。人类早期在从事生产活动时，就已经对长度、面积、重量和时间进行测量。我国早在商朝就已出现了象牙尺，到秦朝已统一了度量衡。伽利略不满足古代思想家对宇宙进行哲理性的定性描述，主张根据观测和试验对自然界的现象和运动规律进行定量的描述。他开创了试验科学，从而开创了近代意义的自然科学。从某种意义上讲，没有测量就没有科学。

人们在生产实践和科学研究中，不断地探索和揭示客观世界的规律性。其方法一般有两种：一是理论分析的方法，二是实验测量的方法。用理论分析得出的结果，除了一些纯数学问题外，往往要靠实验研究去定量地验证其正确性和可靠程度。还有许多理论分析是建立在大量观测或实验得出的数据基础上的。特别是在工程设计和生产技术的研究中所涉及的对象往往十分复杂，有些问题还难以进行完整的理论分析和计算，例如研究机械在动载荷下构件的受力情况，了解机械结构的固有频率、阻尼、振型等动态特性，确定结构的疲劳寿命等目前仍然离不开测试的方法。例如，航空和宇航技术中的风洞实验就涉及大量的机械量的检测。即使一般的机械设计也需要依靠工程试验得出的试验数据和某些经验公式来进行。如对工程结构或机械零件进行最基本的强度计算，就依赖于材料性能的试验数据。

在闭环自动控制中，检测被控对象状态参数的环节是必不可少的，没有工艺流程数据的测试和采集，就无法实现自动化生产，而且测试水平的高低直接影响到控制水平的优劣。

对设备正常运行时的某些参数如振动、噪声等进行在线监测，可以监视设备的运行状况，消除故障隐患，保证设备的安全与经济运行。这对于一些大型、复杂、自动化程度高的重要设备，如飞机、核反应堆、大型发电机组尤其重要。

此外，在产品开发、质量控制、生产管理等方面都离不开测试技术。

总之，测试技术已经广泛应用于科学研究、工农业生产、国防军事、医疗卫生、环境保护和日常生活等各个方面。使用先进的测试技术是经济高度发达和科技现代化的重要标志之一。

第二节　测试方法和测试系统的组成

测量过程是把被测量与同性质的标准量进行比较，从而获得被测量是标准量的若干倍的数量概念。例如，测量某物体的质量，可以通过天平，使被测物与砝码（与被测物同性质的标准量）进行比较。但在大多数场合下，无法将被测量直接与同性质的标准量进行比较，需要进行某种变换。比如，测量环境温度，无法用标准温度进行比较，而是根据物体热胀冷缩的原理，将被测温度变换为水银柱的长度，将标准温度变换为温度计的刻度，通过水银柱的长度与刻度进行比较，获得被测温度值。因此，变换往往是实现测量的必要手段，通常使用传感器来实现这种变换。

传感器是将被测量按一定规律转换成便于应用的某种物理量的装置。能够利用传感器进行转换的被测量很多，如各种物理量、化学量、生物量等。常见的机械量也就是机械参数有以下几类：力学参数，包括拉力、荷重、压力、应力、扭矩等；运动参数，包括位移、速度、加速度等；振动参数，包括各类振动的特征参数、系统的振型及动态响应特性。工程中其他有关的物理量有温度、湿度、流体的流量等。

传感器的输出有机械量、光学量和电量等。传统的机械式仪表往往将力、压力和温度等变换为弹性元件本身的弹性变形，这种变形经机械机构放大、传递后成为仪表指针的偏转或移动，借助刻度盘指示出被测量的大小。这类仪表由于结构简单、使用方便、价格低廉、读数直观，目前应用仍然相当广泛。可是，这种机械式仪表必须在现场观测，而且由于机械机构的惯性大，一般只能用于检测静态量或缓慢变化的被测量，不能满足生产和科学技术发展的需要。因此，在现代测试系统中，愈来愈多的利用传感器把被测非电量变换为电量，然后进行测量，称为非电量电测法。由于电量更便于传输、转换、处理和显示，非电量电测法获得了广泛地应用。

非电量电测法有以下优点：

1）能连续测量，自动记录，便于通过反馈去自动控制和调整生产过程。

2）通过电量放大器很容易将被测量放大很多倍，可测极其微小的量。

3）既可测静态量也可测动态量，而且可测瞬态量。

4）可以有线或无线实现远距离遥测。

5）可利用计算机进行自动测试以及分析和处理测试数据。

非电量电测系统按照信息流的过程来划分，一般可分为信息的获得、转换、处理和显示记录等几部分，其组成见图1-1。

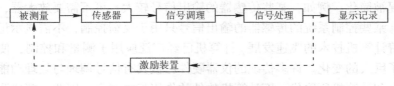

图 1-1 测试系统组成框图

传感器直接作用于被测量，作为信息探测、感知和捕获的器件是测试系统的首要环节和关键部件。如果没有传感器获取准确可靠的信息，一切精确的测量和控制都无法实现，传感器的优劣对测量系统的功能起着决定性的作用。

传感器将非电量转换为电量时，往往输出一些电路参数，如电阻、电感、电容等，需要将这些电路参数转换为便于测量的电压、电流或频率等。采用的转换电路的类型往往与传感器的工作原理有关，主要有电桥、调制与解调、电荷放大器等电路。除此以外，信号通常还需要进行必要的放大、阻抗变换、滤波、A/D或D/A转换等处理，一般将这部分电路与转换电路统称为传感器的测量电路，也称为信号调理电路。

人类用眼、耳等感觉器官接受信息，彼此之间通过语言、文字和图像等来交流信息。通常信息是通过一定形式的信号来传递的，如声、光、电等物理信号。信号是信息的载体，信息总是蕴涵在某些信号之中。测试的基本任务是获取被测对象的有关信息，而传感器输出的是某种形式的信号，往往需要对这些信号进行分析和处理，从信号中提取所需信息。信号的分析和处理可用专用的信号分析仪和信号处理设备进行，而目前已经主要由计算机来完成。

显示记录环节是将被测量的量值或信号的波形以及分析的结果显示、存储起来。显示记录仪器主要有指针式仪表、数显仪表、电子示波器、笔式记录仪、磁带记录仪、数字式记录器等。在计算机上插上A/D转换卡，利用计算机的内存和外设，如磁盘、显示器、打印机、绘图仪等就能实现显示记录的功能，而且使得信号处理非常方便。计算机加A/D转换卡已成为目前最广泛使用的显示记录手段之一。

某些被测对象处于静止状态时，无法产生载有所需信息的信号。这时，要选用合适的方式激励被测对象。例如测试结构的动态特性时，采用激振器使其产生振动，然后用传感器检测振动信号，再对振动信号进行分析和处理，得到结构的动态特性参数。

环节之间还存在着传输问题，远距离的传输包括有线、无线和因特网传输。

在所有这些环节中，必须遵循的基本原则是各环节的输出量与输入量之间应保持一一对应和尽量不失真的关系，并尽可能地减小或消除各种干扰。

上述组成测试系统的各个部分除传感器是必需的以外，其他的某些部分可能根据情况被简化。例如，某些传感器的输出信号较大，可不需要放大器，直接进行显示；某些控制系统的传感器的输出信号只用于反馈控制，不需显示记录。

随着计算机技术的飞速发展，计算机已经广泛应用于测量和控制，使测试系统发生了巨大的变化。许多传统的仪器硬件已被具有信号调理与处理功能的扩展电路模板和计算机所取代，而计算机软件的作用越来越大。因此，现代测试技术既要求测试人员掌握测试技术的基本理论和方法，又要求掌握计算机应用技术。测试技术是一种综合性技术，对新技术特别敏感。要做好测试工作，需要综合运用多种学科的知识，注意新技术的运用。

第三节　测试技术的发展

现代测试技术的发展和其他科学技术的发展相辅相成。测试技术既是促进科技发展的重要技术，又是科学技术发展的结果。现代科技的发展不断地向测试技术提出新的要求，推动测试技术的进步。与此同时，测试技术迅速吸收和综合各个科技领域（如物理学、化学、材料科学、微电子学、计算机科学和加工工艺学等）的新成就，开发出新的方法和装置。

近年来测试技术引人瞩目的发展是传感器技术和计算机测试技术的发展。

一、传感器技术的发展

1. 物性型传感器大量涌现

物性型传感器是依靠敏感材料本身的某种性质随被测量的变化来实现信号的转换的。因此这类传感器的开发实质上是新材料的开发。目前发展最迅速的新材料是半导体、金属氧化物陶瓷、光导纤维、导电聚合物、磁性材料，以及所谓的"智能材料"（如形状记忆合金、具有自增殖功能的生物体材料）等。这些材料的开发，不仅使可测量迅速增多，使力、热、光、磁、湿度、气体、离子等方面的一些参量的测量成为现实，也使集成化、小型化、高性能传感器的出现成为可能。

2. 微型化、智能化、多功能化传感器的开发

微型传感器是利用集成电路技术、微机械加工与封装技术制成的体积非常微小的传感器，其尺寸可小到微米数量级。微型传感器具有体积小、重量轻、响应快、灵敏度高以及成本低等优点。

　　智能传感器是由传感器和微处理器相结合而构成的。它充分利用计算机的计算和存储能力，对传感器的数据进行处理，并能对它的内部工作进行调节。随着科学技术的发展，智能传感器的功能将不断增强。它将利用人工神经网络和人工智能技术以及模糊理论等信息处理技术，使传感器具有更高级的智能，例如具有分析、判断、自适应、自学习的功能，可以完成图像识别、特征检测和多维检测等复杂任务。

　　多功能传感器由两种以上功能不相同的敏感元件组成，可以用来同时测量多种参数。例如将热敏元件和湿敏元件配置在一起，制成一种新的传感器，能够同时测量温度和湿度。

　　这类传感器一般都属于集成化传感器，而且同一传感器可以既是多功能化的也是智能化的，或者既是微型化的也是多功能化的。

　　3. 新型传感器的开发

　　随着科学技术的飞速发展，用于信号探测的传感器正面临许多新的问题和新的需求。在这种情况下，象光纤传感器、固体图像传感器、红外传感器、化学传感器和生物传感器等新型传感器不断出现和发展。近年来，在工农业生产、环境检测、医疗卫生和日常生活等领域，气体传感器、湿度传感器和离子传感器等化学传感器的应用日益广泛。化学传感器把化学量转换成为电量。大部分化学传感器是在被测气体或溶液分子与敏感元件接触或被其吸附之后产生相应的电流和电位。目前一些商品化的智能化学传感器已经出现。象人工嗅觉传感系统的典型产品"电子鼻"（Electronic Nose），具有识别气味的能力。

　　二、计算机测试技术的发展

　　由于计算机对信号采集和处理具有速度快、信息量大和存储方便等传统测试方法不可比拟的优点，因此随着计算机技术的飞跃发展和微机的大规模普及，以计算机为中心的自动测试系统得到迅速发展与应用。

　　虚拟仪器技术是当今计算机测试领域的一项重要的新技术。虚拟仪器是在通用计算机平台上，用户根据自己的需求定义和设计议器的测试功能，通过图形界面（通常称为虚拟前面板）进行操作的新一代仪器。其实质是将仪器硬件和计算机充分结合起来，以实现并扩展传统仪器的功能。它是一种基于图形开发、调试和运行程序的集成化环境。

　　虚拟仪器是对传统仪器概念的重大突破。它利用计算机系统的强大功能，结合相应的仪器硬件，采用模块式结构，大大突破了传统仪器在数据处理、显示、传送、存储等方面的限制，使用户可以方便地对其进行维护、扩展和升级。由于虚拟仪器技术以通用计算机为平台，具有方便、灵活的互联能力，使人们可以通过 Internet 来操作仪器设备，进而形成遍布各处的分布式测控网络，同时实现了系统的资源共享，降低了成本。虚拟仪器系统经过十余年的发展，已经显示出极大的灵活性和强大的生命力，成为测控系统发展的必然方向。

第四节　测量误差的概念

一、测量误差

测量过程中，由于测量装置存在缺陷、测量方法不够完善、环境中存在各种干扰因素以及测量者本身技术水平的限制等原因，必然使测得值与真实值之间存在一定的差值，这个差值称为测量误差。测量产生误差是不可避免的，任何测得值都只能近似地反映被测量的真实值，只有当测量误差已经知道或者已经指明测量误差的可能范围，测量结果才是有意义的。

1. 真值

表示误差的大小要用到真值的概念。真值即真实值，是指在一定条件下，被测量客观存在的实际值。真值通常是未知的，一般所说的真值是指理论真值、约定真值和相对真值。

（1）理论真值　如平面三角形的内角和恒为 $180°$。

（2）约定真值　国际上公认的某些基准值量。例如，1982 年国际计量大会通过的米的定义为"米是光在真空中在 1/299792458s 时间间隔内所行进的路程。"这个米基准就当作计量长度的规定真值。

（3）相对真值　在实际测量中常把高一精确度等级的计量仪器的测量值作为低一等级仪器测量值的真值。

2. 误差的表示方法

在实际测量过程中，测量误差的表示方法有多种，常用的有绝对误差、相对误差和引用误差。

（1）绝对误差　绝对误差是指测得值与被测量真值之差，即

$$\Delta = x - x_0$$

式中　Δ——绝对误差；

x——测得值；

x_0——被测量真值。

对于不同的被测量，用绝对误差往往很难评定其测量结果的优劣，通常使用相对误差来评定。

（2）相对误差　相对误差 δ 是被测量的绝对误差与其真值之比，一般用百分数表示，即

$$\delta = \frac{\Delta}{x_0}$$

相对误差可用来比较两种测量结果的精确程度，但不能用来衡量不同仪表的

质量。因为同一台仪表在整个测量范围内的相对误差不是定值，随着被测量的减小，相对误差增大。因此，在工程应用中，确定仪表精确等级常用引用误差来表示。

(3) 引用误差　是指仪表示值的最大绝对误差与仪表的测量上限值或量程之比。我国规定电工仪表精确度等级有 0.1、0.2、0.5、1.0、1.5、2.5、5.0 七级。0.1 级即表示引用误差是 0.1%，其他类推。由于通常仪表的误差是用引用误差表示，因此不宜选用大量程仪表来测量较小的量值，否则会使测量误差增大，一般应尽量避免让仪表在小于 1/3 量程范围内工作。

3. 误差的分类

按照误差的性质，可分为以下三类：

(1) 系统误差　误差的大小及符号在测量过程中不变或按一定的规律变化，称为系统误差。系统误差可通过实验的方法，找出并予以消除，或加修正值对测量结果进行修正。

(2) 随机误差　在实际测量条件下，多次测量同一量值时，误差的大小和符号没有一定规律，以不可预知的方式变化着，这类误差称为随机误差。它是由许多偶然因素所引起的综合结果。它即不能用实验的方法消除，也不能修正。就每次测量结果而言，随机误差的出现是没有规律的，而在多次重复测量时，其总体服从统计规律，可以从理论上来估计随机误差对测量结果的影响。

(3) 粗大误差　明显超出规定条件下可能出现的误差称为粗大误差，也称疏失误差。粗大误差一般是由于测量者粗心大意或操作失误造成的人为差错。例如读错示值、记录或运算错误等。粗大误差一经发现，必须从测量数据中剔除。

第二章 信号描述及其分析

进行工程测试时，通过传感器获得被测对象的信号。这些信号往往是一些随时间变化的波形，其中蕴含着反映被测对象的状态或属性的有用信息。但在一般情况下，仅通过对信号波形的直接观察，很难获取所需要的信息，需要对信号进行必要的分析和处理。信号分析和信号处理并没有明确的界限，通常把研究信号的构成和特征称为信号分析，把信号经过必要的变换以获得所需信息的过程称为信号处理。信号分析和处理的基本方法是将信号抽象为变量之间的函数关系，特别是时间函数或空间函数，从数学上加以分析研究。信号的频谱分析，是最重要的信号分析技术之一。本章主要讲述信号的分类、信号的描述和信号分析等方面的有关知识。

第一节 信号及分类

信号有各种形式，可以从不同的角度对其进行分类。

一、确定性信号

能用确定的数学关系式描述的信号称为确定性信号。确定性信号可分为周期信号和非周期信号。

1. 周期信号

周期信号是按一定时间间隔周期出现、无始无终的信号。其表达式为

$$x(t) = x(t + nT) \qquad (n = 1, 2, 3, \cdots) \qquad (2-1)$$

式中 T——周期。

例如，应用十分广泛的正弦信号，其表达式为

$$x(t) = x_0 \sin(\omega_0 t + \varphi_0) \qquad (2-2)$$

式中 x_0——幅值；

ω_0——角频率；

φ_0——初始相位角。

其周期 T、频率 f、角频率 ω_0 之间的关系为

$$T = 2\pi/\omega_0, \quad f = 1/T$$

幅值、频率和相位，三者唯一地确定了正弦信号的形式。余弦信号与正弦信号只是相位相差 $\pi/2$，也可称为正弦信号。

正弦信号的曲线见图 2-1。

2. 非周期信号

确定性信号中那些不具有周期重复性的信号称为非周期信号。非周期信号中包含准周期信号和瞬变非周期信号。准周期信号是由两种以上的周期信号合成的，但各周期分量无公共周期，如 $x(t) = \sin 2t + \sin \sqrt{3} t$。除此之外的非周期信号均为瞬变非周期信号，其特点是在一定时间区间内存在，或随着时间的增长而衰减至零。物理和工程上很多现象都可用瞬变非周期信号来描述。如机械脉冲或电脉冲信号、阶跃信号和指数衰减信号等。单边指数衰减信号的数学表达式为

$$x(t) = \begin{cases} Ae^{-\alpha t} & \alpha > 0, t \geq 0 \\ 0 & t < 0 \end{cases} \qquad (2-3)$$

式中 α ——衰减系数。

函数图形见图 2-2。

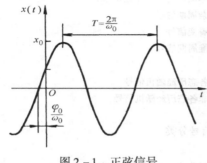

图 2-1 正弦信号

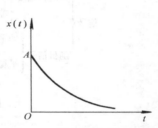

图 2-2 单边指数衰减信号

二、随机信号

随机信号是一种不能准确预测未来瞬时值，也无法用数学关系式来描述的信号。在自然界和工程实验中有许多随机信号，例如汽车行驶时产生的震动和环境噪声等。随机信号可以用数理统计的方法进行描述。

三、连续信号和离散信号

根据确定性信号的数学表达式中独立变量（一般是时间自变量 t）的取值是否连续，可分为连续信号和离散信号两大类。若独立变量的取值是连续的，则称为连续信号；若独立变量的取值是离散的，则称为离散信号。连续信号的幅值可以是连续的，也可以是离散的。若独立变量和幅值均取连续值，则称为模拟信号。若离散信号的幅值是连续的，称为采样信号；若离散信号的幅值也是离散的，则称为数字信号。

四、能量信号和功率信号

在非电量测量中，还常常涉及到能量信号和功率信号。不考虑信号的实际量纲，把信号 $x(t)$ 的平方及其对时间的积分分别称为信号的功率和能量，当 $x(t)$ 满足

$$\int_{-\infty}^{\infty} x^2(t)\,\mathrm{d}t < \infty \qquad (2-4)$$

时，则认为该信号的能量是有限的，并称其为能量信号，如指数衰减信号。若上述积分是无限的，但在有限区间（t_1，t_2）上的积分值是有限的，即满足

$$\begin{cases} \int_{-\infty}^{\infty} x^2(t)\,\mathrm{d}t \to \infty \\ \dfrac{1}{t_2 - t_1} \int_{t_1}^{t_2} x^2(t)\,\mathrm{d}t < \infty \end{cases} \qquad (2-5)$$

这种信号称为功率信号。在这里所说的信号的功率和能量，不一定具有真实功率和能量的量纲。

通过以上对不同信号的简要说明，可把信号按图 2-3 所示进行分类。

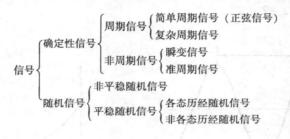

图 2-3　信号分类

第二节　周期信号与离散频谱

我们所研究的信号，一般是随时间变化的物理量，抽象为以时间为自变量表达的函数，称为信号的时域描述。求取信号幅值的特征参数以及信号波形在不同时刻的相似性和关联性，称为信号的时域分析。时域描述是信号最直接的描述方法，它只能反映信号的幅值随时间变化的特征，而不能明显表示出信号的频率构成。因此必须研究信号中蕴涵的频率结构和各频率成分的幅值、相位关系。

描述信号的独立变量若是频率，则称为信号的频域描述。以频率作为独立变量建立信号与频率的函数关系，称为频域分析或频谱分析。频谱分析主要方法之一是傅里叶变换。为了解决不同问题，往往需要掌握信号不同方面的特征，所以对同一信号的时域描述和频域描述两种形式是可以互相转换的，而且所包含的信息量是相同的。

一、傅里叶级数与周期信号的频谱

1. 傅里叶级数（FS —— Fourier Series）的三角函数展开式

周期函数 $x(t)$，若在有限区间内，满足狄里赫利（Dirichlet）条件，就可展开成傅里叶级数，傅里叶级数的三角函数展开式为

$$x(t) = a_0 + \sum_{n=1}^{\infty} (a_n \cos n\omega_0 t + b_n \sin n\omega_0 t) \quad (n = 1,2,3,\cdots) \quad (2-6)$$

其中　常值分量 $\qquad\qquad a_0 = \dfrac{1}{T} \displaystyle\int_{-T/2}^{T/2} x(t)\,\mathrm{d}t \qquad\qquad\qquad (2-7\mathrm{a})$

余弦分量的幅值 $\qquad a_n = \dfrac{2}{T} \displaystyle\int_{-T/2}^{T/2} x(t)\cos n\omega_0 t\,\mathrm{d}t \qquad\qquad (2-7\mathrm{b})$

正弦分量的幅值 $\qquad b_n = \dfrac{2}{T} \displaystyle\int_{-T/2}^{T/2} x(t)\sin n\omega_0 t\,\mathrm{d}t \qquad\qquad (2-7\mathrm{c})$

式中　T——周期；

ω_0——角频率，$\omega_0 = 2\pi/T$。

若周期信号无奇偶性，可以将式（2-6）中的正弦和余弦合并，将其改写为

$$x(t) = a_0 + \sum_{n=1}^{\infty} A_n \sin(n\omega_0 t + \varphi_n) \qquad\qquad (2-8)$$

其中 $\qquad\qquad\qquad\qquad A_n = \sqrt{a_n^2 + b_n^2}$

$$\tan\varphi_n = \frac{a_n}{b_n}$$

上式表明，任何满足狄里赫利条件的周期信号，均可在一个周期内表示成一个常值分量和一系列正弦分量之和的形式。其中，$n=1$ 的那个正弦分量称为基波，相应的频率 ω_0 称为基频；当 $n=2$，3，…时，依次称为二次、三次……n 次谐波，相应的频率称为二次、三次……n 次谐波频率。

2. 周期信号的频谱

式（2-8）实际描述了周期信号 $x(t)$ 的频率结构。以幅值 A_n 为纵坐标，以频率 ω（$\omega = n\omega_0$，$n=1$，2，3，…）为横坐标画出的 $A_n - \omega$ 图称为幅值频谱图，简称幅频谱；以 φ_n 为纵坐标，以 ω 为横坐标画出的 $\varphi_n - \omega$ 图称为相位频谱图，简称相频谱。

幅频谱、相频谱统称频谱。对信号进行变换，获得频谱的过程也就是对信号进行频谱分析的过程。

例 2-1　求如图 2-4a 所示的周期方波 $x(t)$ 的频谱，该方波在一个周期内的表达式为

$$x(t) = \begin{cases} A & 0 < t \leqslant T/2 \\ -A & -T/2 < t \leqslant 0 \end{cases}$$

解　由图可知，该周期信号 $x(t)$ 为奇函数，因此在式（2-7）中，$a_n = 0$，$a_0 = 0$，即

$$x(t) = \sum_{n=1}^{\infty} b_n \sin n\omega_0 t$$

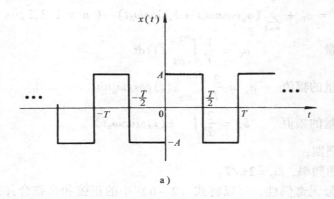

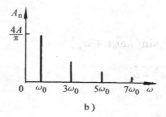　　　　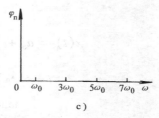

图 2-4　周期方波及频谱

a) 方波图形　b) 方波信号的幅频图　c) 方波信号的相频图

其中　　$b_n = \dfrac{2}{T} \int_{-T/2}^{T/2} x(t)\sin n\omega_0 t \mathrm{d}t = \dfrac{4}{T} \int_0^{T/2} A\sin n\omega_0 t \mathrm{d}t = \dfrac{2A}{n\pi}[-\cos n\omega_0 t]_0^{T/2}$

$$= \begin{cases} 0 & n = 2, 4, 6, \cdots \\ \dfrac{4A}{n\pi} & n = 1, 3, 5, \cdots \end{cases}$$

该周期方波可写成

$$x(t) = \frac{4A}{\pi}\left(\sin\omega_0 t + \frac{1}{3}\sin 3\omega_0 t + \frac{1}{5}\sin 5\omega_0 t + \cdots\right)$$

$$= \frac{4A}{\pi}\left(\sum_{n=1}^{\infty} \frac{1}{n}\sin\omega t\right)$$

其中　　$\omega = n\omega_0$　　　　$n = 1, 3, 5, \cdots$

画出其频谱图如图 2-4b、c 所示。其相频谱中基波和各次谐波的初相位都为 0。

例 2-2　求图 2-5a 所示三角波的频谱，其一个周期的表达式为

$$x(t) = \begin{cases} A + (2A/T)t & -T/2 \leqslant t < 0 \\ A - (2A/T)t & 0 \leqslant t \leqslant T/2 \end{cases}$$

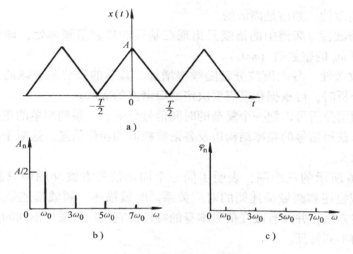

图 2-5　三角波及频谱

a) 三角波图形　b) 三角波信号的幅频图　c) 三角波信号的相频图

解： $a_0 = \frac{1}{T}\int_{-T/2}^{T/2}x(t)\mathrm{d}t = \frac{2}{T}\int_0^{T/2}\left(A-\frac{2A}{T}t\right)\mathrm{d}t = \frac{A}{2}$

$a_n = \frac{2}{T}\int_{-T/2}^{T/2}x(t)\cos n\omega_0 t\,\mathrm{d}t = \frac{4A}{T}\int_0^{T/2}\left(1-\frac{2}{T}t\right)\cos n\omega_0 t\,\mathrm{d}t = \frac{2A}{(n\pi)^2}(1-\cos n\pi)$

$$= \begin{cases} \dfrac{4A}{(n\pi)^2} & n=1,3,5,\cdots \\ 0 & n=2,4,6,\cdots \end{cases}$$

由图可知，$x(t)=x(-t)$，$x(t)$ 是偶函数。则

$$b_n = 0$$

于是有

$$x(t) = \frac{A}{2} + \frac{4A}{\pi^2}\left(\cos\omega_0 t + \frac{1}{9}\cos3\omega_0 t + \frac{1}{25}\cos5\omega_0 t + \cdots\right) = \frac{A}{2} + \frac{4A}{\pi^2}\sum_{n=1}^{\infty}$$

$\frac{1}{n^2}\cos n\omega_0 t \quad n=1,3,5\cdots$

其频谱图如图 2-5b、c 所示。

从以上两例可看出，三角波信号的频谱比方波信号的频谱衰减得快，这说明三角波的频率结构主要由低频成分组成，而方波中所含高频成分比较多。这一特点反映到时域波形上，表现为含高频成分多的时域波形（方波）的变化比含高频成分少的时域波形（三角波）的变化要剧烈得多。因此，可根据时域波形变化剧烈程度，大概判断它的频谱成分。

周期信号的频谱具有以下特点：

（1）离散性　频谱是离散的。

（2）谐波性　频谱中的谱线只出现在基频的整数倍频率处，即各次谐波频率都是基频 ω_0 的整数倍（$n\omega_0$）。

（3）收敛性　各次谐波分量随频率增加，其总的趋势是衰减的。因此，在实际频谱分析时，可根据精度需要决定所取谐波的次数。

通过频谱分析可以把一个复杂的时间信号分解成一系列简单的正弦谐波分量来研究，以获得信号的频率结构以及各谐波幅值和相位信息。这对于动态测试具有重要的意义。

图 2-6 所示的三维图，表明了同一个周期信号方波（图中只画出一个周期）的时域描述和频域描述间的对应关系。时域描述、频域描述是对同一信号的不同描述方法，并没有改变信号本身的特性，它们只是通过不同的描述方法表征了信号的不同特征。

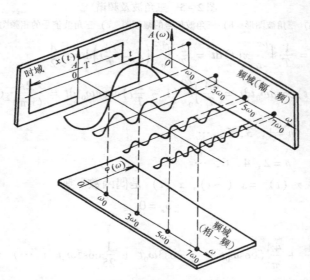

图 2-6　周期方波的时域和频域对应关系

二、傅里叶级数的复指数函数展开式

由于复指数函数在某些场合下运算和分析非常简便，因此可以将傅里叶级数写成复指数函数形式。

根据欧拉公式
$$e^{\pm j\omega t} = \cos\omega t \pm j\sin\omega t \qquad (2-9)$$
可得
$$\cos\omega t = \frac{1}{2}(e^{-j\omega t} + e^{j\omega t}) \qquad (2-10)$$

$$\sin\omega t = j\frac{1}{2}\ (e^{-j\omega t} - e^{j\omega t}) \tag{2-11}$$

将式 (2-10) 和式 (2-11) 代入式 (2-6)，得

$$x(t) = a_0 + \sum_{n=1}^{\infty} \left[\frac{1}{2}(a_n + jb_n)e^{-jn\omega_0 t} + \frac{1}{2}(a_n - jb_n)e^{jn\omega_0 t}\right] \tag{2-12}$$

令

$$C_0 = a_0 \tag{2-13a}$$

$$C_{-n} = \frac{1}{2}\ (a_n + jb_n) \tag{2-13b}$$

$$C_n = \frac{1}{2}\ (a_n - jb_n) \tag{2-13c}$$

$$x(t) = C_0 + \sum_{n=1}^{\infty} C_{-n}e^{-jn\omega_0 t} + \sum_{n=1}^{\infty} C_n e^{jn\omega_0 t} \tag{2-14}$$

即

则

$$x(t) = \sum_{n=-\infty}^{\infty} C_n e^{jn\omega_0 t} \qquad (n = 0, \pm 1, \pm 2, \cdots) \tag{2-15}$$

式中

$$C_n = \frac{1}{2}\ (a_n - jb_n)$$

$$= \frac{1}{2}\left[\frac{2}{T}\int_{-T/2}^{T/2} x(t)\cos n\omega_0 t dt - j\frac{2}{T}\int_{-T/2}^{T/2} x(t)\sin n\omega_0 t dt\right]$$

$$= \frac{1}{T}\int_{-T/2}^{T/2} x(t)(\cos n\omega_0 t - j\sin n\omega_0 t)dt$$

因此

$$C_n = \frac{1}{T}\int_{-T/2}^{T/2} x(t)e^{-jn\omega_0 t}dt \tag{2-16}$$

从上式可以看出 C_n 是一个复数，可表示为

$$C_n = C_{nR} + jC_{nI} = |C_n|\ e^{j\varphi_n} \tag{2-17}$$

$$|C_n| = \sqrt{C_{nR}^2 + C_{nI}^2} \tag{2-18}$$

$$\varphi_n = \arctan\frac{C_{nI}}{C_{nR}} \tag{2-19}$$

以 $|C_n|$、φ_n 为纵坐标，ω 为横坐标作图，可得到复指数形式傅里叶级数展开式的幅频图和相频图。

例 2-3 求例 2-1 中周期方波信号的复指数形式的傅里叶级数展开式。

解：将 $x(t)$ 分为两个半周期代入式 (2-16) 得

$$C_n = \frac{1}{T}\left[\int_{-T/2}^{0} -Ae^{-jn\omega_0 t}dt + \int_{0}^{T/2} Ae^{-jn\omega_0 t}dt\right] = \frac{A}{T}\left[(1 - e^{-jn\pi}) - (e^{-jn\pi} - 1)\right]\frac{1}{jn\omega_0}$$

又 $e^{\pm jn\pi} = \cos n\pi \pm j\sin n\pi$，代入上式可得：

$$C_n = \frac{A\omega_0}{2\pi}\frac{1}{jn\omega_0}\left[2 - 2\ (-1)^n\right] = \begin{cases} -j\dfrac{2A}{n\pi} & n = \pm 1, \pm 3, \pm 5, \cdots \\ 0 & n = 0, \pm 2, \pm 4, \cdots \end{cases}$$

由于 C_n 是纯虚数，故 $|C_n| = (2A/n\pi)$，$\varphi_n = \dfrac{\pi}{2}$

所以，$x(t)$ 的复指数傅里叶展开式为

$$x(t) = \sum_{n=-\infty}^{\infty} C_n e^{jn\omega_0 t} = j\frac{2A}{\pi} \sum_{k=-\infty}^{\infty} \frac{1}{2k+1} e^{j(2k+1)\omega_0 t} \quad (k = 0, \pm 1, \pm 2, \cdots)$$

由上所述，周期信号的频谱描述工具是傅里叶级数展开式，它的两种展开形式有以下联系：复指数形式的频谱为双边谱（ω 从 $-\infty$ 到 ∞），三角函数形式的频谱为单边谱（ω 从 0 到 ∞）。两种频谱各谐波幅值的关系为 $|C_n| = \dfrac{1}{2} A_n$，$|C_0| = a_0$。双边幅频谱是 ω 的偶函数；双边相频谱为 ω 的奇函数。在工程应用中，常采用简明的单边谱。

第三节　傅里叶变换及非周期信号的频谱

非周期信号包括准周期信号和瞬变非周期信号两种。准周期信号是由两个以上简谐信号组成，但各简谐信号的频率比不是有理数。它也有离散频谱，从其表达式便可知其频率结构。通常所说的非周期信号是指瞬变非周期信号。常见的瞬变非周期信号如图 2-7 所示。下面主要讨论瞬变非周期信号的频谱。

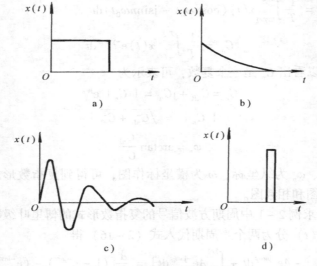

图 2-7　常见的非周期信号
a）矩形脉冲信号　b）单边指数衰减信号　c）衰减振荡　d）单一脉冲

一、傅里叶变换（FT—Fourier Transform）

我们可以将非周期信号看成是周期无穷大的周期信号，来着手分析。假设周期信号 $x(t)$ 的周期为 T，在（$-T/2$，$T/2$）区间进行傅里叶级数展开，表

达式如式（2－15）所示，复系数如表达式（2－16）所示。将式（2－16）代入式（2－15）中得

$$x(t) = \sum_{n=-\infty}^{\infty} \left(\frac{1}{T} \int_{-T/2}^{T/2} x(t) e^{-jn\omega_0 t} dt \right) e^{jn\omega_0 t} \tag{2-20}$$

周期信号频谱谱线的间隔 $\Delta\omega = \omega_0 = \dfrac{2\pi}{T}$，当周期 T 趋向于无穷大时，其频率间隔 $\Delta\omega$ 趋于无穷小，谱线无限靠近，离散变量 $n\omega_0$ 演变为连续变量 ω，导致离散谱线的顶点演变为连续的曲线，求和符号 $\sum$ 就变为积分符号 $\int$ 了。因此，非周期信号的频谱是连续的。将以上所说的变换即 $T \to \infty$，$\Delta\omega \to d\omega$，$n\omega_0 \to \omega$，$\displaystyle\sum_{n=-\infty}^{\infty} \to \int_{-\infty}^{\infty}$，$\displaystyle\int_{-T/2}^{T/2} \to \int_{-\infty}^{\infty}$ 带入上式，得

$$x(t) = \int_{-\infty}^{\infty} \frac{d\omega}{2\pi} \left(\int_{-\infty}^{\infty} x(t) e^{-j\omega t} dt \right) e^{j\omega t}$$

$$= \int_{-\infty}^{\infty} \left(\frac{1}{2\pi} \int_{-\infty}^{\infty} x(t) e^{-j\omega t} dt \right) e^{j\omega t} d\omega \tag{2-21}$$

这就是傅里叶积分。上式括号里面的积分，积分变量是时间 t，故积分之后只是 ω 的函数，记作 $X(\omega)$，得到

$$X(\omega) = \frac{1}{2\pi} \int_{-\infty}^{\infty} x(t) e^{-j\omega t} dt \tag{2-22}$$

$$x(t) = \int_{-\infty}^{\infty} X(\omega) e^{j\omega t} d\omega \tag{2-23}$$

以上两式也可以写为

$$X(\omega) = \int_{-\infty}^{\infty} x(t) e^{-j\omega t} dt$$

$$x(t) = \frac{1}{2\pi} \int_{-\infty}^{\infty} X(\omega) e^{j\omega t} d\omega$$

在数学上，称 $X(\omega)$ 为 $x(t)$ 的傅里叶变换，称 $x(t)$ 为 $X(\omega)$ 的傅里叶逆变换，两者互称为傅里叶变换对。表示为 $x(t) \underset{\text{IFT}}{\overset{\text{FT}}{\Longleftrightarrow}} X(\omega)$，简写为 $x(t) \Leftrightarrow X(\omega)$。记作 $F[x(t)] = X(\omega)$，$F^{-1}[X(\omega)] = x(t)$。

需要说明的是，以上得到傅里叶变换的定义式并没有进行严格的数学推导。在数学上，傅里叶变换存在的条件比能够进行傅里叶级数展开的条件更严格，它不但要求函数满足狄里赫利条件，还要满足函数在无限区间上绝对可积的条件，即 $\displaystyle\int_{-\infty}^{\infty} |x(t)| \, dt$ 收敛。

将 $\omega = 2\pi f$ 带入式（2－21）中，可以得到以 f 为变量的傅里叶变换对，表达式如下

$$X(f) = \int_{-\infty}^{\infty} x(t) e^{-j2\pi ft} dt \qquad (2-24)$$

$$x(t) = \int_{-\infty}^{\infty} X(f) e^{j2\pi ft} df \qquad (2-25)$$

这样,在两个表达式中均不会出现常数因子,使公式简化。

一般 $X(f)$ 是实变量 f 的复函数,可以写成

$$X(f) = |X(f)| e^{j\varphi(f)} \qquad (2-26)$$

称 $|X(f)|$ 为信号 $x(t)$ 的连续幅值谱,$\varphi(f)$ 为信号 $x(t)$ 的连续相位谱。分别以 $|X(f)|$、$\varphi(f)$ 为纵坐标,以 f 为横坐标,便得到信号 $x(t)$ 的幅频图和相频图。

例 2-4 求如图 2-8a 所示矩形窗函数(矩形脉冲函数)的频谱,该函数为

$$w(t) = \begin{cases} 1 & |t| < T/2 \\ 0 & |t| > T/2 \end{cases}$$

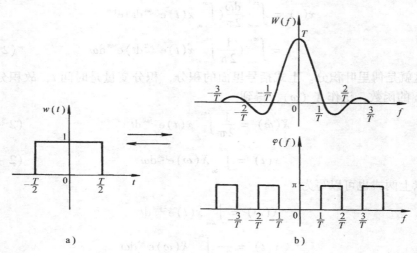

图 2-8 矩形窗函数及其频谱

式中,T 为时间宽度,称为窗宽。

解 由式(2-24)得

$$W(f) = \int_{-\infty}^{+\infty} x(t) e^{-j2\pi ft} dt$$

$$= \int_{-\frac{T}{2}}^{+\frac{T}{2}} e^{-j2\pi ft} dt$$

$$= \frac{-1}{j2\pi f} (e^{-j\pi fT} - e^{j\pi fT})$$

利用欧拉公式将其形式改写为

$$W\ (f)\ = T\ \frac{\sin\pi fT}{\pi fT} = T\mathrm{sinc}\ (\pi fT) \tag{2-27}$$

在信号处理中，我们定义 $\mathrm{sinc}x = \dfrac{\sin x}{x}$，称为抽样函数（或插值函数）。在信号分析中，常遇到这种形式的函数。$\mathrm{sinc}x$ 的函数值从专门的数学表可查到，它以 2π 为周期，并随 x 的增加而做衰减振荡。矩形窗函数的频谱如图 2-8b 所示。它的频谱是连续的、无限的，但幅值随着频率的增加而逐渐减小。

二、傅里叶变换的性质及应用

信号的时域、频域分析，从不同的角度揭示了信号的物理特征，二者通过傅里叶变换建立起联系。在实际进行信号分析时，如果在时域分析变得困难时，可通过傅里叶变换将其变换到频域分析。因此，了解傅里叶变换的性质，有助于我们对傅里叶变换和信号分析方法有更深刻的理解。在分析复杂信号或复杂工程问题时，借助傅里叶变换的性质，可以简化问题的分析和计算过程。下面我们讨论傅里叶变换的一些重要性质及其相应的物理意义。

1. 线性叠加性

若
$$x(t)\Leftrightarrow X(f)\,,y(t)\Leftrightarrow Y(f)$$
则
$$ax(t) + by(t)\Leftrightarrow aX(f) + bY(f) \tag{2-28}$$
其中 a 和 b 均为常数。它表明两个信号线性组合的傅里叶变换是单个信号傅里叶变换的线性组合。这个性质可推广到任意多个信号的组合。

2. 对称性

若
$$x(t)\Leftrightarrow X(f)$$
则
$$X(t)\Leftrightarrow x(-f) \tag{2-29}$$

证明
$$x(t)\ = \int_{-\infty}^{\infty} X(f)\,\mathrm{e}^{\mathrm{j}2\pi ft}\mathrm{d}f$$

以 $-t$ 代替 t，并将 t 与 f 互换，得到

$$x(-f)\ = \int_{-\infty}^{\infty} X(t)\,\mathrm{e}^{-\mathrm{j}2\pi ft}\mathrm{d}t$$

即
$$X\ (t)\ \Leftrightarrow x\ (-f)$$

该性质表明，信号的时域波形与信号的频域波形有着互相对应的关系。图 2-9 所示的例子更明显地表明了这一特性。

3. 奇偶虚实性

信号 $x\ (t)$ 的傅里叶变换一般为复函数

$$X(f)\ = \int_{-\infty}^{\infty} x(t)\,\mathrm{e}^{-\mathrm{j}2\pi ft}\mathrm{d}t\ = \mathrm{Re}[X(f)] - \mathrm{j}\mathrm{Im}[X(f)]$$

式中实部为
$$\mathrm{Re}[X(f)]\ = \int_{-\infty}^{\infty} x(t)\cos 2\pi ft\mathrm{d}t$$

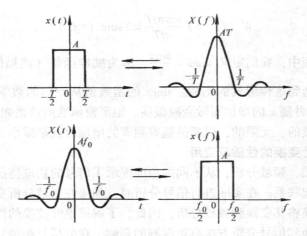

图 2 - 9 方波信号的对称关系

虚部为
$$\text{Im}[X(f)] = \int_{-\infty}^{\infty} x(t)\sin2\pi ft dt$$

由上式可知：若 $x(t)$ 是实函数，则 $X(f)$ 一般为具有实部和虚部的复函数，且实部为偶函数，即 $\text{Re}[X(f)] = \text{Re}[X(-f)]$，虚部为奇函数，即 $\text{Im}[X(f)] = -\text{Im}[X(-f)]$。

若 $x(t)$ 是实偶函数，则 $X(f) = \text{Re}[X(f)] = X(-f)$，即为实偶函数。

若 $x(t)$ 是实奇函数，则 $X(f) = -j\text{Im}[X(f)] = -X(-f)$，即为虚奇函数。

若 $x(t)$ 是虚函数，则上述结论中的虚实位置也相互交换。

4. 时间尺度改变特性

若
$$x(t) \Leftrightarrow X(f)$$

则
$$x(at) \Leftrightarrow \frac{1}{a}X\left(\frac{f}{a}\right) \qquad (a>0) \qquad (2-30)$$

证明 $\int_{-\infty}^{\infty} x(at)e^{-j2\pi ft}dt = \frac{1}{a}\int_{-\infty}^{\infty} x(at)e^{-j2\pi\frac{f}{a}(at)}d(at) = \frac{1}{a}X\left(\frac{f}{a}\right)$

在式（2-30）中，若 $a>1$ 时，时域波形在时间轴上被压缩 a 倍，导致频域波形在频率轴上被扩展 a 倍；若 $a<1$ 时，时域波形在时间轴上被扩展 $1/a$ 倍，导致频域波形在频率轴上被压缩 $1/a$ 倍。

尺度改变特性说明了时间和频率两个资源之间的制约关系，在时域中压缩信号的持续时间，则对应于在频域中扩展了它的频率带宽，反之亦然。所以，在时域中提高信号的处理速度，必须以牺牲带宽为代价，如果降低处理效率，则在信号的处理过程中，对后续设备的通频带宽要求可以降低。

5. 时延特性

若 $\qquad\qquad x\ (t)\Leftrightarrow X\ (f)$

则 $\qquad\qquad x\ (t\pm t_0)\Leftrightarrow X\ (f)\ \mathrm{e}^{\pm\mathrm{j}2\pi ft_0}$ $\qquad\qquad$ (2-31)

上式表明，信号沿时间轴前后移动，产生时移，则变换到频率域中，其频谱相应产生附加相移，而幅值谱保持不变。

6. 频移特性

若 $\qquad\qquad x\ (t)\Leftrightarrow X\ (f)$

则 $\qquad\qquad x\ (t)\ \mathrm{e}^{\pm\mathrm{j}2\pi f_0 t}\Leftrightarrow X\ (f\mp f_0)$ $\qquad\qquad$ (2-32)

上式表明，$X\ (f)$ 在频域中沿频率轴移动，则对应于 $x\ (t)$ 在时域中产生一相移因子。反过来讲，函数 $x\ (t)$ 乘以 $\mathrm{e}^{\mathrm{j}2\pi f_0 t}$，可使整个频谱 $X\ (f)$ 搬移 f_0。在无线广播和通信技术中，经常需要将低频信号搬移到高频段发射出去，通常就是采用这一特性，将信号与正（余）弦信号相乘实现，这个过程称为幅度调制。

7. 微分和积分特性

若 $\qquad\qquad x\ (t)\Leftrightarrow X\ (f)$

则 $\qquad\qquad \dfrac{\mathrm{d}x\ (t)}{\mathrm{d}t}\Leftrightarrow\ (\mathrm{j}2\pi f)\ X\ (f)$ $\qquad\qquad$ (2-33)

该性质也可推广到时域内求 n 阶导数的情况

$$\dfrac{\mathrm{d}^n x\ (t)}{\mathrm{d}t^n}\Leftrightarrow\ (\mathrm{j}2\pi f)^n X\ (f) \qquad\qquad (2-34)$$

若对时间 t 积分，则

$$\int_{-\infty}^{t}x(t)\,\mathrm{d}t\Leftrightarrow\frac{1}{\mathrm{j}2\pi f}X(f) \qquad\qquad (2-35)$$

同样可以证明，在频域中微分也存在类似的性质，即

$$(-\mathrm{j}2\pi t)^n x\ (t)\ \Leftrightarrow\frac{\mathrm{d}^n X\ (f)}{\mathrm{d}f^n} \qquad\qquad (2-36)$$

微分和积分性质在处理复杂信号或在处理具有微积分关系的参量时经常用到。例如，在振动测试中，若能测得振动系统的位移、速度或加速度中任一参数的频谱，利用微分或积分特性就可以获得其他参数的频谱。

8. 卷积特性

两个函数 $x_1(t)$ 和 $x_2(t)$，定义 $\displaystyle\int_{-\infty}^{\infty}x_1(\tau)x_2(t-\tau)\,\mathrm{d}\tau$ 为 $x_1(t)$ 和 $x_2(t)$ 的卷积，记为 $x_1(t)*x_2(t)$。

若 $\qquad\qquad x_1(t)\Leftrightarrow X_1(f)\ ,x_2(t)\Leftrightarrow X_2(f)$

则 $\qquad\qquad x_1(t)*x_2(t)\Leftrightarrow X_1(f)X_2(f)$ $\qquad\qquad$ (2-37)

$\qquad$ 证明 $\qquad\displaystyle\int_{-\infty}^{\infty}\left[\int_{-\infty}^{\infty}x_1(\tau)x_2(t-\tau)\,\mathrm{d}\tau\right]\mathrm{e}^{-\mathrm{j}2\pi ft}\,\mathrm{d}t$

$$= \int_{-\infty}^{\infty} x_1(\tau) \left[\int_{-\infty}^{+\infty} x_2(t-\tau) e^{-j2\pi ft} dt \right] d\tau \qquad (\text{交换积分顺序})$$

$$= \int_{-\infty}^{\infty} x_1(\tau) X_2(f) e^{-j2\pi ft} d\tau \qquad (\text{根据时移特性})$$

$$= X_1(f) X_2(f)$$

同样可以证明频域卷积特性

$$x_1(t) x_2(t) \Leftrightarrow X_1(f) * X_2(f) \tag{2-38}$$

频域卷积特性又称为调制特性。

9. 能量积分

若
$$x(t) \Leftrightarrow X(f)$$

则
$$\int_{-\infty}^{\infty} x^2(t) dt = \int_{-\infty}^{\infty} |X(f)|^2 df \tag{2-39}$$

上式称为巴塞伐尔（Parseval）定理，也叫能量等式。它表明在时域中计算信号的总能量等于在频率中计算的信号总能量。由于 $\int_{-\infty}^{\infty} x^2(t) dt$ 反映了信号的能量，所以 $|X(f)|^2$ 称为 $x(t)$ 的能量谱密度，它决定信号沿频率轴能量密度的分布。

为便于查用，将傅里叶变换的基本性质列于表 2-1 中。

表 2-1　傅里叶变换的基本性质

性质	时域 $x(t)$	频域 $X(f)$	时域频域对应关系
线性	$\sum_{i=1}^{n} a_i x_i(t)$	$\sum_{i=1}^{n} a_i X_i(f)$	线性迭加
对称性	$X(t)$	$x(-f)$	对称
尺度变换	$x(at)$	$\dfrac{1}{|a|} X\left(\dfrac{f}{a}\right)$	压缩与扩展
时移	$x(t-t_0)$	$X(f) e^{-j2\pi ft_0}$	时移与相移
	$x(at-t_0)$	$\dfrac{1}{|a|} X\left(\dfrac{f}{a}\right) e^{-j\frac{2\pi ft_0}{a}}$	
频移	$x(t) e^{j2\pi f_0 t}$	$X(f-f_0)$	调制与频移
	$x(t) \cos 2\pi f_0 t$	$\dfrac{1}{2}\left[X(f+f_0) + X(f-f_0) \right]$	
	$x(t) \sin 2\pi f_0 t$	$\dfrac{j}{2}\left[X(f+f_0) - X(f-f_0) \right]$	
时域微分	$\dfrac{dx(t)}{dt}$	$j2\pi f X(f)$	
	$\dfrac{d^n x(t)}{dt^n}$	$(j2\pi f)^n X(f)$	

（续）

性质	时域 $x(t)$	频域 $X(f)$	时域频域对应关系
频域微分	$-j2\pi t x(t)$	$\dfrac{dX(f)}{df}$	
	$(-j2\pi t)^n x(t)$	$\dfrac{d^n X(f)}{df^n}$	
时域积分	$\displaystyle\int_{-\infty}^{t} x(t)dt$	$\dfrac{1}{j2\pi f}X(f)$	
时域卷积	$x_1(t) * x_2(t)$	$X_1(f) \cdot X_2(f)$	乘积与卷积
频域卷积	$x_1(t) \cdot x_2(t)$	$X_1(f) * X_2(f)$	

三、典型信号的频谱

了解典型信号的频谱特点，有助于我们分析复杂信号的频谱。

1. 单位脉冲信号

物理学中常运用质点、瞬时力的抽象模型，即视质点的体积为零，密度（质量/体积）为无限大，而总质量（密度的体积积分）为某一确定的单位值；视瞬时力的作用时间为零（无限小），力为无限大，冲量（力的时间积分）又为某一确定有限值。可用数学上的 δ 函数描述这一类概念。δ 函数又称为单位脉冲函数、狄拉克（Dirak）函数。

（1）δ 函数的定义 见图 $2-10$，在 ε 时间内激发一个矩形脉冲 $S_\varepsilon(t)$，其面积为 1。当 $\varepsilon \to 0$ 时，$S_\varepsilon(t)$ 的极限就称为 δ 函数，记作 $\delta(t)$。δ 函数有以下特点：

从函数值极限角度看

$$\delta(t) = \begin{cases} \infty, & t=0 \\ 0, & t \neq 0 \end{cases} \qquad (2-40)$$

从函数面积角度看

$$\int_{-\infty}^{\infty} \delta(t)dt = \lim_{\varepsilon \to 0}\int_{-\infty}^{\infty} S_\varepsilon(t)dt = 1 \qquad (2-41)$$

在实际应用中，常采用瞬时冲击来近似实现 δ 信号，如图 $2-11$ 所示。

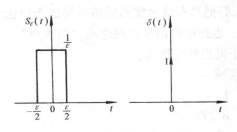

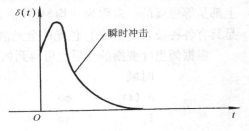

图 $2-10$ 矩形脉冲与 δ 函数 　　　　图 $2-11$ 瞬时冲击近似 δ 信号

(2) δ 函数的性质　δ 函数有如下性质：

1）采样性质　如果 δ(t) 函数与某一连续函数 x (t) 相乘，其乘积仅在 t = 0 处得到 x (0) δ (t)，其余各点（t≠0）之乘积均为零。如果 δ (t) 函数与某一连续函数 x (t) 相乘，并且在（−∞，∞）区间中积分，则得

$$\int_{-\infty}^{\infty} x(t)\delta(t)\,\mathrm{d}t = \int_{-\infty}^{\infty} x(0)\delta(t)\,\mathrm{d}t = x(0) \int_{-\infty}^{\infty} \delta(t)\,\mathrm{d}t = x(0) \qquad (2-42)$$

同理，对于有延时 t_0 的 δ 函数 δ (t − t_0)，它与连续函数 x (t) 的乘积只有在 t = t_0 时刻不为零，在（−∞，+∞）区间中积分，得

$$\int_{-\infty}^{\infty} x(t)\delta(t-t_0)\,\mathrm{d}t = \int_{-\infty}^{\infty} x(t_0)\delta(t-t_0)\,\mathrm{d}t = x(t_0) \qquad (2-43)$$

式（2−42）和式（2−43）表示的 δ 函数的采样性质是对连续信号进行离散采样的理论依据。

2）卷积性质　如果函数 x (t) 与 δ 函数 δ (t) 卷积，则是一种最简单的卷积运算。即

$$x(t) * \delta(t) = \int_{-\infty}^{\infty} x(\tau)\delta(t-\tau)\,\mathrm{d}\tau = \int_{-\infty}^{\infty} x(\tau)\delta(\tau-t)\,\mathrm{d}\tau = x(t)$$

$$(2-44)$$

同样可以得到 x (t) 与有时间延迟的 δ (t − t_0) 的卷积，即

$$x(t) * \delta(t \pm t_0) = \int_{-\infty}^{\infty} x(\tau)\delta(t \pm t_0 - \tau)\,\mathrm{d}\tau = x(t \pm t_0) \qquad (2-45)$$

由上式可知，函数 x(t) 与 δ 函数 δ(t) 卷积的结果就相当于将该函数 x(t) 的图象平移到 δ 函数的坐标位置上去。

(3) 单位脉冲信号的频谱　单位脉冲信号 δ (t) 的频谱由傅里叶变换求出

$$\Delta(f) = \int_{-\infty}^{\infty} \delta(t)\mathrm{e}^{-\mathrm{j}2\pi ft}\,\mathrm{d}t = \mathrm{e}^{0} = 1 \qquad (2-46)$$

其逆变换为

$$\delta(t) = \int_{-\infty}^{\infty} 1 \mathrm{e}^{\mathrm{j}2\pi ft}\,\mathrm{d}f \qquad (2-47)$$

式（2−46）表明，单位脉冲信号具有无限宽广的频谱，其幅值在所有频段上都是等强度的，常称为"均匀谱"。人们把具有这样频谱的信号类比于白色光是具有各种波长（频率）色光的全光谱，也称这种信号为理想的"白噪声"。

根据傅里叶变换的性质，可得到如下傅里叶变换对：

时域		频域
δ (t)	⇔	1
1	⇔	δ (f)
δ (t − t_0)	⇔	$\mathrm{e}^{-\mathrm{j}2\pi ft_0}$

$$e^{j2\pi f_0 t} \qquad \Leftrightarrow \qquad \delta\,(f - f_0)$$

2. 周期单位脉冲序列（梳状函数）及其频谱

周期单位脉冲序列的数学表达式为

$$comb(t, T_s) = \delta_T(t) = \sum_{n=-\infty}^{\infty} \delta(t - nT_s) \qquad (2-48)$$

式中，T_s——单位脉冲序列的周期，$n = 0$，± 1，± 2，…。其图像见图2-12所示。该周期函数的傅里叶级数的复指数函数表达式为

$$\delta_T(t) = \sum_{k=-\infty}^{\infty} C_k e^{j2\pi k f_s t} \qquad (2-49)$$

式中 $f_s = 1/T_s$

$$C_k = \frac{1}{T_s} \int_{-T_s/2}^{T_s/2} \delta_T(t) e^{-j2\pi k f_s t} dt$$

$$= \frac{1}{T_s} \int_{-T_s/2}^{T_s/2} \delta(t) e^{-j2\pi k f_s t} dt = \frac{1}{T_s}$$

代入式（2-49）得

$$\delta_T(t) = \frac{1}{T_s} \sum_{k=-\infty}^{\infty} e^{j2\pi k f_s t} \qquad (2-50)$$

将其进行傅里叶变换得

$$\delta_T(f) = \frac{1}{T_s} F\Big[\sum_{k=-\infty}^{\infty} e^{j2\pi k f_s t} \Big] = \frac{1}{T_s} \sum_{k=-\infty}^{\infty} \delta(f - k f_s) = \frac{1}{T_s} \sum_{k=-\infty}^{\infty} \delta\Big(f - \frac{k}{T_s}\Big)$$

$$(2-51)$$

由图2-12中周期单位脉冲序列及其频谱图可以看出，周期单位脉冲序列信号的时域波形和频域图形（频谱）都呈等间隔离散状，且间隔与幅值均存在一定关系。若时域脉冲幅值为1，频域脉冲幅值就为$1/T_s$；时域间隔为T_s时，频域间隔就为$1/T_s$。

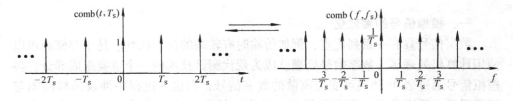

图2-12 周期单位脉冲序列及其频谱

3. 正弦和余弦信号的频谱

由于正、余弦函数不满足绝对可积的条件，因此不能直接运用式（2-24）进行傅里叶变换，而是需要引入δ函数，依据傅里叶变换的性质求出其频谱。

由欧拉公式，正、余弦函数可表示为

$$\sin 2\pi f_0 t = \mathrm{j}\,\frac{1}{2}\,(\mathrm{e}^{-\mathrm{j}2\pi f_0 t} - \mathrm{e}^{\mathrm{j}2\pi f_0 t})$$

$$\cos 2\pi f_0 t = \frac{1}{2}\,(\mathrm{e}^{-\mathrm{j}2\pi f_0 t} + \mathrm{e}^{\mathrm{j}2\pi f_0 t})$$

根据傅里叶变换的频移特性

$$\mathrm{e}^{\pm 2\pi f_0 t} \Leftrightarrow \delta\,(f \mp f_0)$$

可得正、余弦函数的傅里叶变换为

$$\sin 2\pi f_0 t \Leftrightarrow \mathrm{j}\,\frac{1}{2}\,[\delta\,(f+f_0)\,-\delta\,(f-f_0)] \tag{2-52}$$

$$\cos 2\pi f_0 t \Leftrightarrow \frac{1}{2}\,[\delta\,(f+f_0)\,+\delta\,(f-f_0)] \tag{2-53}$$

其频谱图如图 2 – 13 所示。

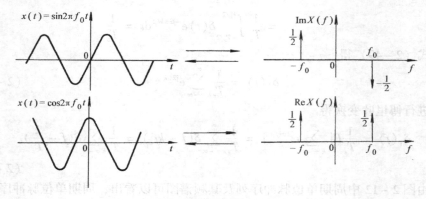

图 2 – 13 正、余弦函数及其频谱

第四节 数字信号处理

一、模拟信号的离散化

数字信号具有一系列优点，例如传输时有较高的抗干扰性、易于存储和可以使用计算机处理等。数字信号处理已成为现代测试技术的一个重要组成部分。将模拟信号通过 A/D 转换可变为离散的数字信号，在这一过程中涉及采样间隔与频率混淆、采样长度与频率分辨率、量化与量化误差、泄漏与窗函数等诸多方面。这些内容涉及的参数在使用某些测试仪器或编制测试软件时需要进行设置，所以本节从实用的角度对其进行简要介绍。

1. 采样与采样定理

（1）采样 采样是指将连续的时域信号转变为离散的时间序列的过程。采样在理论上是将模拟信号 $x\,(t)$ 与时间间隔为 T_s 的周期单位脉冲序列函数相乘，实质上是将模拟信号 $x(t)$ 按一定的时间间隔 T_s 逐点取其瞬时值，使之成为离散信号。T_s 称为采样间隔，$f_s = 1/T_s$ 称为采样频率。

（2）采样定理　采样的重要问题是确定合理的采样间隔 T_s。一般来说，采样频率 f_s 越高，采样点越密，所获得的数字信号越逼近原信号。当采样长度 T 一定时，f_s 越高，数据量 $N = \tau/T_s$ 越大，所需的计算机存储量和计算量就越大；反之，当采样频率降低到一定程度，就会丢失或歪曲原来信号的信息。确定合理的采样间隔既可以保证采样所得的数字信号能真实地代表原来的模拟信号 $x(t)$，又不至于使数据量太大。

采样定理也称香农（Shannon）定理，给出了带限信号不丢失信息的最低采样频率为 $f_s \geqslant 2f_c$，式中 f_c 为原信号中的最高频率，若不满足此采样定理，将会产生频率混叠现象。

（3）频率混叠　频率混叠是由于采样频率选取不当而出现高、低频率成分发生混淆的一种现象，如图 2-14 所示。图 2-14a 给出的是信号 $x(t)$ 及其傅里叶变换 $X(f)$，其频带范围为 $-f_c \sim f_c$。图 2-14b 给出的是采样信号 $x_s(t)$ 及其傅里叶变换，它的频谱是根据 δ 函数的卷积性质，将 $X(f)$ 在频域重新构图。图中表明：当满足采样定理，即 $f_s > 2f_c$ 时，谱图是相互分离的。而图 2-14c 给出的是当不满足采样定理，即 $f_s < 2f_c$ 时，谱图相互重叠，使信号复原时产生混淆，即频率混叠现象。

解决频率混叠的办法是：

1）提高采样频率以满足采样定理，一般工程中取 $f_s \geqslant (3 \sim 4)f_c$。

2）用低通滤波器滤掉不必要的高频成分以防止频率混叠的产生，此时的低通滤波器也称为抗混叠滤波器。

2. 采样长度与频率分辨率

当采样间隔 T_s 一定时，采样长度 T 越长，数据点数 N 就越大。为了减少计算量，T 不宜过长。但是若 T 过短，则不能反映信号的全貌，因为在作傅里叶分析时，频率分辨率 Δf 与采样长度 T 成反比，即：$\Delta f = 1/T = 1/(NT_s)$。显然，需要综合考虑采样频率和采样长度的问题。

一般在工程信号分析中，采样点数 N 选取 2 的整数幂，使用较多的有 512、1024、2048 等。若分析频率取 $f_c = f_s/2.56 = 1/(2.56T_s)$，则各档频率分辨率为 $\Delta f = 1/NT_s = 2.56f_c/N = (1/200, 1/400, 1/800)f_c$。例如，若采样频率 $f_s = 2560\mathrm{Hz}$；当 $N = 1024$ 时，$\Delta f = 2.5\mathrm{Hz}$；当 $N = 2048$ 时，$\Delta f = 1.25\mathrm{Hz}$。

3. 量化及量化误差

将采样信号的幅值经过四舍五入的方法离散化的过程称为量化。若采样信号可能出现的最大值为 A，令其分为 B 个间隔，则每个间隔 $\Delta x = A/B$，Δx 称为量化电平，每个量化电平对应一个二进制编码。当采样信号落在某一区间内，经过四舍五入而变为离散值时，则产生量化误差，其最大值是 $\pm 0.5\Delta x$。

量化误差的大小取决于 A/D 转换器的位数，其位数越高，量化电平越小，量化误差也越小。比如，若用 8 位的 A/D 转换器，8 位二进制数为 $2^8 = 256$，则量化电平为所测信号最大幅值的 1/256，最大量化误差为所测信号最大幅值的 $\pm 1/512$。

4. 泄漏及窗函数

（1）泄漏现象　数字信号处理只能对有限长的信号进行分析运算，因此需要取合理的采样长度 T 对信号进行截断。截断是在时域将该信号函数与一个窗函数相乘。相应地，在频域中则是两函数的傅里叶变换相卷积。因为窗函数的带宽是无限的，所以卷积后将使原带限频谱扩展开来而占据无限频带，这种由于截断而造成的谱峰下降、频谱扩展的现象称为频谱泄漏。当截断后的信号再被采样，由于有泄漏就会造成频谱混叠，因此泄漏是影响频谱分析精度的重要因素之一。

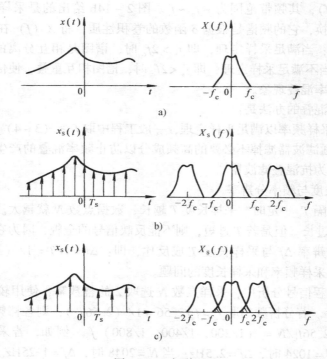

图 2-14　频谱混叠

（2）窗函数及其选用　如上所述，截断是必然的，频谱泄漏是不可避免的。如果增大截断长度 T，即加大窗宽，则窗谱 $W(\omega)$ 主瓣将变窄，主瓣以外的频率成分衰减较快，可减小频谱泄漏。但这样做将使数据量加大，且不可能无限增大窗宽，为此，可采用不同的时域窗函数来截断信号。分析表明，由于矩形窗函数的波形变化剧烈，因此其频谱中高频成分衰减慢，造成的频谱泄漏最为严重。若改用汉宁窗（Hanning）、海明窗（Hamming），由于它们频谱中高频成分衰减快，将使泄漏减小。加窗的作用除了减少泄漏以外，在某些场合，还可抑制噪声，提高频率分辨能力。

工程测试中比较常用的窗函数有矩形窗、三角窗，汉宁窗、海明窗和指数窗等五种。它们的时域和频域的数学表达式、形状、性质等可参考有关文献。

关于窗函数的选择，应考虑被分析信号的性质与处理要求。在需要获得精确频谱主峰频率，而对幅值精度要求不高时，可选用主瓣宽度比较窄而便于分辨的矩形窗，例如测量物体的自振频率等；如果分析窄带信号，且有较强的干扰、噪声，则应选用旁瓣幅度小的窗函数，如汉宁窗、三角窗等；对于随时间按指数衰减的函数，可采用指数窗来提高信噪比。

二、离散傅立叶变换（DFT）

傅里叶变换建立了时域函数和频域函数之间的关系，是频谱分析的数学基础。然而前面介绍的是连续信号的傅里叶变换，不适合于离散信号，无法在计算机上使用，必须研究针对离散信号的离散傅里叶变换（DFT）。

对模拟信号采样后得到一个 N 个点的时间序列 $x(n)$，它与 N 个点的频率序列 $X(k)$ 建立的离散傅里叶变换（DFT）对如下

$$X(k) = \sum_{n=0}^{N-1} x(n) e^{-j2\pi kn/N} \qquad k = 0,1,2,\cdots,N-1 \qquad (2-54)$$

$$x(n) = \frac{1}{N} \sum_{k=0}^{N-1} X(k) e^{j2\pi kn/N} \qquad n = 0,1,2,\cdots,N-1 \qquad (2-55)$$

上述的离散傅里叶变换对将 N 个时域采样点 $x(n)$ 与 N 个频率采样点 $X(k)$ 联系起来，建立了时域与频域的关系，提供了通过计算机作傅里叶变换运算的一种数学方法。

由式（2-54）可以看出，对 N 个数据点作 DFT 变换，需要 N^2 次复数相乘和 $N(N-1)$ 次复数相加。这个运算工作量是很大的，尤其是当 N 比较大时，如对于 $N = 1024$ 点，需要一百多万次复数乘法运算，所需的运算时间太长，难以满足实时分析的需要。为了减少 DFT 很多重复的运算量，产生了快速傅里叶变换（FFT）算法。若以 FFT 算法对 N 个点的离散数据作傅立叶变换，需要 $\frac{N}{2}$ $\log_2 N$ 次复数相乘和 $N\log_2 N$ 次复数相加，显然，运算量大大减少。

FFT 算法在谐波分析、快速卷积运算、快速相关分析、功率谱分析等方面已大量应用，并广泛应用于各个领域，已成为信号分析最主要的工具之一。目前FFT 算法已相当成熟，已有大量的计算机软件可以实现。

习题与思考题

2-1 描述周期信号的频率结构可采用什么数学工具？如何进行描述？周期信号是否可以进行傅里叶变换？为什么？

2-2 求指数函数 $x(t) = Ae^{-\alpha t}$ ($\alpha > 0$, $t \geq 0$) 的频谱。

2-3 求周期三角波（图2-5a）的傅里叶级数（复指数函数形式）。

2-4 求图2-15所示有限长余弦信号 $x(t)$ 的频谱。

设

$$x(t) = \begin{cases} \cos\omega_0 t & |t| < T \\ 0 & |t| \geq T \end{cases}$$

2-5 当模拟信号转换为数字信号时遇到哪些问题？应怎样解决？

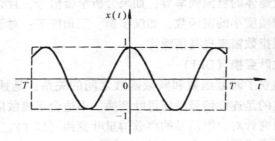

图2-15　题2-4图

第三章 测试系统的基本特性

测试系统依据被测信号是静态还是动态分别表现为静态特性或动态特性。虽然描述测试系统这两种特性的参数不一样，但它们是相互联系和影响的，也就是说，一个静态特性差的测试系统，很难想象其动态特性会好。测试系统的特性分析，实际上就是研究测试系统本身及其作用于它的输入信号、输出信号三者之间的关系。

第一节 测试装置与线性系统

随着测试的目的和要求不同，我们所设计和选取的测试系统的复杂程度也不同。测试装置本身就是一个系统，所谓"系统"，通常是指一系列相关事物按一定联系组成能够完成人们指定任务的整体。这里所说的测试系统，依据所研究对象不同，含义的伸缩性很大。例如，图 1-1 所示的测试系统，其本身各环节的组成就相当复杂。而简单的温度测试系统只有一个液柱式温度计。因此，本章中所称的"测试系统"即可能是在上述含义下所构成的一个复杂装置的测试系统，也可能是指该测试系统的各组成环节，例如传感器、放大器、中间变换电路、记录器，甚至一个很简单 RC 滤波单元等。所以，本书以后所提到的测试系统或测试装置，有时指的是有许多环节组成的复杂的测试装置，有时指的是测试装置中的单个环节。作为一个测试装置，要能够完成一定的功能，所以在后续的介绍中，对"装置"和"系统"一般不加以区分。

一、测试装置的基本要求

· 研究测试装置的特性，主要是分析和处理系统的输入量 $x(t)$、输出量 $y(t)$以及装置本身的传输特性 $h(t)$ 三者之间的关系，知道其中的两个量，就可以确定另一个量。

理想的测试装置应该具有单值的、确定的输入输出关系。即对于每一输入量都应只有单一的输出量与之对应。其中以输出与输入成线性关系为最佳。在输入信号取值基本不随时间而变化的静态测量中，测试系统的这种线性关系虽然总是所希望的，但不是必须的，因为用曲线校正或输出补偿技术作静态非线性校正并不困难；在动态测试中，测试系统本身应该力求是线性系统。这不仅因为目前对线性系统能够作比较完善的数学处理与分析，而且也因为在动态测试中作非线性校正目前还相当困难，即使可以作这样的校正，费用也高。实际测试系统大多不可能在整个范围内完全保持线性，而只能在一定范围内和一定的（误差）条件下作线性处理，这就是该测试系统的工作范围。

二、线性系统及其主要性质

在实际测试工作中，把测试系统在一定条件下，看成一个线性系统，具有重要的现实意义。

测试装置的输入量 $x(t)$ 和输出量 $y(t)$ 都是时间的函数。如果它们之间的关系可以用线性常微分方程来描述，即

$$a_n \frac{\mathrm{d}^n y(t)}{\mathrm{d}t^n} + a_{n-1} \frac{\mathrm{d}^{n-1} y(t)}{\mathrm{d}t^{n-1}} + \cdots\cdots + a_1 \frac{\mathrm{d}y(t)}{\mathrm{d}t} + a_0 y(t)$$

$$= b_m \frac{\mathrm{d}^m x(t)}{\mathrm{d}t^m} + b_{m-1} \frac{\mathrm{d}^{m-1} x(t)}{\mathrm{d}t^{m-1}} + \cdots\cdots + b_1 \frac{\mathrm{d}x(t)}{\mathrm{d}t} + b_0 x(t)$$

$$(3-1)$$

则称该系统为时不变线性系统，也称定常线性系统。通常 $n > m$，表明系统是稳定的，即系统的输入不会使输出发散。系数 a_0、a_1、$\cdots$、a_n 和 b_0、b_1、$\cdots$、b_m 均为常数，不随时间而变化。

严格地说，很多物理系统是时变的，因为构成物理系统的材料、元件、部件的特性并非都是非常稳定的。它们的不稳定，会导致微分方程式系数的时变性。但是，在工程领域中，常常可以以足够的精确度认为常见的物理系统中的参数 a_0、a_1、$\cdots$、a_n 和 b_0、b_1、$\cdots$、b_m 是时不变的，从而把一些时变线性系统当作时不变线性系统来处理。本书主要分析讨论线性时不变系统。

若用 $x(t) \rightarrow y(t)$ 表示上述系统的输入、输出的对应关系，则线性时不变系统具有以下主要性质：

1. 叠加性

即符合叠加原理。

若　　　　　　　　$x_1(t) \rightarrow y_1(t)$ 　　　　　　$x_2(t) \rightarrow y_2(t)$

则　　　　　　　　$[x_1(t) \pm x_2(t)] \rightarrow [y_1(t) \pm y_2(t)]$ 　　　　　　　　(3-2)

叠加原理表明，作用于线性系统的各个输入所产生的输出是互不影响的。在分析众多复杂输入时，可以先分析单个输入作用时的输出，然后将所有输出叠加即为总输出。

2. 比例特性

若　　　　　　　　　　　　$x(t) \rightarrow y(t)$

对于任意常数 k，则有　　　　$kx(t) \rightarrow ky(t)$ 　　　　　　　　　　　(3-3)

3. 微分特性

即系统对输入微分的响应等于对原输入响应的微分。即

若　　　　　　　　　　　　$x(t) \rightarrow y(t)$

则
$$\frac{\mathrm{d}x(t)}{\mathrm{d}t} \xrightarrow{\quad} \frac{\mathrm{d}y(t)}{\mathrm{d}t} \tag{3-4}$$

4. 积分特性

如果系统的初始状态为零，则系统对输入积分的响应等于原输入响应的积分。即

若
$$x(t) \rightarrow y(t)$$

则
$$\int_0^t x(t)\,\mathrm{d}t \rightarrow \int_0^t y(t)\,\mathrm{d}t \tag{3-5}$$

5. 频率保持特性

若
$$x(t) \rightarrow y(t)$$

则
$$x_i(t) = X_i\sin(\omega_1 t + \theta_x) \rightarrow y_i(t) = Y_i\sin(\omega_1 t + \theta_y) \tag{3-6}$$

也就是说信号经过测试装置后，幅值可能放大或缩小，相位也可能发生变化，但频率不会变化。

判断一个系统是否是线性系统，只要判断该系统是否满足叠加性和比例性。若满足就是线性系统。

线性时不变系统的这些性质，特别是叠加特性和频率保持特性，对测试工作十分有用。例如，知道了线性时不变系统的输入激励频率，那么可以判断所得的响应信号中只有与输入激励同频的分量才是输入所引起的，而其他频率分量都是噪声。所以，即使在很强的噪声背景下，依据频率保持特性，采用滤波技术，也可以把有用的信息提取出来。

与线性系统对应的是非线性系统。非线性系统是指不具有线性系统的上述性质或者不能以线性微分方程描述的系统。例如下述系统均为非线性系统

$$\frac{\mathrm{d}y(t)}{\mathrm{d}t} + y^2(t) = x(t)$$

$$\frac{\mathrm{d}^2 y(t)}{\mathrm{d}t} + y(t)\frac{\mathrm{d}y(t)}{\mathrm{d}t} + 3 = 2x(t)$$

由于非线性系统不具有线性性质，对它的分析与求解就十分困难。然而，在许多情况下，非线性系统可以在一定范围内近似为线性系统。这样，就使得对线性系统的研究变得更为重要。

第二节　测试系统的静态特性

测量系统的静态特性是指被测信号为静态信号（或变化极缓慢信号）时测试装置的输出与输入之间的关系。描述测试装置输入输出之间的关系曲线称为定度曲线，它必须通过实验方法得到。

当输入信号为静态信号时，式（3-1）变为

$$y = \frac{b_0}{a_0}x = Sx \qquad (3-7)$$

这是理想状态下定常线性系统输入输出关系，即单调的线性比例关系。然而实际的测量装置并不是理想的线性系统，即输入输出之间并不是单调的线性比例关系，S 并不是常数。所以定度曲线通常情况下不是直线。在实际工作中，常采用"最小二乘法"拟合的直线来确定线性关系。用实验方法，确定出定度曲线，由定度曲线的特征指标，就可以描述测量系统的静态特性。

静态特性主要有线性度、灵敏度和回程误差三项。

一、线性度

测试系统的线性度就是定度曲线与理想直线的接近程度。作为性能指标，它以定度曲线与拟合直线的最大偏差 B（以输出量单位计算）同标称范围 A（如图 3-1 所示）的百分比表示。即

$$非线性度 = \frac{B}{A} \times 100\% \qquad (3-8)$$

设计测试系统时，为了达到线性要求，可以把装置定度曲线中较理想的直线段取为标称输出范围（即工作范围）。根据测试精度的要求，可以对定度曲线的非线性进行线性补偿（采用电路或软件补偿均可），以扩大系统的标称输出范围。当测试系统的 $x(t)$、$y(t)$ 为非线性关系时，在输入量变化范围很小的条件下，可认为 $x(t)$、$y(t)$ 满足线性要求。这也是有些装置对工作范围限制很严格的原因之一。例如，电容式位移传感器只能测量小位移就是这种情况。

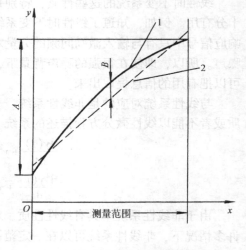

图 3-1　由定度曲线和拟合直线确定
系统特性指标
1—定度曲线　2—拟合直线

二、灵敏度

在稳态情况下，系统的输出信号变化量和输入信号变化量之比称为灵敏度 S，表达式为

$$S = \frac{\Delta y}{\Delta x} \qquad (3-9)$$

显然，对于理想的定常线性系统

$$S = \frac{\Delta y}{\Delta x} = \frac{y}{x} = \frac{b_0}{a_0} \qquad (3-10)$$

例如，有一位移传感器，每给以 1μm 的位移量（输入信号的变化量），能得到 0.2mV 的输出，则其灵敏度为 $S = 0.2\text{mV}/\mu\text{m}$。

灵敏度的量纲取决于输入输出量的单位。当输出信号与输入信号量纲相同时，常用"放大倍数"或"增益"代替灵敏度。灵敏度为常数是线性系统的特征之一。

描述测量装置对被测量变化的反应能力也常用鉴别力阈或分辨力表示。引起测量装置输出值产生一个可察觉变化的最小的被测量变化值称为鉴别力阈，它用来描述装置对输入微小变化的响应能力。分辨力是描述测试装置的一般术语，它是指输出指示装置有效地辨别紧密相邻量值的能力。一般规定数字装置的分辨力就是最后一位变化一个字的大小，模拟装置的分辨力是指示标尺分度值的一半。例如，某数字电压表的量程为 2V，各位最大读数为 1.9999V（五位半数字表），最末位变化一位的大小为 0.0001V，则其分辨力为 0.1mV。

三、回程误差（滞后）

回程误差表示测量系统当输入量由小到大再由大到小变化时，对于同一输入，所得输出量不一致的程度，如图 3 -2 所示。

回程误差也称为滞后或变差，是描述测试装置的输出与输入变化方向有关的特性。回程误差在数值上是用同一输入量下所得滞后偏差的最大值 $h_{\max}$ 与测量系统满量程输出值 A 比值的百分数表示。即

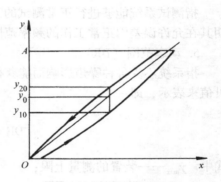

图 3-2　回程误差的测量

$$回程误差 = \frac{h_{\max}}{A} \times 100\% \qquad (3-11)$$

在实际测试中，滞后现象经常遇到。测试装置中磁性材料的磁化和一般材料的受力变形，都会导致装置本身存在滞后现象。

四、其他表征测试系统的指标

1. 精确度

精确度表示测试装置的测量结果与被测量真值的接近程度，反映测量的总误差。作为技术指标，常用相对误差和引用误差来表示。

2. 漂移

测量装置的测量特性随时间的缓慢变化，称为漂移。在规定条件下，对一个

恒定的输入在规定时间内的输出变化，称为点漂；在装置标称范围最低值处的点漂，称为零点漂移，简称零漂。随环境温度变化所产生的漂移称为温漂。

3. 信噪比（SNR）

信号功率与噪声功率之比，或信号电压与噪声电压之比，称为信噪比，单位为分贝。即

$$SNR = 10\lg \frac{N_s}{N_n} = 20\lg \frac{V_s}{V_n} dB \tag{3-12}$$

式中　N_s——信号功率；

　　　　N_n——噪声功率；

　　　　V_s——信号电压；

　　　　V_n——噪声电压。

信噪比是测试系统的一个重要特性参数，优化测试装置本身特性，重要的一点就是必须注意提高系统的信噪比。

4. 测量范围

指测试系统能够进行正常测试的工作量值范围。若为动态测试系统，必须表明其在允许误差内正常工作的频率范围。

5. 动态范围（DR）

指系统不受各种噪声影响而能获得不失真输出的测量上下限之比值，常用分贝值来表示，即：

$$DR = 20\lg \frac{y_{max}}{y_{min}} \tag{3-13}$$

式中　y_{max}——装置的测量上限；

　　　　y_{min}——装置的测量下限。

以上所述的各项描述测试系统静态特性参数，都是以理想的传输特性 $y = \frac{b_0}{a_0}x$ $= Sx$ 为参考基准的性能指标，即都基于对 $S = \frac{b_0}{a_0}$ 是否为常值来考虑。而 b_0、a_0 这两个系数是分析静态特性指标所必需的，二者从根本上讲是由测试装置机械或电气结构参数所决定的。对于那些用于静态测量的测试装置，一般只需利用静态特性指标来描述装置的特性，而在动态测试过程中，不仅需要用静态特性指标，而且必须采用动态特性指标来描述测试装置的测量性能。所以 b_0、a_0 连同其他参数必将参加到描述装置动态特性的微分方程式（3-1）中而影响动态特性。所以良好的静态特性是实现不失真动态测试的前提。图3-3就表明测试装置非线性度的存在对动态测试的影响。

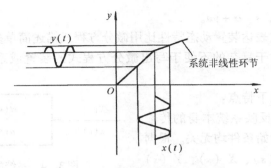

图 3 - 3　非线性度对装置动态输出的影响

第三节　测试系统的动态特性

当输入量随时间变化时，测试系统所表现出的响应特性称为测试系统的动态特性。测试系统的动态特性好坏主要取决于测试系统本身的结构，而且与输入信号有关。所以描述测试系统的特性实质上就是建立输入信号、输出信号和测试装置结构参数三者之间的关系。即把测试系统这个物理系统抽象成数学模型，而不管其输入输出量的物理特性（即不管是机械量、电量或热学量等），分析输入信号与响应信号之间的关系。

一、测试系统动态特性的描述方法

1. 时域微分方程

当测试系统被视为线性时不变系统时，可用常系数线性微分方程式（3 - 1）描述。若已知系统输入，通过求解微分方程，就可求得系统的响应，根据输入输出之间的传输关系就可确定系统的动态特性。微分方程是一种基本的数学模型，在实际使用中，有许多不便。因此，在工程领域中，常通过拉普拉斯变换（拉氏变换）或傅里叶变换建立相应的传递函数和频率响应函数，从而更简便地描述系统或装置的动态特性。

2. 传递函数 $H(s)$

在初始条件为零的前提条件下，对微分方程式（3 - 1）的两边作拉普拉斯变换，可以得到

$$(a_n s^n + a_{n-1} s^{n-1} + \cdots + a_1 s + a_0) Y(s)$$
$$= (b_m s^m + b_{m-1} s^{m-1} + \cdots + b_1 s + b_0) X(s) \qquad (3-14)$$

将输出量和输入量两者的拉普拉斯变换之比定义为该系统的传递函数 $H(s)$，即

$$H(s) = \frac{Y(s)}{X(s)} = \frac{b_m s^m + b_{m-1} s^{m-1} + \cdots + b_1 s + b_0}{a_n s^n + a_{n-1} s^{n-1} + \cdots + a_1 s + a_0} \qquad (3-15)$$

其中，s 为复变量，$s = \alpha + j\omega$。

用代数方程式表达装置动态特性比用微分方程式描述简单多了，这样就便于分析与计算。这对于复杂的不便于写出微分方程式的装置或系统更具有实际意义。

传递函数有以下特点：

1) $H(s)$ 只反映系统本身的传输特性，与输入和初始条件均无关。根据式（3-15），$H(s)$、$X(s)$、$Y(s)$ 三者中任知其二，便可求得第三者，然

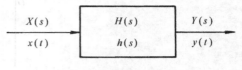

图 3-4　系统的传输特性

后进行傅里叶逆变换就可求得时域描述，如图 3-4 所示。

2) $H(s)$ 只反映系统本身的传输特性，与系统具体的物理结构无关。同是一阶系统的电学系统和力学系统，其传递函数形式相同，但物理性质却完全不同。

3) 对实际的物理系统，由于输入 $x(t)$ 和输出 $y(t)$ 常具有不同的量纲，传递函数通过系数 a_0、a_1、$\cdots$、a_n 和 b_0、b_1、$\cdots$、b_m 反映出输入输出量纲的变换关系。

4) $H(s)$ 中的分母取决于系统的结构。分母中的最高幂次 n 代表系统微分方程的阶数，也是测试系统的阶数。分子则与外界因素（如输入方式、被测量等）有关。在控制工程中，常常通过系统的传递函数的形式来判断系统的稳定性。一般的测试装置都是稳定系统，稳定的必要条件之一就是 $n > m$。

3. 频率响应函数 $H(\omega)$

根据定常线性系统的频率保持特性，若输入为一正弦信号 $x(t) = X_0 \sin\omega t$，则稳态时的输出是与输入同频率的正弦信号 $y(t) = Y_0 \sin(\omega t + \phi)$，但其幅值和相位角通常不等于输入信号的幅值和相位角。输出信号与输入信号的幅值比 $A = Y_0/X_0$ 和相位差 ϕ 都是输入信号频率的函数。定常线性系统在正弦信号的激励下其稳态时的输出信号和输入信号的幅值比定义为该系统的幅频特性，记为 $A(\omega)$；稳态输出和输入的相位差定义为该系统的相频特性，记为 $\varphi(\omega)$。二者统称为系统的频率特性。由于复杂信号可以分解成正弦信号的叠加，所以当输入为复杂信号时，系统的频率特性也是适用的。

现将 $A(\omega)$、$\varphi(\omega)$ 构成一个复数 $H(\omega)$，即

$$H(\omega) = A(\omega) e^{j\varphi(\omega)} \tag{3-16}$$

显然，$H(\omega)$ 表示了系统的频率特性，称 $H(\omega)$ 为频率响应函数。

在传递函数 $H(s)$ 中，$s = \alpha + j\omega$，令 $\alpha = 0$ 即 $s = j\omega$ 便可求得频率响应函数 $H(j\omega)$

$$H(j\omega) = \frac{Y(j\omega)}{X(j\omega)} \tag{3-17}$$

频率响应函数有时记为 H（jω），以此来说明它来源于 H（s）中 $s=$jω。

若在 $t=0$ 时，将激励信号接入稳态常系数线性系统时，在拉氏变换中令 $s=$jω，实际上是将拉氏变换变成傅氏变换。又由于系统的初始条件为零，因此系统的频率响应函数 H（ω）就成为输出 y（t）的傅氏变换 Y（ω）与输入 x（t）的傅氏变换 X（ω）之比，即

$$H(\omega) = \frac{Y(\omega)}{X(\omega)}$$

H（ω）是处理正弦输入输出信号及系统动态特性之间关系的有力工具。由于正弦信号易于产生和测量，并且其他复杂波形输入也可以分解为一系列正弦信号相迭加，所以 H（ω）在测试技术中应用极为广泛。

可将 H（ω）的实部和虚部分开，记为

$$H(\omega) = P(\omega) + jQ(\omega) \qquad (3-18)$$

则 $$A(\omega) = |H(\omega)| = \sqrt{P^2(\omega) + Q^2(\omega)} \qquad (3-19)$$

$$\varphi(\omega) = \arctan\frac{Q(\omega)}{P(\omega)} \qquad (3-20)$$

在工程领域中，常用特性曲线来描述系统的传输特性。将 A（ω）$-\omega$ 和 φ（ω）$-\omega$ 分别作图，即为系统的幅频特性曲线和相频特性曲线。实际作图时，为了方便，常常采用如下作图方法。

1）将自变量 ω 或 f 的坐标取对数，幅值比 A（ω）取分贝数，相角取实数作图，分别称为对数幅频特性曲线和对数相频特性曲线，总称为伯德（Bode）图。

2）用 H（ω）的实部 P（ω）和虚部 Q（ω）分别作 P（ω）$-\omega$ 和 Q（ω）$-\omega$ 的曲线，可得到系统的实频特性和虚频特性曲线图。

3）用 P（ω）和 Q（ω）分别作为横、纵坐标画出 Q（ω）$-P$（ω）曲线并在曲线某些点上分别注明相应的频率，就是系统的奈奎斯特（Nyquist）图。图中自原点画出的矢量向径，其长度和与横轴的夹角分别是该频率 ω 点的 A（ω）和 φ（ω）。

4. 脉冲响应函数 h（t）

若系统的输入为单位脉冲函数 δ（t），则 X（s）$=L$［δ（t）］$=1$。装置输出的拉氏变换为 Y（s）$=H$（s）X（s）$=H$（s），然后将其进行拉氏逆变换得

$$h(t) = L^{-1}[H(s)] = h(t) \qquad (3-21)$$

称 h（t）为测试系统的脉冲响应函数或权函数。它是测试系统特性的时域描述形式。根据拉氏变换的性质，h（t）、x（t）、y（t）三者之间的关系如图 3-4 所示。即

$$y(t) = h(t) * x(t) \qquad (3-22)$$

综上所述，传递函数、脉冲响应函数和频率响应函数分别是在复数域、时域和频域中描述测试系统的动态特性。三者是一一对应的。$h(t)$ 和 $H(s)$ 是拉氏变换对，$h(t)$ 和 $H(j\omega)$ 是傅氏变换对。

二、测试系统的动态特性

测试系统的阶数越高，即描述其特性的微分方程阶次越高，系统的传输特性越复杂，其输入和输出之间的变换关系越难描述。所以，我们先来分析简单系统的动态特性。

1. 一阶系统的动态特性

能够用一阶微分方程来描述的系统均为一阶系统。在工程测试中，典型的一阶测量系统如图 3-5 所示的力学、电学和热学系统。下面以液柱式温度计为例分析一阶系统的传输特性。

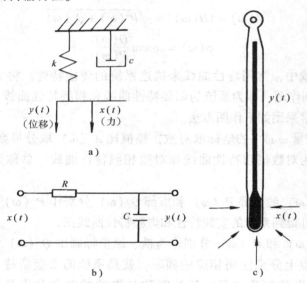

图 3-5　典型的一阶系统
a) 忽略质量的单自由度振动系统　b) RC 积分电路　c) 液柱式温度计

设 $T_i(t)$ 为被测环境的温度，即温度计的输入信号，$T_o(t)$ 为温度计的指示温度，即温度计的输出信号，C 表示温度计温包的热容量，R 表示温度从热源传给温包的液体之间传导介质的热阻。根据热力平衡方程可得

$$\frac{T_i(t) - T_o(t)}{R} = C \frac{\mathrm{d}T_o(t)}{\mathrm{d}t}$$

即

$$RC \frac{\mathrm{d}T_o(t)}{\mathrm{d}t} + T_o(t) = T_i(t) \qquad (3-23)$$

令 $\tau = RC$，用 $x(t)$ 代表输入 $T_i(t)$，$y(t)$ 代表输出 $T_o(t)$。则式 (3-23) 变为

$$\tau \frac{\mathrm{d}y(t)}{\mathrm{d}t} + y(t) = x(t) \tag{3-24}$$

假设初始条件为零，其拉氏变换为

$$\tau s Y(s) + Y(s) = X(s)$$

系统的传递函数

$$H(s) = \frac{Y(s)}{X(s)} = \frac{1}{\tau s + 1} \tag{3-25}$$

对一般的一阶系统,其传递函数通式为

$$H(s) = \frac{Y(s)}{X(s)} = \frac{S}{\tau s + 1} \tag{3-26}$$

S 为系统的灵敏度。为了分析方便，令 $S = 1$，将系统作为归一化系统研究。我们所讨论的温度计就是归一化系统。

令 $s = \mathrm{j}\omega$，由式 (3-25) 可得一阶系统的频率响应函数

$$H(\mathrm{j}\omega) = \frac{1}{\mathrm{j}\omega\tau + 1} \tag{3-27}$$

幅频特性为

$$A(\omega) = |H(\mathrm{j}\omega)| = \frac{1}{\sqrt{1 + (\omega\tau)^2}} \tag{3-28}$$

相频特性为

$$\varphi(\omega) = -\arctan(\omega\tau) \tag{3-29}$$

图 3-6 和图 3-7 分别画出了系统的幅频与相频特性曲线和系统的伯德图。

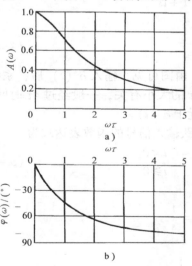

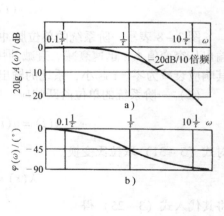

图 3-6　一阶系统的幅频和相频特性曲线
a) 幅频特性曲线　b) 相频特性曲线

图 3-7　一阶系统的伯德图
a) 对数幅频特性曲线　b) 对数相频特性曲线

在图 3-6 中可以发现，当 $\omega = 0$ 时，$A(0) = 1$；当 $\omega = 1/\tau$ 时，$A(1/\tau)$

$=1/\sqrt{2}$，20lg（$1/\sqrt{2}$）$=-3$dB，通常把 $\omega=1/\tau$ 处的频率称为系统的"转折频率"（对滤波器，就是截止频率）。在该处，A（$1/\tau$）$=0.707$（-3dB），φ（$1/\tau$）$=-45°$，即该处输出信号的幅度下降至输入信号幅度的 0.707，输出信号滞后于输入信号 $45°$，这两点常常成为在伯德图上判断一阶系统的特征。所以，时间常数 τ 是一阶系统的重要特征参数，它决定了系统的动态特性。如图 3-6 所示，当 τ 越小，转折频率就越大，测试信号的动态范围就越宽；反之，τ 越大，则系统的动态范围就越小。

从图 3-6 还可以发现，当 $\omega>$（2~3）$/\tau$，即 $\omega\tau\gg1$ 时，H（ω）$\approx\dfrac{1}{j\omega\tau}$，此时微分方程式变为

$$y(t)=\frac{1}{\tau}\int_0^t x(t)\mathrm{d}t$$

输出和输入的积分成正比，系统相当于一个积分器。一阶系统适合于测量缓变或低频信号，$1/\tau$ 就是系统工作频率的上限。

下面进一步分析系统对具体输入信号的响应特性。

（1）一阶系统的单位脉冲响应　由式（3-25）得

$$Y(s)=H(s)X(s)=\frac{X(s)}{1+\tau s}$$

当系统作用输入信号 x（t）$=\delta$（t），其拉氏变换为 $L[\delta(t)]=\Delta(s)=1$

所以

$$Y(s)=\frac{X(s)}{1+\tau s}=\frac{1}{1+\tau s}$$

对上式进行拉氏反变换，得其时域响应

$$y(t)=\frac{1}{\tau}\mathrm{e}^{-\frac{t}{\tau}} \tag{3-30}$$

图 3-8 表示一阶系统的单位脉冲响应。由图可见，输入 δ（t）后，系统的输出从突变值 $1/\tau$ 迅速衰减。衰减的快慢与 τ 的大小有关，一般经过 4τ 时间后，其响应衰减为零。τ 越小，系统的输出越接近于 δ（t）。

（2）一阶系统的单位阶跃响应　单位阶跃输入信号的函数表达式为

$$x(t)=u(t)=\begin{cases}0 & t<0 \\ 1 & t\geqslant0\end{cases} \tag{3-31}$$

对式（3-31）取拉氏变换

$$X(s)=U(s)=\frac{1}{s}$$

将其代入式（3-25）得

$$Y(s)=\frac{1}{\tau s+1}\frac{1}{s}$$

拉氏反变换得

$$y(t)=1-\mathrm{e}^{-\frac{t}{\tau}} \tag{3-32}$$

由图 3–9 可见，当 $t > 4\tau$ 后，系统输出与输入基本相同（误差小于 1.8%），可认为稳态误差为零。所以 τ 越小，一阶系统达到稳态值的时间越小，τ 是决定系统响应快慢的重要因素，所以称 τ 为时间常数。

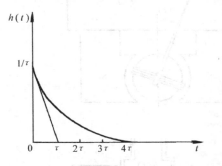

图 3–8　一阶系统的单位脉冲响应　　　图 3–9　一阶系统的单位阶跃响应

通过实验，同样可以测得系统对其他信号的响应。在很多情况下，系统的输出信号与输入信号存在常值稳态误差。因此，在输出值加上这一稳态误差作修正值，才能得到正确的响应信号。值得注意的是，同样的系统对阶跃信号、脉冲信号等的响应不存在稳态误差。所以，稳态误差的存在与否，不仅取决于系统，也取决于信号。

2. 二阶系统的动态特性

图 3–10 所示的三种装置均为典型的二阶系统。现以动圈式电表为例来讨论二阶测试系统的动态特性。固定的永久磁铁所形成的磁场与通电线圈所形成的磁场相互作用，产生电磁转矩，使线圈产生偏转运动，其运动特性可用二阶微分方程来描述。

$$J\frac{\mathrm{d}^2 y(t)}{\mathrm{d}t^2} + c\frac{\mathrm{d}y(t)}{\mathrm{d}t} + Gy(t) = k_i x(t)$$

式中　　$x(t)$——输入运动线圈的电流信号；

$\quad\quad\ \ y(t)$——运动线圈产生的角位移输出信号；

$\quad\quad\ \ J$——取决于转动部分结构形状和质量的转动惯量；

$\quad\quad\ \ c$——阻尼系数，包括空气阻尼、电磁阻尼和油阻尼等；

$\quad\quad\ \ G$——游丝的扭转刚度；

$\quad\quad\ \ k_i$——电磁转矩系数，与动圈绕组的有效面积、匝数以及磁感应强度等有关。

令 $\omega_n = \sqrt{G/J}$、$\zeta = c/\sqrt{GJ}$ 和 $S = k_i/G$，则上式可改写为

$$\frac{\mathrm{d}^2 y(t)}{\mathrm{d}t^2} + 2\zeta\omega_n\frac{\mathrm{d}y(t)}{\mathrm{d}t} + \omega_n^2 y(t) = S\omega_n^2 x(t) \qquad\qquad (3-33)$$

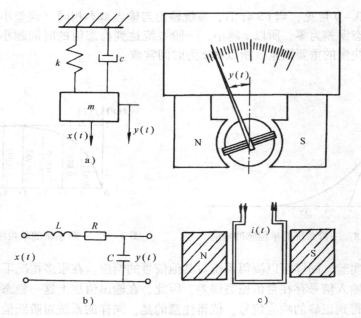

图 3 – 10   典型的二阶系统

a) 弹簧质量阻尼系统   b) *RLC* 电路   c) 动圈式电表

对具体系统而言，S 是一个常数，是系统的静态灵敏度。为分析方便，令 $S=1$，得到归一化的二阶微分方程，代表二阶系统特性的标准式。式中 ω_n 称为系统的固有频率，ζ 称为系统的阻尼比（$0<\zeta<1$）。令初始条件为零，将（3 – 33）式两边进行拉氏变换，得

$$s^2 Y(s) + 2\zeta\omega_n s Y(s) + \omega_n^2 Y(s) = \omega_n^2 X(s)$$

根据式（3 – 15），得

$$H(s) = \frac{Y(s)}{X(s)} = \frac{\omega_n^2}{s^2 + 2\zeta\omega_n s + \omega_n^2} \qquad (3-34)$$

令 $s = j\omega$，代入式（3 – 34），得二阶系统的频率响应函数

$$H(j\omega) = \frac{\omega_n^2}{(j\omega)^2 + 2\zeta\omega_n(j\omega) + \omega_n^2}$$

$$= \frac{1}{\left[1 - \left(\dfrac{\omega}{\omega_n}\right)^2\right] + j2\zeta\dfrac{\omega}{\omega_n}} \qquad (3-35)$$

幅频特性为

$$A(\omega) = \frac{1}{\sqrt{\left[1 - \left(\dfrac{\omega}{\omega_n}\right)^2\right]^2 + 4\zeta^2\left(\dfrac{\omega}{\omega_n}\right)^2}} \qquad (3-36)$$

相频特性为
$$\varphi(\omega) = -\tan^{-1}\frac{2\xi(\omega/\omega_n)}{1-(\omega/\omega_n)^2} \qquad (3-37)$$

图 3 – 11 和图 3 – 12 分别示出系统的幅频与相频特性图和伯德图。

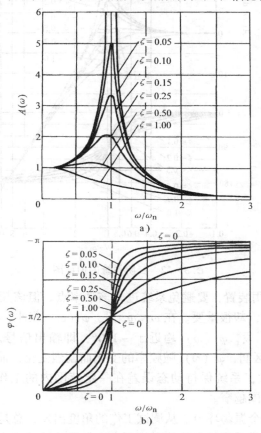

图 3 – 11　二阶系统的幅频和相频特性曲线

由图 3 – 11 和图 3 – 12 可见，二阶系统的频率特性受 ω_n 和 ζ 两个参数的共同影响。当系统的阻尼很大（$\zeta > 1$）时，二阶系统的频率特性和一阶系统的频率特性甚为接近，此时系统近似为一阶系统。当 ζ 很小（$0 < \zeta < 0.4$）时，在 $\omega = \omega_n$ 处，系统发生共振。当选取 $\zeta = 0.6 \sim 0.8$，$\omega \leqslant (0.6 \sim 0.8)\omega_n$ 时，$A(\omega) \approx 1$，对应的频率范围最大，$\varphi(\omega)$ 与 ω 近似线性关系。在这种情况下，系统的稳态响应的动态误差较小。

然而，在通常使用的频率范围中，固有频率的影响更为重要。系统的频率响应随固有频率 ω_n 的大小而不同。所以二阶系统固有频率 ω_n 的选择应以其工作频率范围为依据。$\omega \approx \omega_n$ 处是系统的共振点，此时系统响应的幅值最大，相位

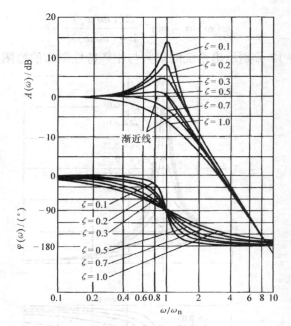

图 3 - 12 二阶系统的伯德图

滞后90°。作为实用装置，要避免系统进入该频率点。但该频率点的特性在测定系统本身的参数时，却很重要。在 $\omega \ll \omega_n$ 段，$\varphi(\omega)$ 很小，且和频率近似成正比增加。在 $\omega \gg \omega_n$ 段，$\varphi(\omega)$ 趋近于 $-180°$，即输出信号几乎和输入信号反相。在 ω 靠近 ω_n 区间，$\varphi(\omega)$ 随频率的变化而剧烈变化，而且 ζ 越小，这种变化越剧烈。ω_n 越大，系统保持动态误差在一定范围内的工作频率范围就越宽；反之，工作频率范围越窄。

二阶系统是一个振荡环节。从测试工作的角度出发，总是希望测试装置在较大的频率范围内，受系统频率特性影响所产生的误差尽可能小。所以，确定了测试对象及其频率特性之后，要选择固有频率和阻尼比组合合适的装置，以便获得较小的误差和较宽的工作频率范围。一般选取 $\omega \leq (0.6 \sim 0.8) \omega_n$，$\zeta = (0.65 \sim 0.7)$。

下面进一步分析系统对具体输入信号的响应特性。

1) 二阶系统的单位脉冲响应 将（3 - 34）式进行拉氏反变换，即得二阶系统的脉冲响应函数

$$h(t) = \frac{\omega_n}{\sqrt{1 - \zeta^2}} e^{-\zeta \omega_n t} \sin \sqrt{1 - \zeta^2} \omega_n t \qquad 0 < \zeta < 1 \qquad (3 - 38)$$

2) 二阶系统的单位阶跃响应 将（3 - 31）式表示的单位阶跃信号作用于二阶系统，二阶系统对单位阶跃输入的响应量

$$y(t) = 1 - \frac{e^{-\zeta\omega_n t}}{\sqrt{1-\zeta^2}} \sin\left(\sqrt{1-\zeta^2}\,\omega_n t + \tan^{-1}\frac{\sqrt{1-\zeta^2}}{\zeta} \right) \qquad 0 < \zeta < 1$$

$$(3-39)$$

图 3-13 描述了二阶系统的单位阶
跃响应。分析可知，二阶测试系统的阶
跃响应具有以下性质：

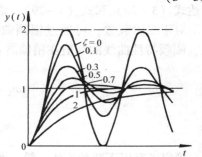

1）当 $\zeta < 1$ 时，系统以 $\sqrt{1-\zeta^2}\,\omega_n$
为角频率正弦振荡衰减。当 $\zeta \geq 1$ 时，
响应不出现振荡。无论哪种情况，响应
都要经过一段时间才能达到阶跃输入
值，该过程称为瞬态过程（动态过渡过
程）。$\zeta > 1$，称为过阻尼；$\zeta = 1$，为临

图 3-13 二阶系统的单位阶跃响应

界阻尼；$0 < \zeta < 1$，为欠阻尼。响应曲线形状由阻尼比 ζ 和固有频率 ω_n 决定。二
阶系统在单位阶跃激励下的稳态输出误差为零。

2）阻尼比 ζ 的取值决定了阶跃响应趋于稳态值的快慢，ζ 值过大或过小，
趋于稳态值的时间都过长。为提高响应速度，通常选取 $\zeta = 0.6 \sim 0.8$ 较合适。

3）测量系统的阶跃响应速度，随系统固有角频率 ω_n 的变化而不同。当 ζ 不
变时，ω_n 越大，响应速度越快；ω_n 越小，响应速度就越慢。

综上所述，二阶系统的固有频率和阻尼比是二阶测试系统的重要特征参数，
简称为二阶系统动态特性参数。

三、测试系统动态特性的测定

要使测试装置精确可靠，首先其定度应当精确，同时，还要定期对装置进行
校准。定度和校准的过程就是对测试装置本身特性参数的测定。

要测定装置的静态特性参数，只要给系统施加"标准"的静态量输入，得
出其定度曲线，然后通过定度曲线和校准直线，就可确定系统的非线性误差、灵
敏度和回程误差等静态参数。

对测试装置动态特性的测定，主要就是对其动态特性参数的测定。通常是用
正弦信号或阶跃信号作为标准激励源，分别测出激励作用下的频率响应曲线或阶
跃响应曲线，从中确定测试系统的时间常数、阻尼比和固有角频率等动态参数。
下面分别就正弦信号、阶跃信号为激振源来进行分析。

1. 用频率响应法求测试装置的动态特性

对装置施以正弦激励，即 $x(t) = X_0 \sin\omega t$，在输出达到稳态后测量输出和
输入的幅值比和相位差，就得到该激励频率下装置的传输特性。通常所加正弦激
励峰—峰值为量程的 20%，其频率自接近零频的最低值开始，逐点增加到较高

频率，直到输出量减小到初始输出幅值的一半为止，就可得到系统在整个工作频率范围的幅频特性 $A(\omega)$ 和相频特性 $\varphi(\omega)$ 曲线。

对于一阶装置，时间常数 τ 就是系统的动态常数。可以通过幅频或相频特性表达式（3-28）和式（3-29），借助实验所得的特性曲线，直接确定 τ 值。

对于二阶装置，可通过幅频曲线估计其动态参数。对于欠阻尼系统（$\zeta < 1$），幅频特性曲线的峰值在稍偏离 ω_n 处（参见图3-11），设该点为 ω_k，则

$$\omega_k = \omega_n \sqrt{1 - 2\zeta^2}$$

或

$$\omega_n = \frac{\omega_k}{\sqrt{1 - 2\zeta^2}} \tag{3-40}$$

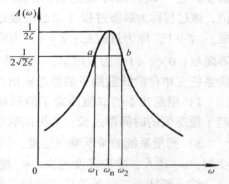

图3-14　二阶系统阻尼比的估计

确定 ζ 有以下两种方法：第一种方法是利用幅值的 $-3\mathrm{dB}$ 频率点。如图3-14所示，在峰值的 $1/\sqrt{2}$ 处，作一水平线交幅频特性曲线 a、b 两点，它们对应的频率为 ω_1、ω_2，当 ζ 很小时，$\omega_n \approx \omega_k$，阻尼比的估计值便可取

$$\zeta = \frac{\omega_2 - \omega_1}{2\omega_n}$$

第二种方法是在实验所得曲线上找到 $A(\omega_k)$ 和实验中最低频率的幅频值 $A(0)$，利用下面算式求得 ζ

$$\frac{A(\omega_k)}{A(0)} = \frac{1}{2\zeta\sqrt{1 - \zeta^2}} \tag{3-41}$$

确定参数 ζ 之后，将 ζ 的值代入式（3-40）确定系统的固有频率 ω_n。

2. 用阶跃响应法求测试装置的动态特性

1）一阶装置动态特征参数 τ 的测定　前面已经得出一阶系统的单位阶跃响应函数的表达式（3-32），将其移项后得

$$1 - y(t) = \mathrm{e}^{-\frac{t}{\tau}}$$

两边取对数,有

$$\ln[1 - y(t)] = -\frac{t}{\tau}$$

令

$$z = \ln[1 - y(t)]$$

则

$$z = -\frac{t}{\tau} \tag{3-42}$$

上式表明，z 与 t 成线性关系。可根据测得的单位阶跃响应 $y(t)$ 作出 z -

t 曲线，从 $z-t$ 曲线的斜率即可求得时间常数 τ（τ 为 $z-t$ 曲线斜率的倒数）

显然，这种方法考虑了瞬态响应的全过程，所得结果准确度高。

2）由二阶系统的阶跃响应求系统的动态特性参数　典型的欠阻尼（$0<\zeta<1$）二阶系统的阶跃响应曲线如图 3-13 所示，它的瞬态响应是以 $\omega_n\sqrt{1-\zeta^2}$ 的角频率做衰减振荡的，记为 $\omega_d = \omega_n\sqrt{1-\zeta^2}$。

按照求极限的通用方法，可以求得各振荡峰值所对应的时间 $t_p = 0$、π/ω_d、$2\pi/\omega_d$，…。将 $t = \dfrac{\pi}{\omega_d} = \dfrac{\pi}{\omega_n\sqrt{1-\zeta^2}}$ 代入式（3-39），即可求得最大超调量 M 和阻尼比 ζ 之间的关系，即

$$M = e^{-\left(\frac{\zeta\pi}{\sqrt{1-\zeta^2}}\right)}$$

或

$$\zeta = \sqrt{\dfrac{1}{\left(\dfrac{\pi}{lnM}\right)^2 + 1}} \qquad\qquad (3-43)$$

　　根据上式作出超调量与阻尼比 ζ 的关系如图 3-15 所示。

　　因此，在二阶系统的单位阶跃响应图上得到第一个最大超调量 M 之后，根据式（3-43）计算出阻尼比 ζ 或根据图 3-15 求得。

　　由衰减振荡角频率 ω_d 和求得的阻尼比 ζ，可求出系统固有频率，即

$$\omega_n = \dfrac{\omega_d}{\sqrt{1-\zeta^2}}$$

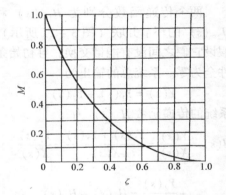

图 3-15　欠阻尼二阶系统的 $M\sim\zeta$ 关系曲线

若在二阶系统阶跃响应曲线上测得两个相邻的超调量，则利用这两个超调量来求阻尼比将更精确。

四、测试环节的联接

前面已经讲述了一阶系统和二阶系统的特性，任何高阶系统都可看做是由若干个一阶系统和二阶系统的串联或者并联。下面将分析多个环节串联或并联后组成的复杂系统的传输特性。

1. 环节的串联

两个传递函数分别为 $H_1(s)$ 和 $H_2(s)$ 的环节串联（图 3-16 所示），假设它们之间没有能量交换，在初始条件全为

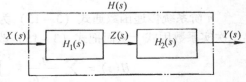

图 3-16　两个环节的串联

零的情况下,串联后组成的系统的传递函数 $H(s)$ 为

$$H(s) = \frac{Y(s)}{X(s)} = \frac{Z(s)Y(s)}{X(s)Z(s)} = H_1(s)H_2(s) \tag{3-44}$$

依次类推,对多个环节串联组成的系统,有

$$H(s) = \prod_{i=1}^{n} H_i(s) \tag{3-45}$$

将 $s = j\omega$ 代入上式,得到多个环节串联系统的频率响应函数

$$H(\omega) = \prod_{i=1}^{n} H_i(\omega) \tag{3-46}$$

其幅频和相频特性分别为

$$\left. \begin{array}{l} A(\omega) = \prod\limits_{i=1}^{n} A_i(\omega) \\ \varphi(\omega) = \sum\limits_{i=1}^{n} \varphi_i(\omega) \end{array} \right\} \tag{3-47}$$

2. 环节的并联

两个传递函数分别为 $H_1(s)$ 和 $H_2(s)$ 的环节并联（图 3 - 17 所示），假设它们之间没有能量交换,且初始条件全为零。系统总的输出为

$$Y(s) = Y_1(s) + Y_2(s)$$

系统的传递函数 $H(s)$ 为

$$H(s) = \frac{Y(s)}{X(s)} = \frac{Y_1(s) + Y_2(s)}{X(s)} = \frac{Y_1(s)}{X(s)}$$

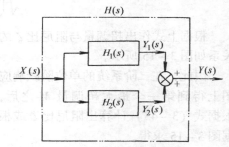

图 3 - 17 两个环节的并联

$$+ \frac{Y_2(s)}{X(s)} = H_1(s) + H_2(s) \tag{3-48}$$

依次类推,对多个环节并联组成的系统,有

$$H(s) = \sum_{i=1}^{n} H_i(s) \tag{3-49}$$

将 $s = j\omega$ 代入上式,得到多个环节并联系统的频率响应函数

$$H(\omega) = \sum_{i=1}^{n} H_i(\omega) \tag{3-50}$$

n 阶系统传递函数通式（3 - 15）为代数式,可以将分母分解为 s 的一次和二次实系数因式,从而把式（3 - 15）改写为

$$H(s) = \sum_{i=1}^{w} \frac{q_i}{s + p_i} + \prod_{i=1}^{(n-w)/2} \left(\frac{\alpha_i s + \beta_i}{s^2 + 2\zeta_i \omega_{ni} s + \omega_{ni}^2} \right) \tag{3-51}$$

式中 p_i、q_i、ζ_i、ω_{ni}、α_i 和 β_i ——实常数,$n > 3$。

3. 负载效应

前面曾假定，如果相联环节之间没有能量交换，那么在环节相联后各环节仍保持原有的传递函数，从而导出了环节串、并联后所形成的系统的传递函数表达式。而在实际上这种情况很少见。一般情况下，环节相联接，后环节总是成为前环节的负载，环节间总是存在能量交换和相互影响，以至系统的传递函数不再是各组成环节传递函数的叠加或连乘。某装置由于后接另一装置而产生的种种现象，称为负载效应。在环节相联时应考虑负载效应的影响。

第四节　实现不失真测试的条件

所谓测试系统实现不失真测试，就是被测信号通过测试系统后，其波形形状不发生改变。图 3 – 18 中，$x(t)$ 为系统的输入信号，经过测试系统后，输出 $y(t)$ 与输入相比，幅度放大了 A_0 倍（理论上也可以缩小，不过测试系统对信号一般应具有放大作用），在时间上滞后输入 t_0 的时间（理论上可以超前，不过实际测试系统的输出总是滞后于输入），表明系统实现了不失真测试。用数学表达式描述为

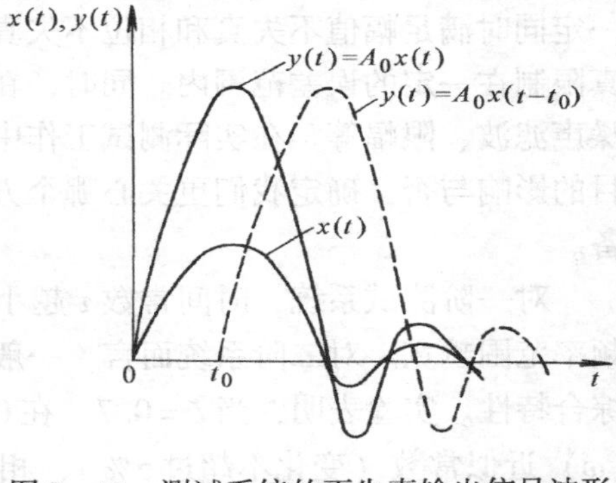

图 3 – 18　测试系统的不失真输出信号波形

$$y(t) = A_0 x(t - t_0)$$

$$(3 - 52)$$

对实际测试系统来说，当 $t < 0$ 时，$x(t) = 0$，$y(t) = 0$，即初始条件为零。所以，依据傅里叶变换的时移性质，可得式（3 – 52）的频域表达式

$$Y(\omega) = A_0 X(\omega) e^{-j\omega t_0}$$

频率响应函数为　　　$$H(\omega) = \frac{Y(\omega)}{X(\omega)} = A(\omega) e^{j\varphi(\omega)} = A_0 e^{-j t_0 \omega}$$

幅频特性和相频特性为
$$\left. \begin{array}{c} A(\omega) = A_0 \\ \varphi(\omega) = -t_0 \omega \end{array} \right\}$$
$$(3 - 53)$$

式（3 – 53）称为测试系统不失真测试的条件。因此，不失真测试对测试系统的要求如下：

1）装置的幅频特性即灵敏度在量程范围内要求为常值，即 A_0 = 常数。任何非线性度、回程误差、漂移的存在，都会引起测试波形的失真。有时需要进行误差补偿。

2）系统的频率特性要满足式（3 – 53），即幅频特性保持常值，相频特性为

输入信号频率的线性函数。也就是说信号的不失真测试有一定的频率范围。

3）当对测试系统有实时要求（即 $t_0 = 0$）时，式（3-53）变为

$$\left.\begin{array}{c} A(\omega) = A_0 \\ \varphi(\omega) = 0 \end{array}\right\} \tag{3-54}$$

实际的测试装置不可能在非常宽的频率范围内都满足不失真条件。对于只具有单一频率成分的信号，因为定常线性系统具有频率保持特性，所以只要其幅值不进入非线性区，输出信号的频率也是单一的，也就不会有失真问题。对于含有多种频率成分的复杂信号，落在不失真频率范围内的频率成分可以不失真通过系统，而其他频率成分就会产生幅值失真或相位失真，特别是跨越系统固有频率 ω_n 前后的信号失真更为严重，造成合成后的总输出产生失真。

另一方面，对实际的测试装置，也难以完全理想地实现不失真测试，并且不一定同时满足幅值不失真和相位不失真。所以，只能力求选取合适的装置，将失真限制在一定的误差范围内。同时，在测试之前，应对信号做必要的预处理，如噪声滤波、限幅等。在实际测试工作中，根据幅值失真或相位失真对我们的测试目的影响与否，确定我们更关心哪个方面的测试精确度，从而选取合适的测试设备。

对一阶测试系统，时间常数 τ 越小，系统响应越快，近于满足不失真条件的频率范围越宽。对二阶系统而言，一般选取 $\zeta = 0.6 \sim 0.8$，可以获得较为合适的综合特性。实验表明，当 $\zeta = 0.7$，在 $0 \sim 0.58\omega_n$ 频率范围内，系统的幅频特性 $A(\omega)$ 近似常数（变化不超过 5%），相频特性 $\varphi(\omega)$ 接近直线，产生的相位失真也很小，基本满足不失真条件。

习题与思考题

3-1 测试装置的静态特性指标主要有哪些？它们对装置的性能有何影响？

3-2 什么叫一阶系统和二阶系统？它们的传递函数、频率响应函数及幅频和相频特性表达式是什么？

3-3 求周期信号 $x(t) = 0.5\cos 10t + 0.2\cos(100t - 45°)$ 通过传递函数为 $H(s) = \dfrac{1}{0.005s + 1}$ 的装置后所得到的稳态响应。

3-4 一气象气球携带一种时间常数为 15s 的一阶温度计，并以 5m/s 的上升速度通过大气层。设温度随所处的高度按每升高 30m 下降 0.15℃ 的规律变化，气球将温度和高度的数据用无线电送回地面。在 3000m 处所记录的温度为 -2℃。试问实际出现 -2℃ 的真实高度是多少？

3-5 某传感器为一阶系统，当阶跃信号作用在该传感器时，在 $t = 0$ 时，输出 10mV；$t \to \infty$ 时，输出 100mV；在 $t = 5s$ 时，输出 50mV，试求该传感器的时间常数。

3-6 求信号 $x(t) = 12\sin(t + 30°) + 4\sin(2t + 45°) + 10\cos(4t + 60°)$，通过一阶

系统后的输出 y（t）。设该系统时间常数 $\tau = 1s$，系统的静态灵敏度为 $S = 25$。

3 - 7　某测试系统频率响应函数为 H（ω）$= \dfrac{3155072}{（1 + 0.01j\omega）（1577536 + 1760j\omega - \omega^2）}$，试求该系统对正弦输入 x（t）$= 10\sin$（$62.8t$）的稳态响应。

3 - 8　单位阶跃信号作用于一个二阶装置之后，测得其响应中产生了数值为 2.25 的第一个超调量峰值。同时测得其衰减振荡周期为 3.14s。已知该装置的静态增益为 5，试求该装置的传递函数和该装置在无阻尼固有频率处的频率响应。

3 - 9　设某力传感器可作为二阶振荡系统处理。已知传感器的固有频率为 1000Hz，阻尼比 $\zeta = 0.14$，问使用该传感器作频率为 500Hz 的正弦力测试时，其幅值比 A（ω）和相角差 φ（ω）各为多少？若该装置的阻尼比可改为 $\zeta = 0.7$，问 A（ω）和 φ（ω）又将作何种变化？

3 - 10　如何理解信号不失真测试的条件？若要求输入信号通过系统后反相位，则对系统有何要求？

第四章 常用传感器原理及应用

传感器（Transducer/Sensor）是将被测量按一定规律转换成便于应用的某种物理量的装置。通常将传感器看作是一个把被测非电量转换为电量的装置。传感器位于测控系统的首端，是获取准确可靠信息的关键装置。由于传感器技术在当今科学技术发展中的重要地位，引起了世界各国的普遍重视。深入研究传感器的原理和应用，研制和开发新型传感器，具有重要的现实意义。

由于被测量遍及各学科和工程的各个方面，所以传感器的种类繁多，分类方法也很多。按被测量的种类也就是按传感器的用途分类，可分为位移传感器、压力传感器、温度传感器等。按工作原理分类，可分为电阻应变式、电感式、电容式、压电式等。习惯上常把两者结合起来命名传感器，比如电阻应变式力传感器、电感式位移传感器、压电式加速度传感器等。

按被测量的转换特征可分为结构型和物性型。结构型传感器是通过传感器结构参数的变化而实现信号转换的。如电容式传感器依靠极板间距离变化引起电容量的变化。有些结构型传感器，通过弹性敏感元件的受力变形，将力、扭矩、压力等转换成应变或位移，再利用传感元件如电阻应变片等将其转换成电量。物性型传感器是利用某些材料本身的物理性质随被测量变化的特性而实现参数的直接转换。它具有灵敏度高、响应速度快、结构简单、便于集成等特点，是传感器的发展方向之一。

按照能量传递的方式可分为能量控制型传感器和能量转换型传感器两大类。能量控制型传感器的输出能量由外部供给，但受被测输入量的控制，如电阻应变式传感器、电感式传感器、电容式传感器等。能量转换型传感器的输出量直接由被测量能量转换而得，如压电式传感器、热电式传感器等。

第一节 电阻应变式传感器

电阻应变式传感器是一种利用电阻应变片将应变转换为电阻变化的传感器。任何非电量，只要能设法转换为应变，都可以利用电阻应变片进行测量。因此，电阻应变式传感器可以用来测量应变、力、扭矩、位移、加速度等多种参数，而且具有灵敏度高、测量精确、动态响应快、技术成熟等特点，在各行业获得了广泛应用。

电阻应变片可分为金属电阻应变片与半导体应变片两类。

一、金属电阻应变片

常见的金属电阻应变片有丝式和箔式两种。

丝式应变片的主要结构是由做成栅状的电阻丝（敏感栅）、绝缘基片和覆盖层三部分组成，见图4-1。

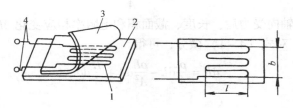

图4-1 电阻丝应变片的结构

1—敏感栅 2—基片 3—覆盖层 4—引线

电阻丝一般采用直径为0.025mm左右的康铜（w_{Cu} 为57%、w_{Ni} 为43%）或镍铬合金（w_{Ni} 为80%、w_{Cr} 为20%）丝，敏感栅粘贴在基片和覆盖层之间，由引线接出。l 称为应变片的基长，b 称为基宽，$l \times b$ 称为应变片的使用面积。应变片的阻值系列有60Ω、120Ω、350Ω、600Ω、1000Ω，以120Ω 为最常用。应变片的规格一般用使用面积和电阻值表示，例如，（3×10）mm^2，120Ω。

箔式应变片（如图4-2所示）是通过光刻、腐蚀等工艺制成一种很薄的金属箔栅，厚度一般在0.003～0.01mm之间，可根据需要制成任意形状。它的线条均匀、尺寸准确、散热好、易粘贴、适于大批量生产，已逐渐取代丝式应变片。

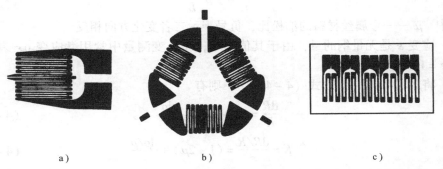

a)   b)   c)

图4-2 箔式应变片

a) 单轴 b) 应变片 c) 平行轴多栅

金属电阻应变片的工作原理是基于金属的电阻应变效应。即当金属丝在外力作用下产生机械变形时，其电阻值发生变化。

把应变片粘贴在弹性敏感元件或需要测量变形的试件表面上。受到外力作用，电阻丝随着一起变形，引起电阻值发生变化。这样，将被测量转换为电阻变化。

设圆形截面的金属丝的长度为 L、截面积为 A、电阻率为 ρ，则金属丝的初始电阻 R 为

$$R = \rho \frac{L}{A} \qquad (4-1)$$

当金属丝沿轴向受力后，长度、截面积和电阻率相应变化 dL、dA 和 $d\rho$，引起电阻变化 dR，对式（4-1）微分，可得

$$dR = \frac{\rho}{A}dL - \frac{\rho L}{A^2}dA + \frac{L}{A}d\rho \qquad (4-2)$$

电阻的相对变化

$$\frac{dR}{R} = \frac{dL}{L} - \frac{dA}{A} + \frac{d\rho}{\rho} \qquad (4-3)$$

因有

$$A = \pi r^2$$
$$dA = 2\pi r dr$$

所以

$$\frac{dR}{R} = \frac{dL}{L} - \frac{2dr}{r} + \frac{d\rho}{\rho} \qquad (4-4)$$

式中 $\dfrac{dL}{L}$ ——金属丝的轴向相对变形，称为纵向应变，$\dfrac{dL}{L} = \varepsilon$；

$\dfrac{dr}{r}$ ——金属丝的径向相对变形，称为径向应变。

当金属丝沿轴向伸长时，必然会沿径向缩小，二者之间的关系为

$$\frac{dr}{r} = -\mu \frac{dL}{L} \qquad (4-5)$$

式中 μ ——金属丝材料的泊松比，负号表示二者变化方向相反。

应变 ε 是无量纲的量，由于其值很小，在应变测量中常用微应变 $\mu\varepsilon$ 表示，$1\mu\varepsilon = 10^{-6}$。

将式（4-5）代入式（4-4）中，则有

$$\frac{dR}{R} = (1 + 2\mu)\varepsilon + \frac{d\rho}{\rho} \qquad (4-6)$$

$$令 \ K = \frac{dR/R}{\varepsilon} = (1 + 2\mu) + \frac{d\rho/\rho}{\varepsilon} \qquad (4-7)$$

K 称为金属丝的应变系数或灵敏度，其意义是单位应变所引起的电阻相对变化。K 值的 $(1+2\mu)$ 项是由于金属丝受力后几何形状的变化而引起的电阻相对变化。而 $\dfrac{d\rho/\rho}{\varepsilon}$ 项是受力后材料的电阻率发生变化而引起的电阻相对变化，对一般金属材料来讲，其值很小，可以忽略。故有

$$\frac{dR}{R} \approx (1 + 2\mu)\varepsilon \qquad (4-8)$$

$$K = \frac{\mathrm{d}R/R}{\mathrm{d}L/L} = \frac{\mathrm{d}R/R}{\varepsilon} = 1 + 2\mu = 常数 \tag{4-9}$$

因此

$$\frac{\mathrm{d}R}{R} = K\varepsilon \tag{4-10}$$

金属电阻丝的灵敏度一般在 1.7~3.6 左右。金属应变片的灵敏度较低，但温度稳定性较好，用于测量精度要求较高的场合。

二、半导体应变片

半导体单晶材料在沿某一方向受到外力作用时，电阻率会发生相应变化的现象称为压阻效应。压阻效应的产生是由于半导体单晶在外力的作用下，原子点阵排列规律发生变化，导致载流子迁移率和载流子浓度变化，从而引起电阻率的变化。

半导体应变片的工作原理就是基于压阻效应。它的结构如图 4-3 所示。由单晶硅、锗一类半导体材料经切型、切条、光刻腐蚀成形，然后粘贴而成，一般称为体型半导体应变片。

半导体应变片受力后的电阻相对变化也可以用式（4-6）表示。其中由几何尺寸变化引起的 $(1 + 2\mu)\varepsilon$ 项，对半导体应变片来讲很小，可以忽略，故式（4-6）可以简化为

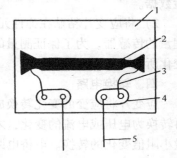

图 4-3　半导体应变片
1—基片　2—半导体
3—导线　4—接线片　5—引出线

$$\frac{\mathrm{d}R}{R} \approx \frac{\mathrm{d}\rho}{\rho} \tag{4-11}$$

而

$$\frac{\mathrm{d}\rho}{\rho} = \lambda\sigma = \lambda E\varepsilon \tag{4-12}$$

式中　λ ——压阻系数；

　　　　σ ——正应力；

　　　　E ——材料的弹性模量。

所以半导体应变片的灵敏度为

$$K = \frac{\mathrm{d}R/R}{\varepsilon} = \lambda E \tag{4-13}$$

半导体应变片的灵敏度与材料、晶向、掺杂浓度有关，P 型硅的灵敏度可达 175。

半导体应变片的最大优点是灵敏度高，比金属应变片要高 50~70 倍，另外，还有横向效应和机械滞后小、体积小等特点。它的缺点是温度稳定性差，在较大应变下，灵敏度的非线性误差大，在使用时，一般需要采取温度补偿和非线性补偿措施。

除上面介绍的体型半导体应变片外，还有薄膜型半导体应变片和扩散型半导体应变片。薄膜型半导体应变片是利用真空沉积技术将半导体材料沉积在带有绝缘层的基底上制成的。扩散型半导体应变片是在半导体基片上用集成电路工艺制成扩散电阻（P 型或 N 型）构成的。

三、电阻应变片的应用

电阻应变片主要有以下两种应用方式：

1）应变片直接粘贴在试件上，用来测量工程结构受力后的应力分布或所产生的应变，为结构设计、应力校核或分析结构在使用中产生破坏的原因等提供试验数据。

2）将应变片粘贴在弹性元件上，进行标定后作为测量力、压力、位移等物理量的传感器。为了保证测量的精确度，一般要采取温度补偿措施，以消除温度变化所造成的误差。

四、转换电路

应变片将应变的变化转换成电阻相对变化 $\Delta R/R$，通常还需要把电阻的变化再转换为电压或电流的变化，才能用电测仪表进行测量。一般采用电桥电路实现微小阻值变化的转换。电桥电路在第五章作介绍。

第二节　电感式传感器

电感式传感器是利用线圈的自感量或互感量的变化将非电量转换为电量的装置。电感式传感器的种类较多，主要有自感式、差动变压器式和电涡流式。

电感式传感器有以下优点：灵敏度高（能测 $0.1\mu m$ 的位移）、线性较好（非线性误差 0.1%）、输出功率大等。其主要缺点是频率响应较低，另外传感器的分辨率与测量范围有关，测量范围越大，分辨率越低。

一、自感式传感器

自感式传感器可分为变气隙式、变面积式和螺旋管式三类，其结构原理如图 4-4 所示。

1. 变气隙式

变气隙式自感传感器由线圈、铁心和衔铁三部分组成。线圈绕在铁心上，衔铁和铁心间有一气隙 δ。根据磁路的基本知识，线圈自感量 L 为

$$L = \frac{N^2}{R_m} \tag{4-14}$$

式中　N——线圈匝数；

　　　R_m——磁路总磁阻。

由于气隙距离 δ 一般较小，可以认为气隙磁场是均匀的，若忽略磁路的铁

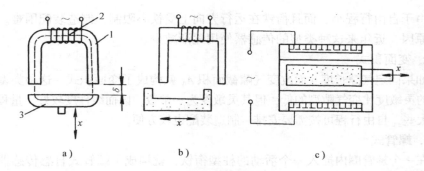

图 4 - 4　自感式传感器结构原理
a) 变气隙式　b) 变面积式　c) 螺旋管式
1—铁心　2—线圈　3—衔铁

损，则总磁阻为

$$R_m = \frac{l}{\mu A} + \frac{2\delta}{\mu_0 A_0} \qquad (4-15)$$

式中　l——铁心导磁长度；

　　　μ——铁心磁导率；

　　　A——铁心截面积；

　　　A_0——气隙截面积；

　　　δ——气隙长度；

　　　μ_0——空气磁导率。

由于铁心磁阻与气隙磁阻相比要小得多，可以忽略，故

$$R_m \approx \frac{2\delta}{\mu_0 A_0}$$

即

$$L = \frac{N^2 \mu_0 A_0}{2\delta} \qquad (4-16)$$

式 (4—16) 表明，自感 L 与气隙距离 δ 成反比，而与气隙截面积 A_0 成正比。若固定截面积 A_0，变化气隙长度 δ 时，L 与 δ 呈非线性关系，当气隙长度有一微小变化量 $\mathrm{d}\delta$ 时，引起自感量的变化量 $\mathrm{d}L$ 为

$$\mathrm{d}L = -\frac{N^2 \mu_0 A_0}{2\delta^2} \mathrm{d}\delta$$

故传感器的灵敏度为

$$K = -\frac{N^2 \mu_0 A_0}{2\delta^2} \qquad (4-17)$$

灵敏度 K 与气隙距离 δ 的平方成反比，δ 愈小，灵敏度愈高。为了减少非线性误差，这种传感器适用于较小位移的测量，测量范围约在 0.001 ~ 1mm 左

右。由于自由行程小，而且衔铁在运行方向上受铁心限制，制造装配困难。由于这些原因，近年来这种类型的传感器使用逐渐减少。

2. 变面积式

如果固定气隙长度 δ 而改变气隙截面积 A_0 就构成了变面积式。这种类型的传感器的灵敏度比变气隙型的低，但其灵敏度为一常数，因而线性度较好，量程范围可取大些，自由行程可按需要安排，制造装配也较方便。

3. 螺管式

在一个螺管圈内插入一个活动的柱型衔铁，就构成了螺管式自感传感器。随着衔铁插入深度的不同将引起线圈磁路中磁阻变化，从而使线圈的自感发生变化。

这种类型的传感器的灵敏度更低，但测量范围大，线性也较好，同时还具备自由行程可任意安排，制造装配方便等优点。

目前国内由单线圈制成的特大型位移传感器，工作行程为 $300 \sim 1000\mathrm{mm}$，灵敏度为 $100\mathrm{mV/cm}$，非线性误差为 $0.15\% \sim 1\%$。

上述三种类型的自感式传感器在实用时一般由两单一结构对称组合，构成差动式自感传感器。采用差动式结构，除了可以改善非线性，提高灵敏度外，对电源电压及温度变化等外界影响也有补偿作用，从而提高了传感器的稳定性。

自感式传感器主要利用交流电桥电路把电感变化转换成电压（或电流）变化，再送入下一级电路进行放大或处理。

二、差动变压器式传感器

差动变压器式传感器是把被测量的变化转换成互感系数 M 的变化。传感器本身是互感系数可变的变压器，接线方式是差动的。因为它是基于互感变化的原理，故也称为互感式传感器。

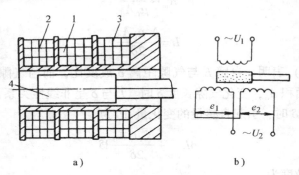

a)　　　　　　　　　　b)

图 4 - 5　差动变压器示意图

1——次绕组　2、3—二次绕组　4—衔铁

差动变压器以螺管型最为常用，由衔铁、螺管形线圈框架、一次绕组和二次绕组构成，见图 4 - 5。一次绕组做激励用，两个参数完全相同的二次绕组反相

串接成差动形式。当一次绕组加上交流电压 U_1 时，两个二次绕组分别产生感应电势 e_1 和 e_2，输出电压 $U_2 = e_1 - e_2$。当衔铁在中央位置时，$e_1 = e_2$，输出电压为零。当衔铁偏离中央位置，输出电压正比于偏移量的大小。

差动式传感器精度较高，可达 0.5%，量程范围较大，可用于位移、液位、流量等的测量。

三、电涡流式传感器

将金属导体置于变化着的磁场中，导体内就会产生感应电流，这种电流的流线在导体内自行闭合，像水中的漩涡一样，故称为电涡流或涡流。

图 4 – 6 是高频反射式电涡流传感器的工作原理图。将一个线圈置于金属板附近，距离为 δ，当线圈中通以高频交变电流 i 时，便在线圈周围产生交变磁通 Φ。此交变磁通通过金属板时，金属板上便产生电涡流 i_1。该电涡流也将产生交变磁通 Φ_1，根据楞次定律，电涡流的交变磁场与线圈的磁场变化相反，Φ_1 总是抵抗 Φ 的变化。由于电涡流磁场的作用，使原线圈的等效阻抗 z 发生变化。

影响线圈阻抗 z 发生变化的因素，除了线圈与金属板的距离 δ 以外，还有金属板的电阻率 ρ、磁导率 μ 以及线圈激磁角频率 ω 等。若固定某些参数恒定不变，而只改变其中的一个参数，这样阻抗 z 就能成为这个参数的单值函数，如只变化 δ，可作位移、振动测量；如变化 ρ 或 μ 值，可作材质鉴别或探伤等。

电涡流式传感器的线圈结构很简单，可以绕成一个扁平线圈，粘贴于框架上；也可以在框架上开一条槽，导线绕在槽内而形成一个线圈。

图 4 – 7 为 CZF – 1 型传感器结构图，它是采用导线绕在框架上的形式，框架材料是聚四氟乙烯。

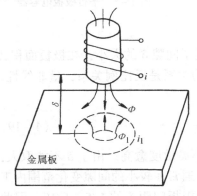

图 4 – 6　高频反射式电涡流
传感器原理图

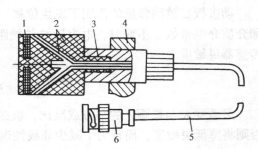

图 4 – 7　CZF – 1 型传感器结构
1—线圈　2—框架　3—框架衬套　4—支座
5—电缆　6—插头

电涡流传感器的变换电路主要有阻抗分压式调幅电路和调频电路。

电涡流式传感器不但具有结构简单、使用方便、灵敏度高、不受油污介质影响等优点，而且还可用于动态非接触测量。它测量位移的范围在 0~30mm，分辨率在 0~1mm 量程时可达 1μm，线性误差小于 3%。这种传感器在测量位移、振幅、材料厚度等参数方面应用较多。高速旋转机械中，在测量旋转轴的轴向位移和径向振动，以及连续监控等方面发挥了独特的优点。

第三节　电容式传感器

电容式传感器是以可变参数的电容器作为传感元件，将被测非电量转换为电容量变化。

由物理学可知，两平行极板组成的电容器（如图 4-8 所示），如果不考虑边缘效应，其电容量为

$$C = \frac{\varepsilon A}{\delta} \qquad (4-18)$$

式中　ε——极板间介质的介电常数；

A——两极板相互覆盖的面积；

δ——两极板之间的距离。

由式（4-18）可见，影响平行极板电容器电容量变化的参数有 ε、A、δ 三个。实用的电容式传感器，常使这三个参数中的两个保持不变，只改变其中的一个参数来使电容量发生变化。因此电容式传感器可以分为三种类型：极距变化型、面积变化型和介电常数变化型。

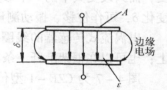

图 4-8　平行极板电容器

1. 极距变化型

动极板在被测量的作用下发生位移，改变了间隙 δ 的大小，在极板面积 A 和介质介电常数 ε 不变时，电容量 C 与极距 δ 的关系是反比例关系，呈非线性。传感器灵敏度

$$K = \frac{\mathrm{d}C}{\mathrm{d}\delta} = -\varepsilon A \frac{1}{\delta^2} \qquad (4-19)$$

灵敏度 K 与极距 δ 的平方成反比，极距愈小灵敏度愈高。由于 δ 不能取大，否则将降低灵敏度，而且为了减少非线性误差，通常在较小的间隙变化范围内工作，以便获得近似线性关系，最大的 $\Delta\delta$ 应小于极板间距 δ 的 1/5~1/10。因此变极距型电容传感器的量程范围在 0.01μm 到数百 μm。

为了提高灵敏度和改善非线性，在实际应用中常常采用差动的形式，即使动极板处在两个定极板之间，当极距变化时，一个电容的电容量增加，另一个的电容量减少，灵敏度可提高一倍，而非线性也可大为降低。

2. 面积变化型

在面积变化型传感器中，常用的有直线位移型和角位移型两种。图4-9a 为直线位移型。当动极板沿 x 方向移动时，动、定极板覆盖面积发生变化，电容量也随之变化。其电容量 C

$$C = \frac{\varepsilon b x}{\delta} \tag{4-20}$$

式中　b——极板宽度。

灵敏度

$$K = \frac{\mathrm{d}C}{\mathrm{d}x} = \frac{\varepsilon b}{\delta} = 常数 \tag{4-21}$$

输出与输入成线性关系。

图4-9b 为角位移型，由于覆盖面积

$$A = \pi r^2 \frac{\theta}{2\pi} = \frac{\theta r^2}{2} \tag{4-22}$$

式中　θ——覆盖面积对应的中心角（弧度）；

　　　r——极板半径。

所以，电容量

$$C = \frac{\varepsilon \theta r^2}{2\delta} \tag{4-23}$$

灵敏度

$$K = \frac{\mathrm{d}C}{\mathrm{d}\theta} = \frac{\varepsilon r^2}{2\delta} = 常数 \tag{4-24}$$

面积变化型线性度好，但灵敏度低，故适用于较大位移的测量。

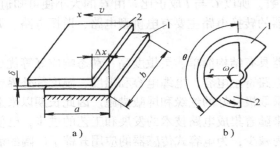

图4-9　面积变化型电容传感器

a）直线位移型　b）角位移型

1—定极板　2—动极板

3. 介电常数变化型

这种类型的传感器可以用来测量液体的液位和材料的厚度等。图4-10 是液位测量示意图。由两个圆筒形金属导体构成的圆筒形电容器，当中间所充介质是

空气时，两圆筒间的电容量为

$$C = \frac{2\pi\varepsilon_1 L}{\ln(R/r)} \qquad (4-25)$$

式中　　R——外电极（外筒）内半径；

　　　　r——内电极（内筒）外半径；

　　　　L——电极长度；

　　　　ε_1——空气的介电常数。

如果电极的一部分被非导电性液体所浸没时，则会有电容量的增量 ΔC 产生

$$\Delta C = \frac{2\pi(\varepsilon_2 - \varepsilon_1)l}{\ln(R/r)} \qquad (4-26)$$

式中　　ε_2——液体介电常数；

　　　　l——液体浸没长度。

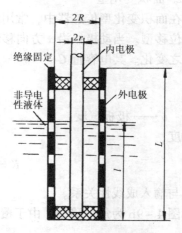

图 4-10　液位测量示意图

由式（4-26）可知，当 ε_1、ε_2、R、r 不变时，电容增量 ΔC 与液体浸没的长度 l 成正比关系，因此测出电容增量的数值便可知道液位的高度。

如果被测介质为导电性液体时，内电极要用绝缘物（如聚乙烯）覆盖作为中间介质；而液体和外圆筒一起作为外电极。此时两极间的电容量

$$C = \frac{2\pi\varepsilon_3 l}{\ln(R/r)} \qquad (4-27)$$

式中　　ε_3——中间介质的介电常数；

　　　　R——绝缘覆盖层外半径。

由于 ε_3 为常数，所以 C 与 l 成正比。由 C 的大小便可知道 l 的数值。

电容式传感器的转换电路主要有电桥型电路、谐振电路、调频电路和运算放大器电路等。

电容式传感器具有结构简单、灵敏度高、动态响应好等优点。影响其测量精度的主要因素是电路寄生电容、电缆电容和温度、湿度等外界干扰。要保证它的正常工作，必须采取极良好的绝缘和屏蔽措施。因此长期以来造价昂贵，限制了它的应用。近年来随着集成电路技术的发展和工艺的进步，已使得上述因素对测量精度的影响大为减少，为电容式传感器的应用开辟了广阔的前景。

第四节　压电式传感器

压电式传感器是以某些材料的压电效应为基础，在外力作用下，这些材料的表面上产生电荷，从而实现非电量到电量的转换。

压电传感器是力敏元件，它能测量最终能变换为力的那些物理量，例如压

力、应力、加速度等。

一、压电效应

某些材料，当沿着一定方向受到作用力时，不但产生机械变形，而且内部极化，表面有电荷出现；当外力去掉后，又重新恢复到不带电状态，这种现象称为压电效应。相反，在这些材料的某些方向上施加电场，它会产生机械变形，当去掉外加电场后，变形随之消失，这种现象称为逆压电效应或电致伸缩效应。

二、压电材料及其特性

具有压电效应的材料称为压电材料，常用的压电材料大致有三类：压电单晶、压电陶瓷和新型压电材料。

1. 压电单晶

压电单晶为单晶体，各向异性，主要有石英（SiO_2）、铌酸锂（$LiNbO_3$）等。石英晶体有天然与人工之分，是压电单晶体中最具代表性的。

石英晶体（如图 4-11 所示）呈六角棱柱体。晶体的纵轴线 z 轴称为光轴，也叫中性轴，沿该轴方向上没有压电效应。通过六角棱柱棱而垂直于光轴的 x 轴称为电轴，在垂直于此轴的平面上压电效应最强。垂直于棱面的 y

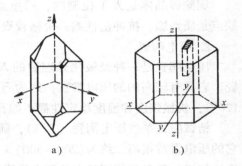

图 4-11 石英晶体
a) 石英晶体 b) 光轴、电轴和机械轴

轴称为机械轴，在电场的作用下，沿该轴方向的机械变形最明显。

从晶体上沿各轴线切下一片平行六面体切片，当受到力的作用时，其电荷分布在垂直于 x 轴的平面上，沿 x 轴受力产生的压电效应称为纵向压电效应，沿 y 轴受力产生的压电效应称为横向压电效应，沿切向受力产生的压电效应称为切向压电效应，如图 4-12 所示。

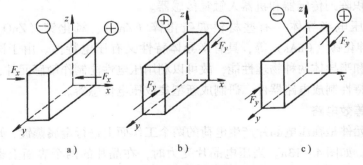

图 4-12 压电效应模型
a) 纵向压电效应 b) 横向压电效应 c) 切向压电效应

由纵向压电效应产生的电荷量 q 为

$$q = d_{11}F \qquad\qquad (4-28)$$

式中 q——电荷量;

$\quad d_{11}$——纵向压电常数;

$\quad F$——作用力。

晶体表面产生的电荷与作用力成正比。

石英晶体的压电常数比较低,纵向压电常数 $d_{11} = 2.31 \times 10^{-12} C/N$,但具有良好的机械强度和时间及温度稳定性,居里点为 573℃(温度达到该点时将失去压电特性),常用于精确度和稳定度要求特别高的场合。

铌酸锂晶体是人工拉制的,居里点高达到 1200℃,适用于做高温传感器,缺点是质地脆、抗冲击性差、价格较贵。

2. 压电陶瓷

压电陶瓷是一种经极化处理后的人工多晶体。钛酸钡是使用最早的压电陶瓷。它具有较高的的压电常数,约为石英晶体的 50 倍。但它的居里点低,约为 120℃,机械强度和温度稳定性都不如石英晶体。

锆钛酸铅系列压电陶瓷(PZT),随配方和掺杂的变化可以获得不同的性能。它的压电常数很高,约为 $(200 \sim 500) \times 10^{-12} C/N$,居里点约为 310℃,温度稳定性比较好,是目前使用最多的压电陶瓷。

由于压电陶瓷的压电常数大、灵敏度高、价格低廉,在一般情况下,都采用它作为压电式传感器的压电元件。

3. 新型压电材料

(1)有机压电薄膜 某些合成高分子聚合物,经延展拉伸和电场极化后形成具有压电特性的薄膜,有聚偏氟乙烯(PVF_2)、聚氟乙烯(PVF)等,其中 PVF_2 的压电常数最高。有机压电薄膜具有柔软、不易破碎、面积大等优点,可制成大面积阵列传感器和机器人触觉传感器。

(2)压电半导体 有些材料如硫化锌(ZnS)、氧化锌(ZnO)、硫化钙(CaS)、砷化镓(GaAs)等,具有半导体特性又有压电特性。由于同一材料上兼有压电和半导体两种物理性能,故可以利用压电性能制作敏感元件,又可以利用半导体特性制成电路器件,研制成新型集成压电传感器。

三、等效电路

压电元件是在压电晶片产生电荷的两个工作面上进行金属蒸镀,形成两个金属膜电极,如图 4-13a。当压电晶片受力时,在晶片的两个表面上聚积等量的正、负电荷,晶片两表面相当于电容器的两个极板,两极板之间的压电材料等效于一种介质,因此压电晶片相当于一只平行极板介质电容器,其电容量为

$$C_a = \frac{\varepsilon A}{\delta} \qquad (4-29)$$

式中　A——极板面积；

　　　ε——压电材料的介电常数；

　　　δ——压电晶片的厚度。

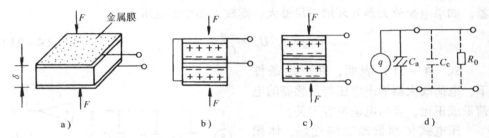

图 4 – 13　压电晶体及等效电路

a) 压电晶体　b) 并联　c) 串联　d) 等效电路

压电元件可以等效为一个具有一定电容的电荷源。电容器上的开路电压 U_0 可用下式表示

$$U_0 = \frac{q}{C_a} \qquad (4-30)$$

式中　q——压电元件上所产生的电荷量。

当压电式传感器接入测量电路，连接电缆的寄生电容形成传感器的并联寄生电容 C_c，传感器中的漏电阻和后续电路的输入阻抗形成泄露电阻 R_0，其等效电路见图 4 – 13d。

由于后续电路的输入阻抗不可能无穷大，而且压电元件本身也存在漏电阻，极板上的电荷由于放电而无法保持不变，从而造成测量误差。因此不宜利用压电式传感器测量静态或准静态信号。而测量动态信号时，由于交变电荷变化快，漏电量相对较小，故压电式传感器适宜做动态测量。

压电式传感器中使用的压电晶片有方形、圆形、圆环形等各种形状，而且往往用两片或多片进行并联或串联，见图 4 – 13b、c 。并联适用于测量缓变信号和以电荷为输出量的场合。串联适用于测量高频信号和以电压为输出量的场合，并要求测量电路有高的输入阻抗。

四、测量电路

由于压电式传感器输出的电荷量很小，而且压电元件本身的内阻很大。因此，通常把传感器信号先输入到高输入阻抗的前置放大器，经过阻抗变换以后，再进行其他处理。

压电式传感器的输出可以是电压，也可以是电荷。因此前置放大器有电压放大器和电荷放大器两种形式。电压放大器可采用高输入阻抗的比例放大器。其电路比较简单，但输出受到连接电缆对地电容的影响。目前常采用电荷放大器作为前置放大器。

图4-14为电荷放大器的等效电路。其中 C_a 为传感器电容，C_c 为电缆电容，C_i 为放大器的输入电容。电荷放大器是一个高增益带电容反馈的运算放大器。如果电荷放大器开环增益足够大，则放大器输出电压为

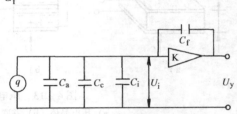

$$U_y \approx \frac{-q}{C_f} \qquad (4-31)$$

式（4-31）表明，在一定条件下，电荷放大器输出电压与传感器的电荷量成正比，且与电缆电容无关。

压电式传感器动态特性好、体积小、重量轻，常用来测量动态力、压力，特别是测量振动加速度的惯性拾振器大多采用压电式传感器。

图4-14　电荷放大器等效电路

第五节　磁敏传感器

磁敏传感器的磁敏元件对磁场敏感，能够将磁学物理量转换成电信号。常用的磁敏元件有霍尔元件、磁敏电阻、磁敏管等。

一、霍尔元件

将导电体薄片置于磁场 B 中，如果在 a、b 端通以电流 I，则在 c、d 端就会出现电位差，这一现象称为霍尔效应。电位差称为霍尔电势。霍尔效应的产生是由于运动电荷在磁场中受到洛仑兹力作用的结果。假设图4-15中的导体是N型半导体薄片，那么半导体中的载流子（电子）将沿着与电流方向相反的方向运动，由于受洛仑兹力的作用，电子将偏向 d 一侧，形成电子积累，与它对立的侧面由于减少了电子的浓度而出现正电荷，在两侧间就形成了一个电场。当电场力 F_E 与洛仑兹力 F_L 的作用相等时，电子偏移达到动态平衡。由电子的偏移产生的电位差就是霍尔电势。霍尔电势 U_H 由下式表示。

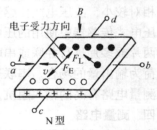

电子受力方向

N型

图4-15　霍尔效应原理图

$$U_H = K_H I B \sin\alpha \qquad (4-32)$$

式中　K_H——霍尔常数；

B——磁感应强度；

α——电流与磁场方向的夹角。

由式（4-32）可知，如果改变 B 或 I，就可以改变 U_H 值。

霍尔元件一般由锗（Ge），锑化铟（InSb）等半导体材料制成。将霍尔元件、放大器、温度补偿电路及稳压电源等集成于一个芯片上就构成了线性霍尔传感器。

它有单端输出和双端输出（差动输出）两种电路，如图 4-16a、b 所示。线性霍尔传感器的输出电压与外加磁场强度在一定范围内呈线性关系，可以用来检测磁场的强弱。

另有一种是开关型霍尔传感器。它由霍尔元件、放大器、施密特整形电路和集电极开路输出等部分组成，如图 4-16c 所示。

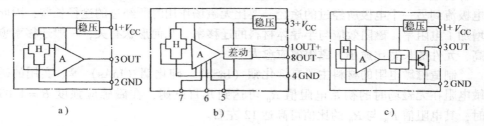

图 4-16　集成霍尔传感器

a）单端输出　b）差动输出　c）开关型

近年来，霍尔元件作为直流无刷电动机的位置传感器使用，具有简单、经济、可靠等特点。直流无刷电动机需要用位置传感器来检测转子的位置，以实现电子换向。图 4-17 所示为两相直流无刷电动机采用 4 个开关型霍尔元件，实现双极性、四状态的电子换向电路。

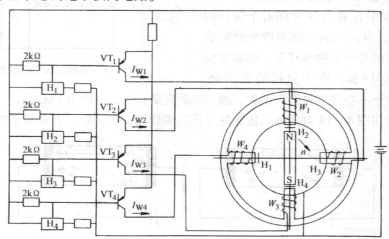

图 4-17　直流无刷电动机电子换向电路

当霍尔元件 H_2 面向转子 N 极方向，霍尔元件 H_2 导通，为低电平，功率晶体管 VT_2 导通，绕组 W_2 通过电流 I_{W2}，使定子绕组 W_2 下极性呈 S 极，转子顺时针旋转，直到霍尔元件 H_3 对准转子 N 极；此时，H_2 处于零磁场，H_3 导通。如此下去，转子不断旋转。

霍尔元件可以用来测量磁场强度、位移、力、角度等。霍尔元件体积小、使用简便、无接触测量，但受温度影响较大，在做精密测量时应作温度补偿。

二、磁敏电阻

当一载流导体置于磁场中时，其电阻会随磁场而变化，这种现象称为磁阻效应。磁敏电阻就是基于磁阻效应而工作的。磁阻效应是伴随霍尔效应同时发生的一种物理现象。运动电荷在磁场中受到洛仑兹力的作用而发生偏转后，其从一个电极流到另一个电极所经过的途径，要比无磁场作用时所经过的途径长些，因此增加了电阻率。磁阻效应与半导体材料的迁移率、几何形状有关，一般迁移率愈高，元件的长宽比愈小，磁阻效应愈大。

制造磁敏电阻的材料主要有锑化铟（InSb）、砷化铟（InAs）等。实用的磁敏电阻在无磁场时的初始电阻值 R_0 可达到几百欧姆，在磁感应强度 $B = 1.0T$ 时，其电阻值 R_B 与 R_0 的比值可高达 12 左右。

磁敏电阻是两端器件，使用方便，但受温度影响很大，目前在制作工艺上尚不能解决，故应用受到一定的限制。

二、磁敏管

1. 磁敏二极管

磁敏二极管的结构原理如图 4-18 所示。磁敏二极管的结极是 P^+—I—N^+ 型。在 P 区和 N 区之间有个较长的本征区 I，本征区的一面磨成光滑的表面，相对的另一面喷砂打毛，形成粗糙的表面称为 r 面。由于粗糙的表面处

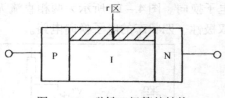

图 4-18　磁敏二极管的结构

容易使电子—空穴对复合而消失，故 r 面是高复合区，也称为 r 区。

现利用图 4-19 对磁敏二极管的工作原理作简要的说明。若外加正向偏压，

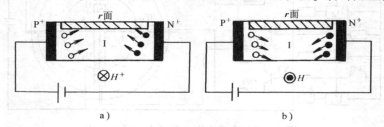

a)　　　　　　　　　　　b)

图 4-19　磁敏二极管的工作原理

即 P 区接正，N 区接负，那么将会有大量空穴从 P 区注入到 I 区。如这时将其放入磁场中，则注入的空穴和电子都要受到洛仑兹力的作用而发生偏转，当磁场方向使空穴、电子向 r 面偏转时，它们将大量复合，因而电流很小，当磁场方向使空穴、电子向光滑面偏转时，它们的复合率变小，电流就大，这样就能根据某一偏压下的电流值来确定磁感应强度的大小和磁场方向。

磁敏二极管灵敏度很高，约为霍尔元件的数百甚至上千倍，又能识别磁场方向而且线路简单、功耗小。但它的灵敏度与磁场关系呈线性的范围比较窄，而且受温度影响较大，磁敏二极管一般用半导体硅或锗制成，锗管的磁灵敏度截止频率为 1kHz，而硅管可达 100kHz。

2. 磁敏三极管

磁敏三极管与普通晶体三极管一样具有发射极、基极和集电极。不同的是基区较长，基区结构类似磁敏二极管，也有高复合 r 区和本征 I 区。磁敏三极管在正、反向磁场作用下，其集电极电流出现明显变化。这种传感器可用来做计数装置，接近开关等。

第六节 光电式传感器

光电式传感器是将光量转换为电量，其物理基础是光电效应。光电效应通常又分为外光电效应和内光电效应两大类。

（1）外光电效应 在光的照射下，金属中的自由电子吸收光能而逸出金属表面的现象称为外光电效应。基于外光电效应的器件有光电管和光电倍增管等。这些光电器件属于真空管类。

（2）内光电效应 半导体材料受光的照射后，其电导率发生变化的现象称为光导效应，而受光后产生电势的现象称为光生伏特效应。二者统称为内光电效应。基于光导效应的光电器件有光敏电阻，基于光生伏特效应的有光电池、光敏晶体管等。

一、光敏电阻

光敏电阻，又称光导管。半导体材料受到光照时会产生电子—空穴对，使其导电性能增强，光线越强，阻值越低。光敏电阻是一种没有极性的电阻器件。当无光照时，光敏电阻的阻值称为暗电阻，一般为兆欧数量级；受光照时的阻值称为亮电阻，一般在几千欧以下。光敏电阻的响应时间一般为 2~50ms。

光敏电阻阻值随光照的变化与所采用的半导体材料的光谱特性有关，如硫化镉（CdS）、硒化镉（CdSe）适用于可见光，氧化锌（ZnO）、硫化锌（ZnS）适用于紫外线，硫化铅（PbS）、硒化铅（PbSe）适用于红外线。

光敏电阻的光照特性是非线性的，因此不适宜做检测光通量变化的元件，常用作开关式光电传感器。

二、光电池

光电池是一种直接将光能转换成电能的光电元件。它有一个大面积的 P—N 结，当光照射时，半导体内原子受激发而生成了电子—空穴对，通常，把这种由光生成的电子—空穴对叫做光生载流子。它们在 P—N 结电场的作用下，电子被推向 N 区，而空穴被拉向 P 区，结果 P 区积累了大量的过剩空穴，而 N 区积累了大量的过剩电子，使 P 区带正电，N 区带负电，两端产生了电势，若用导线连接，就有电流通过，如图 4—20 所示。

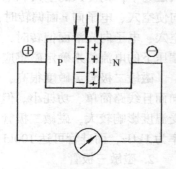

图 4—20 光电池工作原理

用于光电池的半导体材料有硅、硒、锗、硫化镉等多种。目前应用最广泛的是硅光电池，它的性能稳定、光谱范围宽、频率特性好，用于可见光，光谱范围为 $0.4 \sim 1.1 \mu m$，灵敏度为 $6 \sim 8 nA/（mm^2 \cdot lx）$，响应时间为数 μs 至数十 μs。

硅光电池可作成检测元件用来测量光线的强弱，也可制成电源使用，称太阳能硅光电池。

三、光敏晶体管

光敏晶体管与普通的晶体管一样，也有 P—N 结，有一个 P—N 结的叫作光敏二极管，有两个 P—N 结的叫做光敏三极管。

当光通过透镜照射到光敏二极管上时，由于产生了光生载流子，因而在一定的反向偏压下，光敏二极管的反向电流要比没有光照时大几十倍到几千倍，因此有较大的光电流。光照越强，光生载流子越多，光电流越大。光敏二极管的管壳顶部有一个能射入光线的窗口，以便光线通过窗口而照在管芯的 P—N 结上，窗口上往往还镶嵌着微型透镜。

与光敏电阻相比，光敏二极管具有暗电流小、灵敏度高等优点。一般在用可见光作光源时，采用硅管，但是对红外线探测时，则锗管较合适。

光敏三极管的基极和集电极之间的 P—N 结相当于光敏二极管的 P—N 结，受到光照所产生的光电流作为基极电流，因此光敏三极管没有基极，往往只装两根引出线。光敏三极管有放大作用，因此其灵敏度比光敏二极管高。

光敏二极管及光敏三极管基本电路如图 4—21 所示。

四、固体图像传感器

目前的固体图像传感器所使用的核心器件多半是电荷耦合器件（Charge Coupled Device，简称 CCD）。CCD 是 20 世纪 70 年代发展起来的新型半导体器件，具有光生电荷、积蓄和转移电荷的功能。

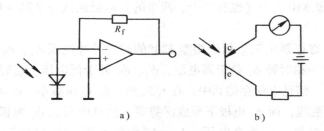

图4-21 光敏晶体管基本电路

a）光敏二极管基本电路 b）光敏三极管基本电路

1. CCD 的基本原理

CCD 基本单元的结构见图4-22。它是在半导体基片（如 P 型硅）上生长一层氧化物绝缘层（如 SiO_2），又在其上沉积一层金属电极，这样就形成了一种金属—氧化物—半导体结构元（MOS）。

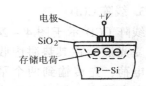

图4-22 CCD 基本单元的结构

当在金属电极上施加正电压时，在电场的作用下，电极下的 P 型区域里的空穴被排斥尽，形成一个耗尽区。这个耗尽区对于电子而言是一个势能很低的区域，称为势阱。如果此时有光线入射到半导体硅片上，由于内光电效应，硅片内就产生了光生电子和空穴，其中的光生电子被附近的势阱所吸引，而空穴则被电场排斥出耗尽区。此时，势阱内所吸收的光生电子数量与入射到势阱附近的光强成正比。这样的 MOS 结构元称为 MOS 光敏元。

通常在半导体硅片上集成许多相互独立的微小 MOS 光敏元，每个光敏元成为一个像素。如果照射在这些光敏元上的是一幅光学图像，那么这些光敏元就感生出一幅与光照强度相对应的光生电荷图像。这就是 CCD 作为图像传感器的基本原理。

2. 读出移位寄存器

在每个光敏元中积蓄的光生电荷通过读出移位寄存器输出。

读出移位寄存器的结构见图4-23。它也是 MOS 结构，与 MOS 光敏元的区别在于：

1）导体的底部有一层遮光层，防止光线的干扰。

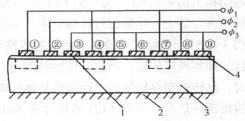

图4-23 读出移位寄存器的结构原理

1—金属电极 2—遮光层 3—P 型硅 4—二氧化硅

2）每个像素由三个（也有二个、四个的）电极组成一个耦合单元（即传输单元）。

读出移位寄存器由三个相位相差 120° 的时钟脉冲电压 ϕ_1、ϕ_2、ϕ_3 来驱动。在 t_1 时刻，第一相时钟 ϕ_1 处于高电压，ϕ_2、ϕ_3 处于低电压，这时接 ϕ_1 的电极下形成深势阱，信息电荷存储其中。在 t_2 时刻，ϕ_1 电压减小，ϕ_2 电压升高，ϕ_1 电极下的势阱变浅，而 ϕ_2 电极下形成深势阱，信息电荷从 ϕ_1 电极下向 ϕ_2 电极下转移。到 t_3 时刻，ϕ_2 为高电压，ϕ_1、ϕ_3 为低电压，信息电荷全部转移到 ϕ_2 电极下。这样，信息电荷向右转移了一位。重复类似过程，信息电荷可以从 ϕ_2 电极下转移到 ϕ_3 电极下，再转移到 ϕ_1 电极下，不断向右转移，直到最后一位，依次不断向外输出。

3. 线阵 CCD

线阵 CCD 示于图 4-24。光敏元受光照后在其势阱内收集的信息电荷，先传输到两个平行的移位寄存器中，然后再按箭头所指的方向将电荷输出。把摄像区中的信号电荷分成两部分传输（使用两个移位寄存器），这样可

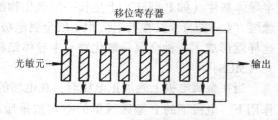

图 4-24 线阵结构示意图

把每个势阱内电荷的传输次数减少一半，因而降低了器件的传输损失。但对像素位数少的 CCD 用一个移位寄存器即可。现已应用的线阵 CCD 有 1024 像素、2048 像素、4096 像素的。1024 像素的 CCD 仅长 13mm 左右，每位像素仅占约 1μm。线阵 CCD 只摄取一行图像信息，因此它适用于对运动物体的摄像，可用作传真、遥感、文字或图像信息的判别、工件尺寸的自动检测等。

4. 面阵 CCD

面阵 CCD 有数种结构形式，下面介绍行间传输结构和帧传输结构。行间传输结构见图 4-25a。每一列 CCD 所存储的信号电荷在转移栅控制下转移到垂直移位寄存器中，然后逐行转移到水平移位寄存器沿水平方向输出。帧传输结构见图 4-25b。光敏区中的光电荷一起传输到与光敏区具有同样单元数的遮光存储区，即实现帧传输。当这一传输结束时，光敏区再次开始收集光电荷。与此同时，已传输到存储区的电荷图像是逐行向水平寄存器传输，最后通过寄存器末端输出视频信号。面阵 CCD 的尺寸有 8mm 芯片，1/3in，1/2in，2/3in，以至 1in 芯片。像素有 25 万至几百万个不等。面阵 CCD 主要用于小型或微型摄像机和数码照相机等。

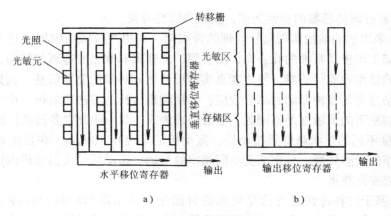

图 4-25　面阵 CCD 传输原理

a）行间传输结构　b）帧传输结构

第七节　集成传感器

集成传感器是将传感元件、测量电路以及各种补偿元件等集成在一块芯片上。它体积小、重量轻、功能强、性能好。例如，由于敏感元件与放大电路之间没有了传输导线，减小了外来干扰，提高了信噪比；温度补偿元件与敏感元件处在同一温度下，可取得良好的补偿效果；信号发送和接受电路与敏感元件集成在一起，使得遥测传感器非常小巧，可置于狭小、封闭空间甚至置入生物体内而进行遥测和控制。目前广泛应用的集成传感器有集成温度传感器、集成压力传感器、集成霍尔传感器等。将若干种各不相同的敏感元件集成在一块芯片上，制成多功能传感器，可以同时测量多种参数。

智能传感器（Smart Sensor）是在集成传感器的基础上发展起来的。智能传感器是指那些装有微处理器的，不但能够进行信息处理和信息存储，而且还能够进行逻辑分析和结论判断的传感器系统。智能化传感器是利用集成或混合集成的方式将传感器、信号处理电路和微处理器集成为一个整体，一般具有自补偿、自校准和自诊断能力以及数值处理、信息存储和双向通信功能。

实现传感器集成化、智能化的技术途径：

1）传感器的功能集成化　利用集成或混合集成的方式将传感器、信号处理电路和微处理器集成为一个整体，构成功能集成化的智能传感器。例如，美国霍尼维尔（Honeywecl）公司研制的 DSJ-3000 系列智能差压压力传感器是在 3mm×3mm 的硅片上配置扩散了差压、静压和温度三个敏感元件。整个传感器还包括了变换电路、多路转换器、脉冲调制、微处理器和数字量输出接口等，并在

ROM 中装有该传感器的特性数据，实现非线性补偿。

2）采用新的结构实现信号处理的智能化　利用微机械精细加工技术可以在硅片上加工出极其精细的孔、沟、槽、膜、悬臂梁和共振腔等新的结构，构成性能优异的微型智能传感器，使之能真实地反映被测对象的完整信息。例如，工程中的振动通常是多种振动的综合效应，多用频谱分析的方法来解析。由于传感器在不同频率下的灵敏度是不同的，势必造成失真。而一种微型多振动传感器具有16 个长度不同的片状悬臂梁振动板，振动板的宽度仅 100μm，在自由端附加一块金属作为受感质量，分别感受不同频率的振动。振动信号由振动板固定端附近制作的应变片获得。

3）基于材料特性进行信息处理的智能化　使用新型材料如各种半导体材料、陶瓷、导电聚合物和生物功能薄膜等。人工嗅觉传感系统通常由选择式传感器阵列和相关的数据处理部分组成，并配有相应的模式识别系统。传感器阵列组合了多个具有不同特性的气体敏感元件，所用材料包括金属氧化物半导体、导电聚合物等，根据应用对象的不同，传感器的构成材料和配置数量亦有所不同。

习题与思考题

4-1　金属电阻应变片与半导体应变片在工作原理上有何区别？各有何优缺点？应如何根据具体情况选用？

4-2　有一电阻应变片，其 $R = 120\Omega$，灵敏度 $K = 2$，设工作时的应变为 $1000\mu\varepsilon$，问 $\Delta R = ?$ 若将此应变片接成图 4-26 所示的电路，试求：1）无应变时电流表示值；2）有应变时电流表示值；3）电流表指示值的相对变化量；4）试分析这个变化量能否从电流表中读出？

4-3　许多传感器采用差动形式，差动传感器有何优点？

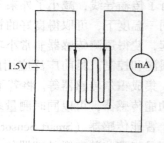

图 4-26　题 4-2 图

4-4　一电容式传感器，其圆形极板半径 $r = 4mm$，初始工作间隙 $\delta_0 = 0.3mm$，若工作时极板间隙的变化量 $\Delta\delta = \pm 1\mu m$ 时，电容变化量是多少？

4-5　何为压电效应和逆压电效应？常用的压电材料有哪几类？

4-6　压电式传感器的测量电路为什么常用电荷放大器？

4-7　何为霍尔效应？其物理本质是什么？

4-8　分别用光电元件和霍尔元件设计测量转速的装置，并说明其原理。

第五章 信号的变换与处理

传感器将非电量转换为电量时，往往输出电阻、电感、电容等电路参数，需要将这些电路参数转换为易于测量和处理的电压、电流或频率等。由于传感器基本转换电路的类型与传感器的工作原理有关，有时将其看作传感器的组成部分。另外，传感器的输出信号一般很微弱，还可能混有各种噪声，不能直接送入显示装置、执行机构或计算机，需要进行必要的放大、滤波、A/D 或 D/A 转换、各种运算等处理，一般将这部分电路与传感器基本转换电路统称为传感器的测量电路或信号调理电路。

第一节 信号的放大

在测试系统中，传感器或测试装置的输出大部分都是较弱的模拟信号，一般为 mV 级甚至 μV 级，不能直接用于显示、记录或 A/D 转换，必须进行放大。对于直流或缓变信号，以前由于直流放大器的漂移较大，对于较微弱的直流信号需要调制成交流信号，然后用交流放大器放大，再解调成为直流信号。目前由于集成运算放大器性能的改善，已经可以组成性能良好的直流放大器。集成运算放大器根据其性能可分为通用型、高输入阻抗型、高速型、高精度型、低漂移型、低功耗型等，可根据不同要求选用。利用运算放大器可组成反相输入、同相输入和差动输入放大器。

一、测量放大器

由运算放大器组成的上述三种放大器，一般仅适用于信号回路不受干扰或信噪比较大的场合。实际上，传感器所处的工作环境往往是较复杂和恶劣的，传感器的输出信号中含有较大的噪声和共模干扰。所谓共模干扰是指在传感器的两条传输线上产生的完全相同的干扰。在这种情况下，可采用测量放大器对信号进行放大。测量放大器又称仪表放大器，它的线性好、共模抑制比高、输入阻抗高和噪声低，是一种高性能的放大器。

测量放大器的基本电路如图 5-1，由三个运算放大器组成。它是一种两级串联放大器，前级由两个同相放大器组

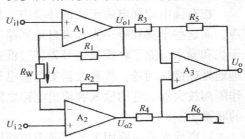

图 5-1 测量放大器原理图

成，为对称结构，输入信号可以直接加到输入端，从而输入阻抗高和抑制共模干扰能力强。后级是差动放大器，将双端输入变为单端输出，适应对地负载的需要。

电路中的 A_1 和 A_2 选择高输入阻抗运算放大器，而 $R_1 = R_2$，$R_3 = R_4$，$R_5 = R_6$ 都是对称选择的。由于 A_1 和 A_2 都是同相放大器接法，因此两个放大器的增益

$$A_1 = \frac{U_{o1}}{U_{i1}} = 1 + \frac{2R_1}{R_w} \tag{5-1}$$

$$A_2 = \frac{U_{o2}}{U_{i2}} = 1 + \frac{2R_2}{R_w} \tag{5-2}$$

当两个输入信号是共模信号时，由于同相放大器 A_1 和 A_2 的增益相等，输出电压 U_{o1} 和 U_{o2} 也是共模相等的。经 A_3 差动放大，这两个共模信号可被完全消除，总输出信号 U_o 为零。由此可见，这种电路的输出几乎不受输入共模干扰的影响。当两个输入信号是差模信号时，经 A_1 和 A_2 同相放大后仍是差模的，再经 A_3 差动放大后输出。差动放大器 A_3 的增益

$$A_3 = \frac{R_5}{R_3} \tag{5-3}$$

因此对差模输入信号，两级放大器的增益是

$$A = \left(1 + \frac{2R_1}{R_w} \right) \frac{R_5}{R_3}$$

以上分析表明，为了实现电路的高性能，必须对电路中的运算放大器和电阻进行严格的挑选和配对。这在常规工艺的条件下是困难的，可采用集成测量放大器，集成测量放大器在制造时采用激光调整工艺使对称部分完全匹配。通常 R_w 为外接电阻，调节 R_w 可改变电路的增益。常用的单片集成测量放大器有 AD521、AD522、INA101、INA118 和 LH0038 等。其中的 LH0038（美国国家半导体公司产品）是一种精密测量放大器，具有低失调（$25\mu V$）、低漂移（$0.25\mu V/\text{℃}$）和高共模抑制比（$120dB$）等优良特性。

二、隔离放大器

在有强电或强电磁干扰的环境中，传感器的输出信号中混杂着许多干扰和噪声，而这些干扰和噪声大都来自地回路、静电耦合以及电磁耦合。为了消除这些干扰和噪声，除了将模拟信号先经过低通滤波器滤掉部分高频干扰外，还必须合理地处理接地问题，将放大器实行静电和电磁屏蔽并浮置起来。这样的放大器叫作隔离放大器。它的输入和输出电路之间没有直接的电路联系，只有磁路或光路的联系。

隔离放大器主要用于处在高噪声环境中的便携式仪器和某些测控系统中；应用于医学测量，确保人体不受超过 $10\mu A$ 以上的漏电流和高电压的危害；用于防

止因故障而使电网电压对低压电路造成损坏。

隔离放大器电路的原理框图如图5-2所示。输入部分包含输入放大器和调制器，输出部分包含解调器和输出放大器，中间部分的信号耦合器件是变压器或光电器件，电源也是隔离浮置的。图5-2a为变压器耦合隔离放大器电路框图，输入信号经过放大并调制成交流信号后，由变压器耦合，再经解调、滤波和放大后输出。输入放大器的直流电源是由振荡器产生频率为几十千赫兹的高频振荡信号，经隔离变压器馈入输入电路，再经过整流、滤波而提供的，以实现隔离供电。同时，该高频振荡信号经隔离变压器为调制器提供载波信号，为解调器提供参考信号。图5-2b是光耦合隔离放大器电路框图，输入信号放大后（也可载波调制）由光耦合器中的发光二极管LED变换成光信号，再通过光电器件（如光敏二极管、光敏三极管等）转换为电压或电流，由输出放大器放大输出。

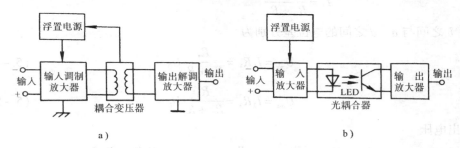

图5-2 隔离放大器电路原理框图

a) 变压器耦合 b) 光耦合

变压器耦合隔离放大器具有较高的线性度和隔离性能，但带宽较窄约在1kHz以下，且体积大、工艺复杂而成本高。目前，国内常见的型号有AD202、AD210、AD277、3656和GF289等。

光耦合隔离放大器结构简单、成本低廉，带宽可达60kHz，但其线性度、隔离性能和温度稳定性不如变压器耦合隔离放大器。常见的型号有ISO100、BGF01等。

第二节 电 桥

电桥是将电阻、电感、电容等电参量的变化，转变为电压或电流输出的一种变换电路。其输出视信号的大小，可用仪表直接测量显示，也可输入到放大器进行放大。

电桥电路连接简单、灵敏度和精确度较高，在测试装置中得到了广泛的应用。

电桥根据激励电源的不同分为直流电桥和交流电桥。电桥电路有两种基本的工作方式：平衡电桥（零检测器）和不平衡电桥。在传感器应用中主要是不平衡电桥。

一、直流电桥

直流电桥的基本形式见图5-3。R_1、R_2、R_3、R_4是电桥各桥臂电阻，U_0是直流电源电压，U是输出电压。

当电桥输出端连接阻抗较大的仪表或放大器时，可视为开路。此时桥路分支电流为

$$I_1 = \frac{U_0}{R_1 + R_2}$$

$$I_2 = \frac{U_0}{R_3 + R_4}$$

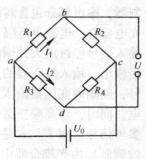

图5-3 直流电桥

a、b之间与a、d之间的电位差分别为

$$U_{ab} = I_1 R_1 = \frac{R_1}{R_1 + R_2} U_0 \tag{5-4}$$

$$U_{ad} = I_2 R_3 = \frac{R_3}{R_3 + R_4} U_0 \tag{5-5}$$

输出电压

$$U = U_{ab} - U_{ad} = \left(\frac{R_1}{R_1 + R_2} - \frac{R_3}{R_3 + R_4} \right) U_0 = \frac{R_1 R_4 - R_2 R_3}{(R_1 + R_2)(R_3 + R_4)} U_0 \tag{5-6}$$

若电桥输出为零，则称为电桥平衡，应满足

$$R_1 R_4 = R_2 R_3 \tag{5-7}$$

假设电桥各桥臂电阻都发生变化，其阻值的增量分别为ΔR_1、ΔR_2、ΔR_3、ΔR_4，则电桥的输出将成为

$$U = \frac{(R_1 + \Delta R_1)(R_4 + \Delta R_4) - (R_2 + \Delta R_2)(R_3 + \Delta R_3)}{(R_1 + \Delta R_1 + R_2 + \Delta R_2)(R_3 + \Delta R_3 + R_4 + \Delta R_4)} U_0$$

将上式展开，取初始状态电桥的各臂阻值相等，即$R_1 = R_2 = R_3 = R_4 = R$，且一般情况下$\Delta R \ll R$，忽略$\Delta R$的高次项，则上式可写成

$$U = \frac{U_0}{4} \left(\frac{\Delta R_1}{R} - \frac{\Delta R_2}{R} - \frac{\Delta R_3}{R} + \frac{\Delta R_4}{R} \right) \tag{5-8}$$

对于应用不平衡电桥电路的传感器，电桥中的一个或几个桥臂电阻对其初始值的偏差相当于被测量的大小变化，电桥只将这个偏差变换为电压或电流输出。

根据式（5-8），电桥四个桥臂电阻的变化对电桥输出电压的影响不尽相同，其中相邻臂的符号相反，相对臂的符号相同，这就是电桥的加减特性。根据电桥

的加减特征，可以通过适当的组桥来提高测量灵敏度或消除由于温度等影响而产生的不需要的电阻变化。

当电桥的四个桥臂是电阻应变片时，式（5-8）可写成

$$U = \frac{KU_0}{4}(\varepsilon_1 - \varepsilon_2 - \varepsilon_3 + \varepsilon_4) \tag{5-9}$$

式中　K——应变片的灵敏度。

在实际工作时，电桥的四个桥臂有三种基本组合方式：半桥单臂、半桥双臂和全桥。

1. 半桥单臂

如果电桥的四个桥臂中只有一个桥臂 R_1 为应变片，另外三个是固定电阻，则称为半桥单臂。它在工作时只有一个桥臂阻值随被测量变化，由式（5-9）可得电桥的输出电压为

$$U = \frac{KU_0}{4}\varepsilon_1 \tag{5-10}$$

2. 半桥双臂

若相邻的两个桥臂接成应变片，其中一个受拉，另一个受压，另外两个桥臂是固定电阻，例如 $\varepsilon_1 = -\varepsilon_2, \varepsilon_3 = \varepsilon_4 = 0$；或者相对的两个桥臂接成应变片，两个应变片的应变方向相同，另外两个桥臂是固定电阻，例如 $\varepsilon_1 = \varepsilon_4, \varepsilon_2 = \varepsilon_3 = 0$，这种电桥称为半桥双臂。其输出电压

$$U = \frac{KU_0}{2}\varepsilon_1 \tag{5-11}$$

3. 全桥

如果电桥的四个桥臂都接成应变片，则称全桥。若桥臂上四个应变片的应变为 $\varepsilon_1 = -\varepsilon_2 = -\varepsilon_3 = \varepsilon_4$，则输出电压

$$U = KU_0\varepsilon_1 \tag{5-12}$$

根据电桥的加减特性组成全桥测量，灵敏度最高，输出电压最大。

直流电桥后续的放大电路常采用差动输入的运算放大器，对精度要求高的可选用测量放大器。

二、交流电桥

为适应电感、电容式传感器及交流放大器的需要，交流电桥的应用场合很多。交流电桥采用交流激励电压。电桥的四个桥臂分别用阻抗 Z_1、Z_2、Z_3、Z_4 表示，它们可以是电感、电容或电阻，其输出电压也是交流。用交流电路的分析方法可以得到交流电桥的平衡条件式

$$Z_1 Z_4 = Z_2 Z_3 \tag{5-13}$$

与直流电桥式（5-7）相似。

把各阻抗用指数形式 $Z = z\mathrm{e}^{\mathrm{j}\phi}$ 表示，则式 (5-13) 可写成

$$z_1 z_4 \mathrm{e}^{\mathrm{j}(\phi_1 + \phi_4)} = z_2 z_3 \mathrm{e}^{\mathrm{j}(\phi_2 + \phi_3)}$$

要使此式成立，必须满足下列等式

$$z_1 z_4 = z_2 z_3 \tag{5-14}$$

$$\phi_1 + \phi_4 = \phi_2 + \phi_3 \tag{5-15}$$

式中　z_1、z_2、z_3、z_4——各阻抗的模；

　　　ϕ_1、ϕ_2、ϕ_3、ϕ_4——阻抗角。它是各桥臂电流
与电压的相位差。纯电阻
时，$\phi = 0$；电感性阻抗，
$\phi > 0$；电容性阻抗，$\phi <$
0。

因此，交流电桥的平衡条件是：相对两臂阻抗之
模的乘积相等；相对两臂阻抗角的和相等。

图 5-4 是常用的电感电桥，两相邻桥臂为纯电
阻 R_2 和 R_4，另两臂为电感 L_1 和 L_3，其 R_1 和 R_3 可看
成是电感线圈的有功电阻。则

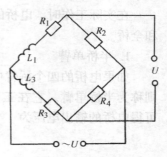

图 5-4　电感电桥

$$Z_1 = R_1 + \mathrm{j}\omega L_1, \qquad Z_3 = R_3 + \mathrm{j}\omega L_3$$

$$Z_2 = R_2, \qquad\qquad Z_4 = R_4$$

根据式 (5-13) 的平衡条件，可得

$$(R_1 + \mathrm{j}\omega L_1) R_4 = (R_3 + \mathrm{j}\omega L_3) R_2$$

或　　　　　$$R_1 R_4 + \mathrm{j}\omega L_1 R_4 = R_2 R_3 + \mathrm{j}\omega L_3 R_2$$

令上式实数与虚数部分分别相等，则得电感电桥的电
阻及电感的平衡条件为

$$R_1 R_4 = R_2 R_3 \tag{5-16}$$

$$L_1 R_4 = L_3 R_2 \tag{5-17}$$

对阻抗角，由于 Z_2 和 Z_4 臂都是纯电阻，则 ϕ_2
$= \phi_4 = 0$，而 Z_1 和 Z_3 臂是性质相同的电感，则 $\phi_1 =$
ϕ_3，满足相角相等的平衡条件。

图 5-5 是电容电桥，两相邻桥臂为纯电阻 R_2 和
R_4，另两臂为电容 C_1 和 C_3，其中 R_1 和 R_3 可看成是
电容介质损耗的等效电阻。则

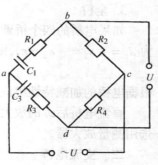

图 5-5　电容电桥

$$Z_1 = R_1 + \frac{1}{\mathrm{j}\omega C_1} \qquad Z_2 = R_2$$

$$Z_3 = R_3 + \frac{1}{\mathrm{j}\omega C_3} \qquad Z_4 = R_4$$

可得电容电桥的平衡条件为

$$R_1 R_4 = R_2 R_3 \tag{5-18}$$

$$\frac{R_4}{C_1} = \frac{R_2}{C_3} \tag{5-19}$$

从以上分析可知，要使电感或电容电桥达到平衡，除满足电阻平衡外，还应满足电感或电容达到平衡。

对于纯电阻交流电桥，由于导线之间存在着分布电容，除了电阻平衡外，也要考虑电容平衡。

自感传感器和电容传感器的转换电路常采用变压器电桥，如图 5-6 所示。Z_1、Z_2 为差动自感传感器两个线圈的阻抗或电容传感器两个差动电容的阻抗，另两臂为电源变压器二次绕组的两半。为了判别衔铁或电容极板的位移方向，也就是判别信号的极性（相位），要在后续电路中接相敏检波器来解决。这种变压器电桥具有使用元件少、精确度高和性能稳定等优点。

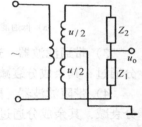

图 5-6　变压器电桥

第三节　滤　波　器

滤波器是一种具有选择频率功能的装置。它能使一部分频率范围内的信号通过，而使另一部分频率范围内的信号衰减。通常称可以通过的频率范围为通带，不能通过的频率范围为阻带，通带与阻带的界限频率为截止频率。滤波器的基本功能为：（1）去除无用信号、噪声、干扰信号以及信号处理过程中引入的信号如载波等。（2）分离不同频率的有用信号。（3）对测量仪器或控制系统的频率特性进行补偿。

一、滤波器的分类及基本参数

1. 滤波器的分类

滤波器有多种分类方法。根据构成滤波器的元件类型，可分为 RC、RL 或晶体谐振滤波器；根据构成滤波器的电路性质，可分为无源滤波器和有源滤波器；根据滤波器所处理的信号性质，分为模拟滤波器和数字滤波器等。

最常用的分类方法是按照滤波器的通频带将滤波器分为低通、高通、带通、带阻滤波器。图 5-7 表示了这四种滤波器的幅频特性。

1）低通滤波器　通带为 $0 \sim f_2$。它使低于 f_2 的频率成分几乎不衰减地通过，而高于 f_2 的频率成分受到极大地衰减。

2）高通滤波器　通带为 $f_1 \sim \infty$。它使高于 f_1 的频率成分通过，低于 f_1 的频率成分衰减。

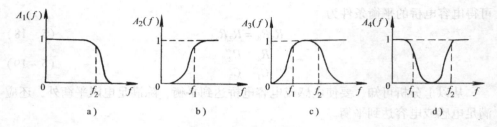

图 5 - 7 四种滤波器

a) 低通滤波器　b) 高通滤波器　c) 带通滤波器　d) 带阻滤波器

3) 带通滤波器　通带在 $f_1 \sim f_2$ 之间。它使信号中高于 f_1 而低于 f_2 的频率成分通过，其余成分衰减。

4) 带阻滤波器　阻带在 $f_1 \sim f_2$ 之间。它使信号中高于 f_1 而低于 f_2 的频率成分衰减，其余成分通过。

对于理想滤波器，其通带的幅频特性为常数 A_0，而阻带的幅频特性为零，而实际滤波器在通带和阻带之间有一个过渡带，其幅频特性为斜线，在此频带内，信号受到不程度地衰减，这是滤波器所不希望的，却是不可避免的，也就是说，理想滤波器是无法实现的。

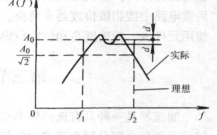

图 5 - 8　理想带通和实际带通滤波器的幅频特性

2. 实际滤波器的基本参数

图 5 - 8 是理想带通（虚线和实际带通（实线）滤波器的幅频特性。对于实际滤波器，一般用以下参数表明其性能。

1) 纹波幅度　在一定频率范围内，滤波器的幅频特性呈波纹变化，其波动幅度称为纹波幅度 d。纹波幅度 d 越小越好，与幅频特性的平均值 A_0 相比，一般应远小于 $-3\mathrm{db}$ 即 $< < A_0/\sqrt{2}$。

2) 截止频率　幅频特性值等于 $A_0/\sqrt{2}$ 所对应的频率称为滤波器的截止频率。$A_0/\sqrt{2}$ 对应于 $-3\mathrm{dB}$ 点，即相对于 A_0 衰减 $-3\mathrm{dB}$。

3) 带宽 B 和品质因数 Q 值　上下两截止频率之间的频率范围称为滤波器带宽，或 $-3\mathrm{dB}$ 带宽。通常将中心频率 f_0 与带宽 B 之比称为滤波器的品质因数 Q 值：$Q = f_0/B$。其中 $f_0 = \sqrt{f_1 f_2}$，$B = f_2 - f_1$。

4) 倍频程选择性　指在上截止频率 f_2 与 $2f_2$ 之间，或者在下截止频率 f_1 与 $f_1/2$ 之间幅频特性的衰减量，即频率变化一个倍频程时的衰减量，以 dB 为单位。也可用 10 倍频程衰减量表示。

二、RC 滤波器

由电阻、电容组成的滤波器称为无源 RC 滤波器。

RC 滤波器电路简单、抗干扰性强、有较好的低频性能、成本低。它的缺点是信号的能量会被电阻所消耗，而且选择性差，多级串联时输入输出阻抗不容易匹配。

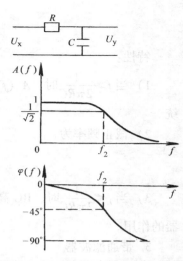

1. 一阶 RC 低通滤波器

一阶 RC 低通滤波器的电路及其幅频、相频特性如图 5-9 所示。电路微分方程式为

$$RC\frac{\mathrm{d}U_y}{\mathrm{d}t} + U_y = U_x \qquad (5-20)$$

令 $\tau = RC$，称时间常数其传递函数

$$H(s) = \frac{1}{\tau s + 1} \qquad (5-21)$$

图 5-9　一阶 RC 低通滤波器的
电路及其幅频、相频特性

这是一个典型的一阶系统，其特性如下：

1）当 $f \ll \dfrac{1}{2\pi RC}$ 时，$A(f) = 1$，RC 低通滤波器是一个不失真传输系统。

2）当 $f = \dfrac{1}{2\pi RC}$ 时，$A(f) = \dfrac{1}{\sqrt{2}}$，即截止频率

$$f_2 = \frac{1}{2\pi RC} \qquad (5-22)$$

3）当 $f \gg \dfrac{1}{2\pi RC}$ 时，输出 U_y 与输入 U_x 的积分成正比，即

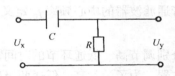

$$U_y = \frac{1}{RC}\int U_x \mathrm{d}t \qquad (5-23)$$

此时，RC 低通滤波器起着积分器的作用，对高频成分衰减率为 $-20\mathrm{dB}/10$ 倍频程（或 $-6\mathrm{dB}/$倍频程）。

2. 一阶 RC 高通滤波器

图 5-10 是一阶 RC 高通滤波器及其幅频、相频特性。其电路微分方程式为

$$U_y + \frac{1}{RC}\int U_y \mathrm{d}t = U_x \qquad (5-24)$$

令 $\tau = RC$，对式（5-24）进行拉氏变换，可得其传递函数为

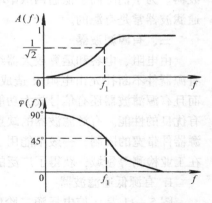

图 5-10　一阶 RC 高通滤波器
的幅频、相频特性

$$H(s) = \frac{\tau s}{\tau s + 1} \qquad (5-25)$$

特性：

1）当 $f \gg \dfrac{1}{2\pi RC}$ 时，$A(f) = 1$。此时 RC 高通滤波器可视为不失真传输系统。

2）截止频率为

$$f_1 = \frac{1}{2\pi RC} \qquad (5-26)$$

3）当 $f \ll \dfrac{1}{2\pi RC}$ 时，RC 高通滤波器的输出与输入的微分成正比，起着微分器的作用。

3. 带通滤波器

带通滤波器可以看成是低通滤波器和高通滤波器串联组成。串联后所得的下截止频率为原高通的截止频率，即

$$f_1 = \frac{1}{2\pi R_1 C_1} \qquad (5-27)$$

相应的上截止频率为原低通的截止频率，即

$$f_2 = \frac{1}{2\pi R_2 C_2} \qquad (5-28)$$

带通滤波器的中心频率 f_0 定义为

$$f_0 = \sqrt{f_1 f_2}$$

分别调节高、低通环节的时间常数就可得到不同上、下截止频率和带宽的带通滤波器。为了消除高、低通两级串联耦合时的相互影响和进行阻抗匹配，实际的带通滤波器常是有源的。

三、有源滤波器

由电阻、电容和运算放大器组成的滤波器称为有源滤波器。有源滤波器利用有源器件不断补充由电阻 R 造成的损耗，提高了电路的 Q 值，改善了选择性，而且有源滤波器还有信号放大功能，输入输出阻抗容易匹配。因此有源滤波器具有优良的性能。有源滤波器的缺点有：由于采用有源器件，功耗较大；由于受有源器件带宽的限制，一般不能用于高频场合。由于有源滤波器优良的性能，因而在工业检测等领域，获得了广泛的应用。

1. 有源低通滤波器

图 5-11 是压控电压源二阶低通滤波器的原理图。图 5-11a 中运算放大器 A 接成电压跟随器形式，因此，在通带内其增益为 1，即 $H_0 = 1$。

二阶低通滤波器的传递函数

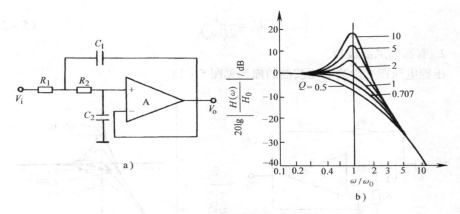

图 5-11　二阶低通滤波器原理图

a) 电路图　b) 幅频特性

$$H(S) = \frac{H_0 \omega_0^2}{S^2 + \dfrac{\omega_0}{Q} S + \omega_0^2} \tag{5-29}$$

其中

$$\omega_0 = \frac{1}{\sqrt{R_1 R_2 C_1 C_2}} \tag{5-30}$$

$$\frac{1}{Q} = \sqrt{\frac{C_2 R_2}{C_1 R_1}} + \sqrt{\frac{C_2 R_1}{C_1 R_2}} \tag{5-31}$$

若取 $R_1 = R_2 = R$，则

$$\omega_0 = \frac{1}{R \sqrt{C_1 C_2}} \tag{5-32}$$

$$\frac{1}{Q} = 2 \sqrt{\frac{C_2}{C_1}} \tag{5-33}$$

式中　ω_0——截止角频率；

　　　Q——等效品质因数。

二阶低通滤波器的性能主要由 Q 和 ω_0 决定。在实用中，一般取 $Q = 1/\sqrt{2} = 0.707$（Q 值过大时滤波器的特性曲线会出现凸峰），所以，Q 值标志着低通滤波器的通带宽度。二阶低通滤波器的幅频特性见图 5-11b。

设计时取 $Q = 1/\sqrt{2}$，再选择适当的电阻值，且使 $R_1 = R_2 = R$，根据所要求的截止角频率 ω_0，便可从式（5-32）和式（5-33）求出 C_1、C_2

$$C_1 = \frac{2Q}{\omega_0 R} \tag{5-34}$$

$$C_2 = \frac{1}{2Q\omega_0 R} \tag{5-35}$$

2. 有源高通滤波器

压控电压源二阶高通滤波器的原理见图 5-12。

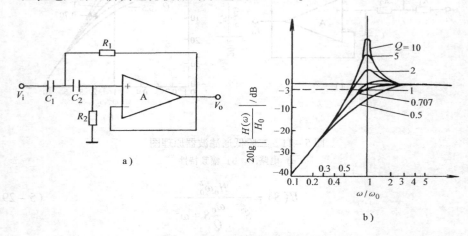

图 5-12　二阶高通滤波器原理

a) 电路图　b) 幅频特性

其传递函数为

$$H(S) = \frac{H_0 S^2}{S^2 + \frac{\omega_0}{Q}S + \omega_0^2} \tag{5-36}$$

式中各符号的意义与式（5-29）相同。ω_0 和 Q 分别由下式给出

$$\omega_0 = \frac{1}{\sqrt{R_1 R_2 C_1 C_2}} \tag{5-37}$$

$$\frac{1}{Q} = \sqrt{\frac{R_1 C_1}{R_2 C_2}} + \sqrt{\frac{R_1 C_2}{R_2 C_1}} \tag{5-38}$$

当 $C_1 = C_2 = C$ 时

$$\omega_0 = \frac{1}{C\sqrt{R_1 R_2}} \tag{5-39}$$

$$\frac{1}{Q} = 2\sqrt{\frac{R_1}{R_2}} \tag{5-40}$$

二阶高通滤波器的性能同样主要由 Q 和 ω_0 决定。设计时取 $Q = 1/\sqrt{2}$，选择适当的电容值，且使 $C_1 = C_2 = C$，再根据所要求的截止角频率 ω_0，便可从式（5-39）和式（5-40）求出 R_1 和 R_2 的值，即

$$R_1 = \frac{1}{2Q\omega_0 C} \tag{5-41}$$

$$R_2 = \frac{2Q}{\omega_0 C} \tag{5-42}$$

如果计算出的 R_1 和 R_2 的值太大（或太小），说明 C 值选得偏小（或偏大），应当重新选 C 值，再计算 R_1 和 R_2。

3. 有源带通滤波器

可以认为带通滤波器是由高通和低通滤波器串联而成，两者覆盖的通带就提供了一个带通响应。带通滤波器的原理可参考有关资料。

第四节 调制与解调

工业生产过程中的一些被测量，经传感器转换后，其输出常常是缓变的电信号，这些信号特别是小信号在进行放大时，往往由于直流放大器的零点漂移和温度漂移而造成测量误差。因此经常采用调制技术把信号调制，使用交流放大器放大后，再采用解调技术把信号还原。另外，在进行工程遥测和有线或无线通信、光通信时，也往往利用调制与解调技术来实现信号的发送和接收。

调制就是使一个信号的某些参数在另一信号的控制下发生变化的过程。前一信号称为载波，一般是较高频率的交变信号，后一信号（控制信号）称为调制信号，调制后输出的是已调制波。从已调制波中恢复出调制信号的过程称为解调。

根据载波受调制的参数不同，使载波的幅值、频率或相位随调制信号而变化的过程分别称为调幅（AM）、调频（FM）和调相（PM），如图 5-13。

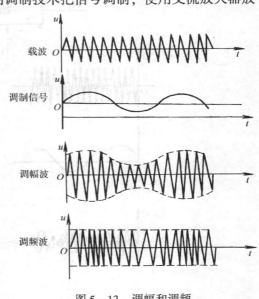

图 5-13 调幅和调频

由于调幅、调频使用较多，本节主要讨论调幅、调频及解调。

一、调幅及其解调

1. 调幅原理

调幅是将一个高频简谐信号（载波）与测试信号（调制信号）相乘，使高频信号的幅值随测试信号的变化而变化。现以频率为 f_0 的余弦信号作为载波进行讨论。由傅里叶变换的卷积特性可知，在时域中两个信号相乘，则对应在频域中这两个信号进行卷积，即

$$x(t)y(t) \Leftrightarrow X(f) * Y(f)$$

余弦函数的频域图形是一对脉冲谱线，即

$$\cos 2\pi f_0 t \Leftrightarrow \frac{1}{2}\delta(f-f_0) + \frac{1}{2}\delta(f+f_0)$$

一个函数与单位脉冲函数卷积的结果，就是将该函数图形由坐标原点平移至该脉冲函数的坐标处。若以高频余弦信号做载波，把信号 $x(t)$ 和载波信号相乘，其结果就相当于把原信号的频谱图形由原点平移至载波频率 f_0 处，而其幅值将减少一半，如图 5 – 14 所示，即

$$x(t)\cos 2\pi f_0 t \Leftrightarrow \frac{1}{2}X(f) * \delta(f-f_0) + \frac{1}{2}X(f) * \delta(f+f_0) \qquad (5-43)$$

可见调幅过程就相当于频谱平移过程。

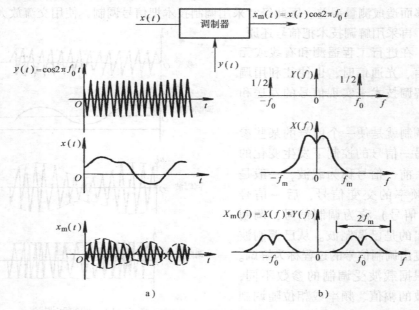

图 5 – 14　调幅过程

a) 时域描述　b) 频域描述

如果把调幅波再次与原载波信号相乘，则频域图形将再一次平移，如图 5 – 15 所示。如果用低通滤波器滤去中心频率为 $2f_0$ 的高频成分，那么将可以复现原信号的频谱图形（其幅值减少一半，这可用放大来补偿），由于再次相乘的信号与调制时的载波信号具有相同的频率和相位，因此这一过程称为同步解调。

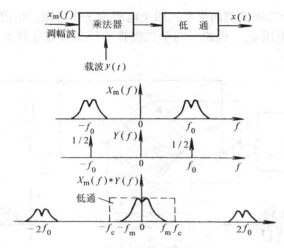

图 5 – 15　解调过程

在时域，从信号的相乘运算中可以看到

$$x(t)\cos2\pi f_0 t\cos2\pi f_0 t = \frac{x(t)}{2} + \frac{1}{2}x(t)\cos4\pi f_0 t \qquad (5-44)$$

用低通滤波器将频率为 $2f_0$ 的高频信号滤去，则得到 $\frac{1}{2}x$（t）。

调幅的目的是将缓变信号变为高频信号，便于放大和传输。解调的目的则是为了恢复原信号。从调幅原理图可以看出，载波频率 f_0 必须高于原信号中的最高频率 f_m，才能使已调制波仍保持原信号的频谱图形，不致重叠。实际载波频率至少是调制信号频率的数倍甚至是数十倍。

2. 调幅波的解调

在实际调幅信号的解调中一般不用乘法器而采用二极管整流检波器和相敏检波器。

若把调制信号叠加一个直流分量，将调制信号进行偏置，使偏置后的信号都具有正电压，那么把该信号进行简单的二极管整流、低通滤波、再减去所加偏置电压就可以恢复原信号。

若所加的偏置电压未能使信号电压都在零线一侧，则只是对调幅波进行简单整流就不能恢复原信号，这时可利用相敏检波。相敏检波的另一个作用是可以判别信号的极性。

相敏检波的原理是：交变信号在其过零线时符号（+、–）发生突变，调幅波的相位与载波比较也相应地发生 180° 的跳变。利用载波信号与之比相，便即能反映出原信号的幅值又能反映其极性。图 5 – 16 是一种二极管环行相敏检波器电路。图中的变压器 A 和 B 为对称变压器，其原绕组分别接调幅波 x_m（t）和

载波 y（t）。四个二极管顺向串联，四个电阻为平衡电阻。电路设计使变压器副绕组电压 u 大于电压 u_m。因此，四个二极管的导通和截止状态完全由电压 u 的极性决定。

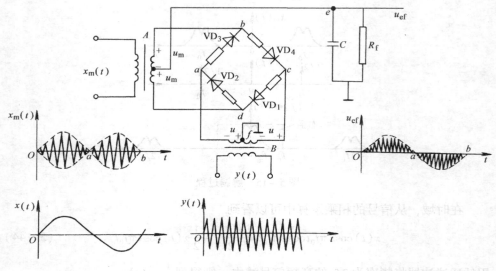

图 5-16 相敏检波器原理

电路的工作原理如下：

（1）当原信号 x（t）>0，则电压 u_m 极性与电压 u 极性相同。

1）当 u 为正半周时，VD_1 和 VD_2 导通，VD_3 和 VD_4 截止，由于电路完全对称，所以 d 点电位与中心抽头 f 点的电位相等。检波器输出为变压器 A 和 B 中心抽头 e 和 f 点的电位差，则输出 $u_{ef} = u_{ed}$，因这时 u_m 也为正半周，所以输出为正极性。

2）当 u 为负半周时，VD_3 和 VD_4 导通，VD_1 和 VD_2 截止，b 点与 f 点的电位相等。则输出 $u_{ef} = u_{eb}$，因这时 u_m 也为负半周，所以输出仍为正极性。

（2）当原信号 x（t）<0，则 u_m 极性与 u 极性相反。

1）当 u 为正半周时，输出为负极性。

2）当 u 为负半周时，输出仍为负极性。

这样，通过相敏检波器电路，能检出输入原信号的幅值大小和极性，并通过低通滤波器滤掉高频载波分量。

3. 交流电桥调幅电路

电桥的输出为供桥电源信号与桥臂阻抗相对变化量的乘积，因此交流电桥的本质也是一个乘法器，其输出为调幅波。图 5-17 是动态电阻应变仪的电路原理框图。

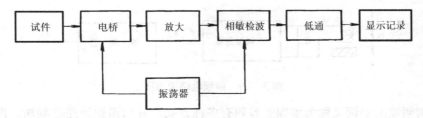

图 5－17　动态电阻应变仪的电路原理框图

4. 分压式调幅电路

图 5－18 是电涡流传感器的分压式调幅电路原理图。传感器线圈与电容构成并联谐振回路，当谐振回路的谐振频率与振荡器的振荡频率相同时，其输出电压 U 最大。测量时，传感器线圈阻抗随 δ 的变化而改变，使谐振回路失谐，输出信号 U 的频率虽然未变，但幅值已相应变化，成为调幅波。将它进行放大、检波和滤波处理后，就可以得到与 δ 变化成一定关系的电压信号。

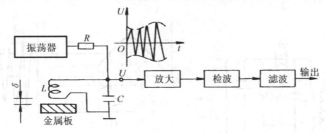

图 5－18　分压式调幅电路原理图

二、调频及其解调

调频是利用信号电压的幅值控制载波的频率，调频波是等幅波，但频率偏移量与信号电压成正比。

调频波的瞬时频率可表示为

$$f = f_0 \pm \Delta f \tag{5－45}$$

式中　f_0——载波频率或称为中心频率；

　　　Δf——频率偏移，与调制信号 $x(t)$ 的幅值成正比。

调频主要有两种方法。一种是电参数的直接调频，见图 5－19。其基本原理是将待测的电容或电感作为自激振荡器谐振回路中的一个调谐参数，则电路的谐振频率为

$$f = \frac{1}{2\pi \sqrt{LC}} \tag{5－46}$$

当被测的电容或电感发生小变化时，谐振频率和调谐参数呈线性关系，自激振荡器的输出即为调频波。另一种方法是利用压控振荡器，将电压信号变为调频信号。压控振荡器的工作原理，可以参阅有关文献。

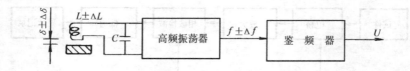

图 5 – 19　调频电路原理图

调频波的解调又称为鉴频。鉴频有多种方式，常用谐振回路鉴频法。图 5 – 20 是一种变压器耦合谐振回路鉴频电路。变压器的初、次级线圈 L_1、L_2 分别与电容 C_1、C_2 组成并联谐振回路。将调频信号 V_i 输入到变压器的初级线圈 L_1，当调频信号的频率等于回路的谐振频率 f_0 时，次级线圈 L_2 中的耦合电流最大，输出电压也最大。当调频信号的频率偏离谐振频率时，输出电压就随之下降。这样，将调频信号的频率变化转换为输出电压的幅值变化，再通过检波、滤波实现解调。在实用上，一般利用谐振曲线上近似直线的一段来进行频率与电压的转换，以减小失真。

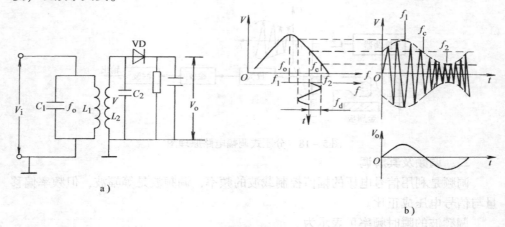

图 5 – 20　用变压器耦合的谐振回路鉴频电路

习题与思考题

5 – 1　在材料为钢的实心圆柱形试件上，沿轴线和圆周方向各贴一片金属电阻应变片 R_1 和 R_2，接入电桥。若应变片的阻值 $R = 120\Omega$，灵敏度 $K = 2$，钢的泊松比 $\mu = 0.285$，桥压 $U_0 = 3V$，当应变片受到的应变为 $1000\mu\varepsilon$ 时，求电桥的输出电压。

5 – 2　什么是滤波器的分辨力？与哪些因素有关？

5 – 3　分别设计一个截止频率为 1kHz 的二阶有源低通滤波器和一个截止频率为 100Hz 的二阶有源高通滤波器。

5 – 4　调幅波是否可以看成是调制信号与载波的叠加？为什么？

5 – 5　说明相敏检波器的作用和基本原理。

第六章 随机信号分析

在工程技术的各个领域中，存在着大量的随机信号。随机信号无法用数学表达式直接描述，也不能准确预测其未来的瞬时值，但是其值的变动服从统计规律，可以用概率论和数理统计的方法来描述。对随机现象按时间历程所作的各次长时间观测记录称为样本函数，记作 $x_i(t)$。样本函数在有限时间区间上的部分称样本记录。随机现象可能产生的全部样本函数的集合（总体）称为随机过程。随机信号可分为平稳的和非平稳的。如果随机信号的特征参数不随时间变化，则称为平稳的，否则为非平稳的。一个平稳随机信号，若一次长时间测量的时间平均值等于它的统计平均值（或称集合平均值），则称这样的随机信号是各态历经的。通常把工程上遇到的随机信号均认为是各态历经的。

通常用统计的方法对随机信号进行以下三个方面的数学描述：

1）幅值域描述　均值、均方值、方差和概率密度函数。

2）时域描述　自相关函数和互相关函数。

3）频域描述　自功率谱密度函数和互功率谱密度函数。

第一节　幅值域分析

一、随机信号的均值 μ_x、均方值 ψ_x^2 和方差 σ_x^2

1. 均值 μ_x

$$\mu_x = \lim_{T \to \infty} \frac{1}{T} \int_0^T x(t)\,\mathrm{d}t \tag{6-1}$$

式中　$x(t)$ ——样本函数；

　　　T ——观测时间。

均值描述信号的常值分量。

实际测试中，所得到的均值是对某个样本函数在足够长时间内的积分平均，称为均值估计，该估计值随所采用的样本记录的不同而有所差异，故它也是一个随机量。计算公式为

$$\hat{\mu}_x = \frac{1}{T} \int_0^T x(t)\,\mathrm{d}t \tag{6-2}$$

2. 均方值 ψ_x^2

$$\psi_x^2 = \lim_{T \to \infty} \frac{1}{T} \int_0^T x^2(t)\,\mathrm{d}t \tag{6-3}$$

ψ_x^2 的估计值表达式为

$$\hat{\psi}_x^2 = \frac{1}{T}\int_0^T x^2(t)\,\mathrm{d}t \tag{6-4}$$

信号的均方值反映了信号的强度，即平均功率。

3. 信号的方差 σ_x^2

方差是随机信号 $x(t)$ 偏离均值 μ_x 的均方值，其计算值、估计值分别为

$$\sigma_x^2 = \lim_{T\to\infty}\frac{1}{T}\int_0^T [x(t)-\mu_x]^2\,\mathrm{d}t \tag{6-5}$$

$$\hat{\sigma}_x^2 = \frac{1}{T}\int_0^T [x(t)-\mu_x]^2\,\mathrm{d}t \tag{6-6}$$

方差反映了随机信号的波动程度。方差的正平方根称标准偏差 σ_x，是随机数据分析的重要参数。

均值，均方值和方差的相互关系是

$$\sigma_x^2 = \psi_x^2 - \mu_x^2 \tag{6-7}$$

二、概率密度函数 $P(x)$

随机信号沿幅值域分布的统计规律可用概率密度函数 $P(x)$ 来描述。图 6-1所示的信号 $x(t)$ 落在某指定区间 $(x, x+\Delta x)$ 内的时间为 T_x，即

$$T_x = \Delta t_1 + \Delta t_2 + \cdots + \Delta t_n$$

当样本函数的记录时间 $T\to\infty$ 时，其幅值落在 $(x, x+\Delta x)$ 区间内的概率为

$$p[x < x(t) \leqslant x+\Delta x] = \lim_{T\to\infty}\frac{T_x}{T} \tag{6-8}$$

令幅值区间间隔 $\Delta x \to 0$，定义概率密度函数 $P(x)$ 为

$$P(x) = \lim_{\Delta x\to 0}\frac{p[x < x(t) \leqslant x+\Delta x]}{\Delta x} \tag{6-9}$$

概率密度函数表示随机信号的幅值落在指定区间内的概率，不同的随机信号的概率密度函数图形不同，可借此来辨别信号的性质。常见典型信号的概率密度函数曲线如图 6-2 所示。

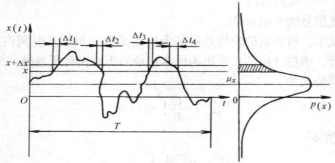

图 6-1　信号的概率密度函数

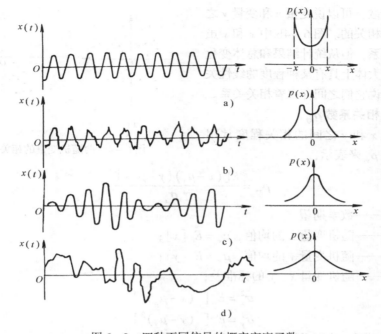

图 6-2　四种不同信号的概率密度函数

a) 正弦信号（初始相角为随机量）　b) 正弦信号加随机噪声

c) 窄带随机信号　d) 宽带随机信号

以上四种对随机信号幅值的统计描述，显示了信号本身的一些特征，但作为对信号的一种整体描述是不充分和不精细的。例如，图 6-3 中的两个信号，其波形和周期都大不相同，但它们的描述参数 μ_x、ψ_x^2、σ_x^2 和 $P(x)$ 都相等。为此，还需要对信号作进一步分析，如相关分析。

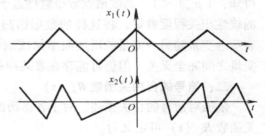

图 6-3　两种不同信号的特性比较

第二节　相 关 分 析

在信号分析中，有时需要对两个信号的相互关系进行研究。通常，两个变量之间若存在着一一对应的确定关系，则称两者之间存在着函数关系。当两个随机变量之间具有某种关系时，随着某一个变量数值的确定，另一变量却可能取许多不同值，但取值有一定的概率统计规律，这时称两个随机变量存在着相关关系。

图 6-4 表示由两个随机变量 x 和 y 组成的数据点的分布情况。图 6-4a 中各点

分布很分散，可以说变量 x 和变量 y 之间是毫不相关的。图 6-4b 中 x 和 y 虽无确定关系，但从统计结果和总体变化趋势看，大体上具有某种程度的线性关系，因此说它们之间存在着相关关系。

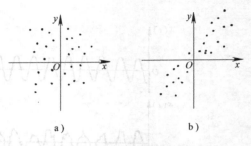

图 6-4　两随机变量的相关性

一、相关系数 ρ_{xy}

变量 x 和 y 之间的相关程度常用相关系数 ρ_{xy} 来表示，

$$\rho_{xy} = \frac{E\left[\,(x-\mu_x)(y-\mu_y)\,\right]}{\sigma_x \sigma_y} \qquad (6-10)$$

式中　E ——数学期望

　　μ_x ——随机变量 x 的均值，$\mu_x = E\,[\,x\,]$；

　　μ_y ——随机变量 y 的均值，$\mu_y = E\,[\,y\,]$；

　σ_x、σ_y ——随机变量 x、y 的标准差；

$$\sigma_x^2 = E\,[\,(x-\mu_x)^2\,]$$

$$\sigma_y^2 = E\,[\,(y-\mu_y)^2\,]$$

利用柯西—许瓦兹不等式

$$E\,[\,(x-\mu_x)(y-\mu_y)\,]^2 \leqslant E\,[\,(x-\mu_x)^2\,]\,E\,[\,(y-\mu_y)^2\,]$$

可知，$|\rho_{xy}| \leqslant 1$。当数据点分布愈接近于一条直线时，$|\rho_{xy}|$ 愈接近 1，x 和 y 的线性相关程度愈好，将这样的数据回归成直线才愈有意义。ρ_{xy} 的正负号则是表示一变量随另一变量的增加而增加或减小。当 ρ_{xy} 接近于零，则认为 x 和 y 两变量之间完全无关，但仍可能存在着某种非线性的相关关系，甚至函数关系。

二、信号的自相关函数 $R_x(\tau)$

依据对信号的相关描述，对于各态历经随机信号及功率信号 $x(t)$，其自相关函数 $R_x(\tau)$ 可定义为

$$R_x(\tau) = \lim_{T \to \infty} \frac{1}{T} \int_0^T x(t)x(t+\tau)\,\mathrm{d}t \qquad (6-11)$$

式中　τ ——时差（时延），单位是 s，$-\infty < \tau < \infty$。

$R_x(\tau)$ 的估计值表达式为

$$\hat{R}_x(\tau) = \frac{1}{T} \int_0^T x(t)x(t+\tau)\,\mathrm{d}t \qquad (6-12)$$

其测试过程如图 6-5 所示。

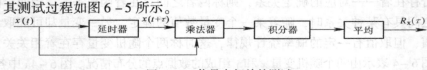

图 6-5　信号自相关的测试

信号的自相关函数描述了信号 $x(t)$ 本身在一个时刻 t 与另一个时刻 $t+\tau$ 取值之间的相似关系。由于 $x(t)$ 和 $x(t+\tau)$ 具有相同的均值和标准差，因此其自相关系数为

$$\rho_x(\tau) = \frac{R_x(\tau) - \mu_x^2}{\sigma_x^2} \qquad (6-13)$$

显然，两者之间成线性关系。若该过程的均值 $\mu_x = 0$，则 $\rho_x(\tau) = R_x(\tau)/\sigma_x^2$。

自相关函数有下列性质

1）当 $\tau = 0$ 时，$R_x(\tau)$ 就是信号的均方值 Ψ_x^2

$$R_x(0) = \lim_{\tau \to \infty} \frac{1}{T} \int_0^T x(t)x(t+0)\,dt = \Psi_x^2$$

且为 $R_x(\tau)$ 的最大值。

若 $x(t)$ 为随机信号，当 $\tau \to \infty$ 时，$x(t)$ 和 $x(t+\tau)$ 之间不存在相似性，这时 $\rho_x \to 0$，$R_x(\tau) \to \mu_x^2$。

2）$R_x(\tau)$ 为偶函数，即 $R_x(\tau) = R_x(-\tau)$

3）由式（6-13）和 $|\rho_{xy}(\tau)| \leqslant 1$ 得

$$\mu_x^2 - \sigma_x^2 \leqslant R_x(\tau) \leqslant \mu_x^2 + \sigma_x^2$$

4）周期信号的自相关函数必呈同周期性，且保留了原周期信号的幅值信息，丢失了相位信息。

例 6-1 求正弦信号 $x(t) = x_0 \sin(\omega t + \psi)$ 的自相关函数，其中初始相角 ψ 为一随机变量。

解： 该函数是一个均值为零的各态历经随机信号，其各参数的平均值均可用一个周期内的平均值表示。其自相关函数为

$$R_x(\tau) = \lim_{T \to \infty} \frac{1}{T} \int_0^T x(t)x(t+\tau)\,dt$$

$$= \frac{1}{T_0} \int_0^{T_0} x_0^2 \sin(\omega t + \psi)\sin[\omega(t+\tau) + \psi]\,dt$$

式中 T_0——正弦函数的周期，$T_0 = \dfrac{2\pi}{\omega}$。

令 $\omega t + \psi = \theta$，则 $dt = \dfrac{d\theta}{\omega}$。于是得到

$$R_x(\tau) = \frac{x_0^2}{2\pi} \int_0^{2\pi} \sin\theta \sin(\theta + \omega\tau)\,d\theta = \frac{x_0^2}{2}\cos\omega\tau$$

可见，正弦信号的自相关函数是一个同频的余弦信号，其幅值与原信号幅值有关，而丢失了原信号的相位信息。

综上所述，自相关函数 $R_x(\tau)$ 性质的图形如图 6-6 所示。

显然，自相关函数描述了信号的现在值与未来值之间的依赖关系，能反映信

号变化的剧烈程度，也是信号的基本统计特征之一。如果信号的随机性越大，x(t) 和 x(t+τ) 两者相关性就越小，则 τ 离开零点时，$R_x(\tau)$ 的衰减也越快，如图 6-7 所示。所以由信号的自相关函数，可判断信号的随机程度。

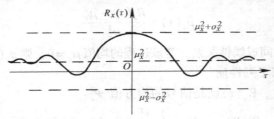

图 6-6 自相关函数的性质

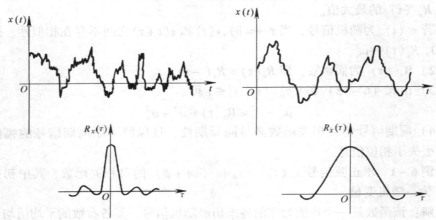

图 6-7 变化迅速信号和变化缓慢信号的自相关函数

自相关函数是区别信号类型的一个非常有效的手段。例如，如果信号的自相关函数中有不衰减成分，具有周期性，根据性质 4，该信号中必含有该周期成分。再如，对随机噪声来说，根据 τ 增大时，自相关函数衰减至零的快慢，就可判断噪声是宽带还是窄带。图 6-8 是四种典型信号的自相关函数。

三、信号的互相关函数 $R_{xy}(\tau)$

对各态历经随机过程，两个信号 x(t) 和 y(t) 的互相关函数的定义式为

$$R_{xy}(\tau) = \lim_{T \to \infty} \frac{1}{T} \int_0^T x(t) y(t+\tau) \, dt \qquad (6-14)$$

其估值式为

$$\hat{R}_{xy}(\tau) = \frac{1}{T} \int_0^T x(t) y(t+\tau) \, dt \qquad (6-15)$$

它表征了一个信号 y(t) 的取值对另一个信号 x(t) 取值的依赖程度（相关性）。显然 $R_x(\tau)$ 是 $R_{xy}(\tau)$ 的一个特殊情况。

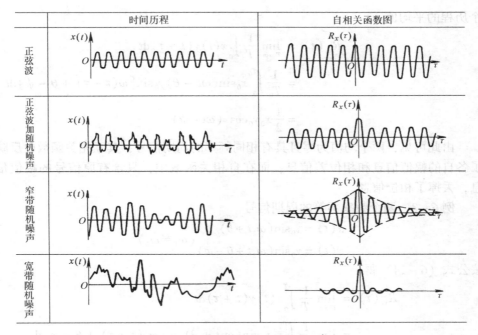

	时间历程	自相关函数图
正弦波		
正弦波加随机噪声		
窄带随机噪声		
宽带随机噪声		

图 6 - 8　四种典型信号的自相关函数

根据相关系数和互相关函数的定义式可得到两者之间的关系为

$$\rho_{xy}(\tau) = \frac{R_{xy}(\tau) - \mu_x\mu_y}{\sigma_x\sigma_y} \tag{6-16}$$

显然，两者之间成线性关系。当时移 τ 足够大时，信号 $x(t)$ 和 $y(t)$ 互不相关，$\rho_{xy} \to 0$，而 $R_{xy}(\tau) \to \mu_x\mu_y$。

互相关函数的性质如下：

1）两信号是同频率的周期信号或包含有同频率的周期成分，才有互相关函数，即同频相关，不同频不相关。

2）两个相同周期的信号的互相关函数仍是周期函数，其周期与原信号的周期相同，并保留了原来两个信号的幅值和相位差信息。

3）两信号在相隔一个时间间隔 $t = \tau_0$ 处，$R_{xy}(\tau)$ 可能有最大值，它反映了 $x(t)$ 和 $y(t)$ 之间主传输通道的滞后时间。

4）$R_{xy}(\tau)$ 不是偶函数，即 $R_{xy}(\tau) \neq R_{xy}(-\tau)$

5）$R_{xy}(\tau) \neq R_{yx}(\tau)$，因此在书写时要注意下标符号的顺序。

例 6 - 2　两个周期信号 $x(t) = x_0\sin(\omega t + \theta)$，$y(t) = y_0\sin(\omega t + \theta - \psi)$，试求其互相关函数。

解：因为两信号为周期信号，所以可以用一个共同周期内的平均值代替其整个历程的平均值。

$$R_{xy}(\tau) = \lim_{T\to\infty} \frac{1}{T}\int_0^T x(t)y(t+\tau)\,\mathrm{d}t$$

$$= \frac{1}{T_0}\int_0^{T_0} x_0\sin(\omega t+\theta)y_0\sin[\omega(t+\tau)+\theta-\psi]\,\mathrm{d}t$$

$$= \frac{1}{2}x_0 y_0\cos\ (\omega t-\psi)$$

由此可见，两个均值为零且具有相同频率的周期信号，其互相关函数中反映了各自的幅值信息和相位差信息；而在自相关函数中，只含有原信号的幅值信息，丢掉了相位信息。

例 6-3 两个频率不等的周期信号

$$x(t) = x_0\sin(\omega_1 t+\theta)$$
$$y(t) = y_0\sin(\omega_2 t+\theta-\varphi)\quad(\omega_1\neq\omega_2)$$

按公式（6-14）得

$$R_{xy}(\tau) = \lim_{T\to\infty}\frac{1}{T}\int_0^T x(t)y(t+\tau)\,\mathrm{d}t$$

$$= \lim_{T\to\infty}\frac{1}{T}\int_0^T x_0 y_0\sin(\omega_1 t+\theta)\sin[\omega_2(t+\tau)+\theta-\varphi]\,\mathrm{d}t$$

根据正（余）弦函数的正交性，可知

$$R_{xy}\ (\tau)\ =0$$

值得注意的是，对两个周期不等的周期信号，其互相分析关函数的求取至少需要相当于这两个周期的最小公倍数那样的"时长"才足以反映 $R_{xy}\ (\tau)$ 的全部特点。

四、相关函数的应用

在实际应用中，可以利用相关函数的性质，用相关的方法来区分和处理不同结构（即具有不同的复杂分量）的各类信号或测量系统的延时等。例如，确定信号通过一给定系统所需的时间（输出滞后输入的时间）。若系统是线性的，则滞后时间可直接用输入、输出互相关图上峰值的位置来确定。利用互相关函数可识别、提取含有噪声成分的信号。例如，对一线性系统进行激振，测得的振动信号中含有大量的噪声干扰。根据线性系统的频率保持特性，只有与激振频率相同的成分才可能是由激振而引起的响应，因干扰信号与激振信号不同频（即不相关），所以，只要将激振信号和测得信号进行互相关处理，这样可得到由激振引起的响应，消除了噪声干扰的影响。

在测试技术中，互相关技术得到了广泛的应用。下面是应用互相关技术进行测试的几个例子。

1. 测量运动物体的速度

图 6-9a 为测量高速飞行物运动的示意图。其测试系统由性能相同的两光

源、光电元件、可调延时器件及相关分析仪组成。当飞行物分别通过两光电元件时，光源被挡，光电元件产生电信号，经可调延时器件，进行互相关处理。当可调延时 τ 等于弹丸在两个测点之间经过所需的时间 τ_d 时，互相关函数为最大值，如图 6-9b 所示。飞行物速度为

$$v = \mathrm{d}/\tau_d$$

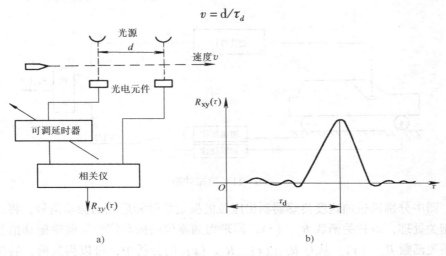

a)   b)

图 6-9 高速飞行物速度的测量

2. 测定深埋地下的输液管道裂损位置

示意图如图 6-10 所示。

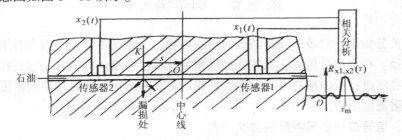

图 6-10 确定输液管道裂损位置

图中，漏损处 K 视为向两侧传播声响的声源。在管道两侧分别放置传感器 1 和传感器 2。由于两传感器距漏损处不等距，所以两者接收到从漏损处传来的声响时间就不相同，时差为 τ，将两传感器转换的信号进行互相关处理，得出时差 $\tau = \tau_m$，由下式可确定漏损处的位置

$$s = \frac{1}{2} v \tau_m$$

式中　s ——两传感器的中点至漏损处的距离；

　　　v ——声响通过管道的传播速度。

3. 查找振动源

车辆行驶在路面上，前、后轮的振动都可能导致驾驶室的振动。如能测出驾驶室振动哪些成分是由前轮引起的，哪些成分是由后轮引起的，哪些是由前后轮共同引起的，对于汽车消振设计十分有用。测试的基本原理框图如图 6-11 所示。

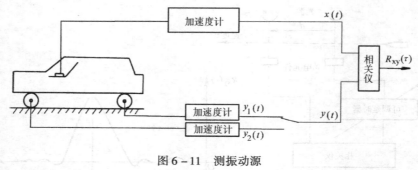

图 6-11 测振动源

图中分别通过加速度传感器测出座位的振动信号和后轮的振动信号，将二者作相关处理，得相关函数 R_{xy1}（τ）。同理得到座位的振动信号与前轮振动信号的互相关函数 R_{xy2}（τ）。从对 R_{xy1}（τ）、R_{xy2}（τ）的分析中，可以得到前、后轮振动对座位的影响，并进而分析研究改进措施。

第三节　功率谱分析

相关分析是在时域中分析随机信号的方法，为在噪声背景下提取有用信息提供了途径。功率谱分析则是从频域提供相关技术所能提供的信息，它是在频域内研究平稳随机过程的重要方法。在这里我们主要介绍信号的自功率谱密度函数和互功率谱密度函数。

一、信号自功率谱密度函数 S_x（f）

前面已经讲述了确定性信号的时域和频域描述方法，它们都有确定的时域波形和频谱。信号在时域上的变化，必然引起频谱的相应变化。因为随机信号在时域上的波形是不确定的，因而也无法直接描述其确切的频谱。也就是说，它的频谱也具有某种程度上的不确定性。但在工程测试中常常需要了解如随机噪声、随机振动大致确定的频谱描述。

随机信号是不可积的，即能量是无限的，但它的功率却是有限的，换句话说，它在不同时刻的取值虽不能确定，但在单位时间内所提供的能量（功率）却基本确定。由此引出功率谱这一概念。

作为功率信号的随机信号不满足傅里叶变换所需要的前提——绝对可积充要

条件，也就无法用傅里叶变换求其频谱。但随机信号 $x(t)$ 的自相关函数是随时差 τ 的增加而衰减的。即 $R_x(\tau)$ 是收敛的，满足可积条件。为此，取随机信号自相关函数的傅里叶变换，并记作

$$S_x(f) = \int_{-\infty}^{\infty} R_x(\tau) e^{-j2\pi f\tau} d\tau \qquad (6-17)$$

逆变换

$$R_x(\tau) = \int_{-\infty}^{\infty} S_x(f) e^{j2\pi f\tau} df \qquad (6-18)$$

显然，$S_x(f)$ 表征了随机信号的频域特征。

由式（6-18），取 $\tau=0$，得

$$R_x(0) = \int_{-\infty}^{\infty} S_x(f) e^0 df = \int_{-\infty}^{\infty} S_x(f) df$$

又根据自相关函数的性质1）

$$R_x(0) = \psi_x^2$$

比较上述两表达式得

$$\int_{-\infty}^{\infty} S_x(f) df = \psi_x^2 \qquad (6-19)$$

上式说明 $S_x(f)$ 曲线下的积分（面积）与表征信号 $x(t)$ 平均功率的均方值 ψ_x^2 相当。因此，称 $S_x(f)$ 为自功率谱密度函数，简称自功率谱。它与自相关函数是傅里叶变换对，两者是唯一对应的，$S_x(f)$ 包含着 $R_x(\tau)$ 的全部信息。

因为 $R_x(\tau)$ 是实偶函数，所以 $S_x(f)$ 也为实偶函数，从而有

$$S_x(f) = \int_{-\infty}^{\infty} R_x(\tau) e^{-j2\pi f\tau} d\tau = 2\int_0^{\infty} R_x(\tau) e^{-j2\pi f\tau} d\tau$$

$$= 2\int_0^{\infty} R_x(\tau) \cos 2\pi f\tau d\tau \qquad (6-20)$$

记

$$G_x(f) = \begin{cases} 2S_x(f) & 0 \leqslant f < \infty \\ 0 & f < 0 \end{cases} \qquad (6-21)$$

称 $S_x(f)$ 为双边谱，且 $-\infty < f < +\infty$，$G_x(f)$ 为单边谱，且 $0 \leqslant f < +\infty$，两者关系如图6-12所示。

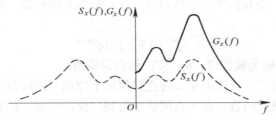

图6-12 双边和单边功率谱的关系

自功率谱密度函数 $S_x(f)$ 或 $G_x(f)$，除了用于描述随机信号的频谱结构，同

样可用来描述确定性信号的总功率按频率分布的规律，即频率结构。函数 S_x (f) 与 X (f) 的关系如下：

$$S_x(f) = \lim_{T \to \infty} \frac{1}{T} |X(f)|^2 \tag{6-22}$$

X (f) 是时域信号 x (t) 的傅里叶变换，所对应的是 x (t) 的量纲，而 S_x (f) 或 G_x (f) 对应的却是 x^2 (t) 的量纲。S_x (f) 和 G_x (f) 反映的是信号幅值的平方，所显示的主要频率成分更为明显，如图 6-13 所示，具有突出主要成分的优点。自功率谱和自相关函数一样，都失去了原信号的相位信息。

对于在第三章中讲到的线性系统来说，若其输入为 x (t)，输出为 y (t)，其傅里叶变换分别为 X (f) 和 Y (f)，系统的频率响应函数为 H (f)，三者满足关系

$$Y (f) = H (f) X (f)$$

可以证明，输入输出的自功率谱密度函数与系统的频率响应函数三者之间满足

$$S_y(f) = | H (f) |^2 S_x (f) \tag{6-23}$$

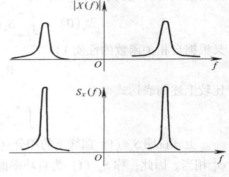

图 6-13　幅值谱与自功率谱

工程上还常采用 $\sqrt{G_x (f)} - f$ 频谱图，称为有效值谱。显然，$\sqrt{G_x (f)}$ 与一般频谱 X (f) 是等量纲的。

二、信号的互谱密度函数 S_{xy} (f)

互相关函数的傅里叶变换称为互谱密度函数，简称互谱，记作

$$S_{xy}(f) = \int_{-\infty}^{\infty} R_{xy}(\tau) e^{-j2\pi f \tau} d\tau \tag{6-24}$$

其逆变换

$$R_{xy}(\tau) = \int_{-\infty}^{\infty} S_{xy}(f) e^{j2\pi f \tau} df \tag{6-25}$$

S_{xy} (f) 与 R_{xy} (τ) 一样，反映了 x (t)、y (t) 两信号的同频分量。

因为 R_{xy} (τ) 不是偶函数，所以 S_{xy} (f) 也不是偶函数，它一般是复数，可写成

$$S_{xy}(f) = |S_{xy}(f)| e^{j\theta_{xy}(f)} \tag{6-26}$$

其中 $| S_{xy}$ (f) $|$ 称为幅值谱，θ_{xy} (f) 称为相位谱。

与自功率谱相比，互谱的最大特点是保留了原信号的幅值、频率和相位三个基本信息。互谱密度函数，在工程测试中得到广泛的应用。例如，对线性系统可以证明

$$S_{xy}(f) = H(f) S_x(f) \tag{6-27}$$

所以，从系统输入的自谱和输出、输入信号的互谱就可以直接得到系统的频

率响应函数 $H(f)$。应用互谱分析的测量结果可以排除噪声的影响，它是在频域内消除噪声影响的重要方法。

三、相干函数

相干函数又称为凝聚函数，其定义为

$$\gamma_{xy}^2(f) = \frac{|S_{xy}(f)|^2}{S_x(f)S_y(f)}, \qquad 0 \le \gamma_{xy}^2(f) \le 1 \qquad (6-28)$$

相干函数常用来评价系统的输入信号和输出信号之间的因果性，也就是在输出信号的功率谱中有多少是输入量所引起的响应，在信号分析中经常是工程人员所关心的。相干函数 $\gamma_{xy}^2(f)$ 反映了输出信号 $y(t)$ 在多大程度上来源于输入信号 $x(t)$，它有如下三种情况

1）当 $\gamma_{xy}^2(f) = 1$ 时，表示信号 $y(t)$ 完全源于 $x(t)$，系统作不失真测试；

2）当 $\gamma_{xy}^2(f) = 0$ 时，表示信号 $y(t)$ 和 $x(t)$ 是统计独立的，即不相干；

3）当 $0 < \gamma_{xy}^2(f) < 1$ 时，表示各频率范围内，信号 $y(t)$ 只有一部分来源于信号 $x(t)$，其余部分是来源于其他振源或外界噪声或者测试系统是非线性的。

习题与思考题

6-1 概率密度函数的物理意义是什么？它和均值、均方值有何联系？

6-2 自相关函数和互相关函数在工程上有何应用？举例说明。

6-3 已知一个随机信号 $x(t)$ 的自功率谱密度函数为 $S_x(f)$，将其输入到频率响应函数为 $H(f) = \dfrac{1}{1 + \mathrm{j}2\pi f\tau}$ 的系统中，试求该系统的输出信号 $y(t)$ 的自功率谱密度函数 $S_y(f)$，以及输入、输出函数的互功率谱密度函数 $S_{xy}(f)$。

第七章 机械位移测量

在工程技术领域里经常需要对机械位移进行测量。机械位移包括线位移和角位移。位移是向量，表示物体上某一点在一定方向上的位置变动。表 7 – 1 列出了机械位移测量常用的传感器及其主要性能。电容式位移传感器、差动电感式位移传感器和电阻应变式位移传感器一般用于小位移的测量（几微米～几毫米）。差动变压器式传感器用于中等位移的测量（几毫米～100mm 左右），这种传感器在工业测量中应用得最多。电位器式传感器适用于较大范围位移的测量，但精度不高。光栅、磁栅、感应同步器和激光位移传感器用于位移的精密测量，测量精度高（可达 ±1μm），量程也可大到几米。

表 7 – 1 机械位移测量常用方式

类　　型		测量范围	精确度	线性度	特　　点
电阻式					
滑线式	线位移	$1 \sim 300mm$	0.1%	±0.1%	分辨率较高，可用于静、动
	角位移	$0° \sim 360°$	0.1%	±0.1%	态测量，机械结构不牢
变阻器	线位移	$1 \sim 1000mm$	0.5%	±0.5%	分辨率低、电噪声大，机械
	角位移	0～60 周	0.5%	±0.5%	结构牢固
应变片式					
非粘贴式		±0.15% 应变	0.1%	±0.1%	不牢固
粘贴式		±0.3% 应变	2% ～3%		牢固、需要温度补偿和高绝缘电阻
半导体式		±0.25% 应变	2% ～3%	满刻度 ±20%	输出大、对温度敏感
电容式					
变面积		$10^{-3} \sim 100mm$	0.005%	±1%	易受温度、湿度变化的影响，
变极距		$10^{-3} \sim 10mm$	0.1%		测量范围小，线性范围也小分辨率很高
电感式					
自感变间隙式		±0.2mm	1%	±3%	限于微小位移测量
螺管式		1.5～2mm			方便可靠、动态特性差
特大型		200～300mm		0.15% ～1%	
差动变压器		±0.08～75mm	±0.5%	±0.5%	分辨率很高，有干扰磁场时需屏蔽
电涡流式		0～100mm	±1～3%	<3%	分辨率很高，受被测物体材质、形状、加工质量影响
同步机		360°	± 0.1° ～ 0.7°	±0.05	对温度、湿度不敏感，可在 120r/min 转速下工作
微动同步器		±10°		±0.05%	
旋转变压器		±60°		±0.1%	非线性误差与电压比及测量范围有关

（续）

类　型	测量范围	精确度	线性度	特　　点
感应同步器				模拟和数字混合测量系统
直线式	$10^{-3} \sim 10^{4}$ mm	2.5μm/250mm		数显，直线式分辨率可达
		0.5″		1μm
旋转式	$0 \sim 360°$			
光栅				工作方式与感应同步器相同，
长光栅	$10^{-3} \sim 10^{4}$ mm	3μm/m		直线式分辨率可达0.1～1μm
圆光栅	$0 \sim 360°$	0.5″		
磁栅				
长磁栅	$10^{-3} \sim 1000$ mm	5μm/m		测量工作速度可达12m/min
圆磁栅	$0 \sim 360°$	1″		
轴角编码器				
绝对式	$0 \sim 360°$	10^{-6}/r		分辨率高，可靠性好
增量式	$0 \sim 360°$	10^{-3}/r		
霍尔元件				结构简单、动态特性好，分
线性型	±5mm	0.5%	1%	辨率可达1μm，对温度敏感、
开关型	>2m		1%	量程大
激光	2m			分辨率0.2μm
光纤	0.5～5mm	1%～3%	0.5%～1%	体积小、灵敏度高、抗干扰；量程有限，制造工艺要求高
光电	±1mm			高精度、高可靠、非接触测量，分辨率可达1μm；缺点是安装不便

第一节　电位器式位移测量传感器

电位器是一种常用的电子器件，作为位移传感器可以将机械位移转换为相应的电阻值或输出电压的变化。

一、典型的电位器式位移传感器

1. 线绕电位器式位移传感器

线绕电位器的电阻体由电阻丝缠绕在绝缘物上构成。电阻丝的种类很多，电阻丝的材料是根据电位器的结构、容纳电阻丝的空间、电阻值和温度系数来选择的。电阻丝越细，在给定空间内越能获得较大的电阻值和分辨率。但电阻丝太细，使用中易断，影响传感器的寿命。表7-2给出了一些常用电阻丝材料的特性，以便根据工作条件在选择线绕电位器式传感器的具体型式时有所参考。

线绕电位器一般由电阻丝绕制在绝缘骨架上，由电刷引出与滑动点电阻对应的输入变化。电阻丝是线径非常小、电阻系数非常大的绝缘导线，将其整齐地缠绕在绝缘骨架上，把与电刷接触部分的半个表面的绝缘皮去掉，构成电刷与电阻丝的接触导电通道。电刷由待测量机械位移部分拖动，输出与位移成正比的电阻或电压的变化。线绕电位器的阻值范围在 $100\Omega \sim 100k\Omega$ 之间。线绕电位器的突出优点是结构简单，使用方便；缺点是存在摩擦和磨损、有阶梯误差、分辨率低、寿命短等。由于电阻丝是一匝一匝地绕制在骨架上的，当接触电刷沿骨架轴向从前一匝移动到后一匝时，阻值或电压的变化不是连续变化的而是阶梯式的，如图 7-1 所示。

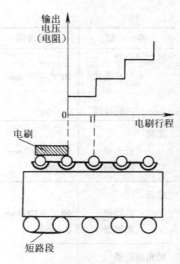

图 7-1　线绕电位器的
阶梯输出特性

例如电位器的总匝数为 1000 匝，对应的工作行程为 40mm，两固定端上加的电压为 12V，则电压分辨率为 12/1000 = 0.012V，此电位器的位移分辨率为 40/1000 = 0.04mm，即在理论上意味着每有 0.012V 电压变化输出就有 0.04mm 的机械位移量变化。要进一步提高位移分辨率只有选用更细电阻丝、增加单位长度内的匝数。目前，线绕直线电位器的位移分辨可达 0.025mm ~ 0.05mm，单圈旋转电位器的角位移分辨率与电位器直径 D 的基本关系为（3~6）/D 度，D 以 mm 计。

表 7-2　常用电阻丝材料的特性

电阻丝材料	优　点	缺　点	用　途
镍铬系电热合金	固有电阻大、耐高温	温度系数大	制造电力用高阻值电位器
铜镍系康铜丝合金	温度系数小、耐腐蚀性好、耐氧化性好、可加工性好	固有电阻小	用于制造一般精密电位器
铜锰镍电阻合金	温度系数小	易氧化	用于低温使用的电位器
铝锰系合金	温度系数小、耐磨性好	受热易变软、性能不稳定	只限低温使用的电位器

2. 非线绕式电位器位移传感器

目前，常见的非线绕式电位器位移传感器是在绝缘基片上制成各种薄膜元件，如合成膜式、金属膜式、导电塑料和导电玻璃釉电位器等。其优点是分辨高、耐磨、寿命长和易校准等；缺点是易受温、湿度影响，难以实现高精度。表7－3给出了三种电位器的主要性能指标。由表可见非线绕式电位器各项指标都优于线绕式的，导电塑料电位器比合成膜电位器好，缺点是对温度、湿度变化比较敏感，并且要求接触压力大，只限用于推动力大的位移测量情况。

表7－3　三种电位器的主要技术指标

名称	精密线绕电位器	精密合成膜电位器	导电塑料电位器
型号	WX74A	WHJ	WDD65
总阻值偏差	±5% ~ ±2%	±10%	±15%
线性度	±0.5% ~ ±1%	±0.5% ~0.1%	0.1% ~0.03%
寿命	2 万次　$\Delta R/R < 2\%$	20 万次　$\Delta R/R \leqslant 1.5\%$	1 千次　$\Delta R/R < 1\%$
使用后的噪声系数	2 万次　40%	20 万次　20%	20 万次　1%

独立线性度指标是针对高精密电位器给出的，它不考虑电位器两个端点附近线性度较差的区段而特指中间工作区间的线性度。经过修刻的电位器独立线性度可达 0.1% ~0.025%，如 WDL－25 直线式精密导电塑料电位器，其主要指标为：

总电阻：500Ω ~ 10kΩ，误差为 ±15%；

独立线性度：0.2%，0.5%，1%；

行程：25mm ±1mm；

输出平滑性：<0.1%；

功率：2W（70℃）；

电阻温度系数：$\pm 400 \times 10^{-6}/℃$。

由总电阻和功率可知，电位器端电压可高达 20V 以上。若使电位器的端电压为 12V，则单位位移对应的电压输出为 12V/25mm = 0.48V/mm，所以输出信号幅值大、易处理。位移精确度为 25mm × 0.2% = 0.05mm，精度也较高。WDL—50（50mm 量程），WDL—100（100mm 量程），不但量程大，而且独立线性度也高，WDL—100 可达 0.1%。WDL 型直线式导电塑料电位器，所需拖动力很小，小于 1N。YHD 型电位器式位移传感器是由精密无感电阻和直线电位器构成测量电桥的两个桥臂，并和应变仪连用。这种传感器的量程有 10mm、50mm、100mm 等几种，不同的量程有不同的分辨率，最小可达 0.01mm。

导电玻璃釉电位器又称金属陶瓷电位器，它是以合金、金属氧化物或难溶化合物等为导电材料，以玻璃釉粉为粘合剂，经混合烧结在陶瓷或玻璃基体上制成的。导电玻璃釉电位器的缺点是接触电阻变化大、噪声大、不易保证测量的高精度。导电玻璃釉电位器耐高温性好、耐磨性好、有较宽的阻值范围、电阻温度系数小且抗湿性强，因此导电玻璃釉电位器式位移传感器得到较为广泛应用。

光电式电位器是另一种非线绕式电位器，它是一种非接触式的，以光束代替了常规的电刷，其结构原理如图7-2所示。一般采用氧化铝作基体，在基体上沉积一条带状电阻薄膜和一条高传导导电带，电阻带和导电带之间留有一条很窄的间隙，在间隙上沉积一层光电导体（硫化镉或硒化镉）。当窄光束在电阻带、导电带和光电导体层上照射并移动时，可以看作导电带和电阻带导通，在负载 R_L 上便有输出电压，而无光照射时，导

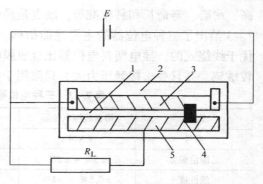

图7-2　光电式电位器结构图
1—光电导体　2—基体　3—电阻薄膜
4—窄光束　5—导电带

电带和电阻带可以看作开路，从而保证了 R_L 上的电压只取决于光束的位置。光电电位器的优点是完全没有摩擦、磨损，不会对仪表系统附加任何力或力矩，提高了仪表精度、寿命、可靠性，而且其分辨率也很高；缺点是输出阻抗较高，需要匹配高输入阻抗放大器。因为需要光源和光路系统，所以体积、重量增大，结构复杂，同时，线性度不容易做得很高。

二、电位器式位移传感器的负载特性及非线性误差

电位器式位移传感器把位移变化转换为电压信号后，为了显示或进一步对信号进行处理，需要联接相应的电路，此时可将电路简化为图7-3a所示的电路。$R_L = \infty$ 时为空载或理想情况，$R_L \neq \infty$ 时为通常有负载的情况。电位器的输出电压为

$$U_o = I\frac{R_L R_x}{R_x + R_L} = \frac{U_i}{\dfrac{R_x R_L}{R_L + R_x} + (R - R_x)}\frac{R_L R_x}{R_L + R_x}$$

$$= \frac{U_i R_x R_L}{R_L R + R_x R - R_x^2} \tag{7-1}$$

设

$$r = \frac{R_x}{R} \qquad K_L = \frac{R_L}{R} \qquad X_R = \frac{x}{L} \qquad Y = \frac{U_o}{U_i}$$

代入式（7-1）有

$$Y = \frac{r}{1 + \dfrac{r}{K_L} - \dfrac{r^2}{K_L}} = \frac{X_R}{1 + \dfrac{X_R}{K_L} - \dfrac{X_R^2}{K_L}}$$

$$= \frac{R_x}{R + R\dfrac{R_x}{R_L} - \dfrac{R_x^2}{R_L}} \tag{7-2}$$

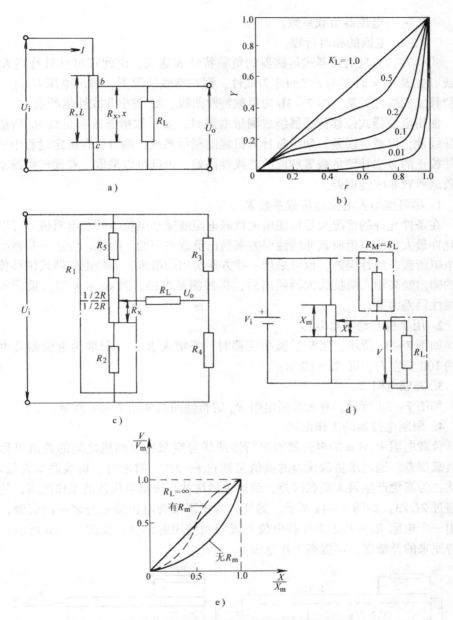

图 7-3 有负载电位器式位移传感器电路及特性曲线

a) 一般测量电路 b) 电位计特性曲线 c) 半桥差动测量电路

d) 分压电阻测量电路 e) 分压电阻测量电路输出比较

式中　*Y*——相对输出电压；

　　　r——电阻的相对变化率；

K_L——电位器负载系数；

X_R——电刷的相对行程。

式（7-2）是电位器式传感器的负载特性表达式，由此式可见只有当 $K_L \rightarrow \infty$ 或者在 $R_L = \infty$ 时 Y 与 r 之间才为线性，即在空载情况下，输出电压 U_o 才与机械位移 x 成线性关系。图 7-3b 为负载特性曲线，K_L 越小非线性越严重。

使用电位器式位移传感器组成测量电路时，要采取措施改善负载 R_L 所造成的非线性，以减少误差。如果是计算机辅助测量系统，则可以在标定过程中采用软件校正的方法补偿负载等造成的非线性误差，否则可以采取一些硬件措施来减弱负载所致非线性误差。

1. 尽可能增大电位器负载系数 K_L

在条件允许的情况大尽可能增大负载电阻或减小电位器的总电阻值，可以根据允许最大负载电阻所致非线性误差来给出负载电阻的下限值。为进一步减小负载电阻所致非线性误差，也可采用一些方便实用的措施，如将电位器式位移传感器的输出经高输入阻抗放大器隔离后，再接测显电路，当 $R_L = \infty$ 时，负载所致非线性误差为零；

2. 用半桥差动测量电路

如图 7-3c 所示，当测量微小位移时，要增大 R_5，一般取为电位器总电阻值的 100 倍左右，即 $R_5 \approx 100R$；

3. 并联电阻 R_M

如图 7-3d 所示。有无并联电阻 R_M 的特性曲线如图 7-3e 所示。

4. 限制电位器的工作范围

负载电阻 $R_L \neq \infty$ 的电位器输出特性曲线与空载特性曲线之间的差值可称之为负载误差。通过求负载误差的极值可知在 $r = 2R/3$ 附近时，负载误差为最大。因此，为避免产生最大负载误差，最简单做法就是限制电位器的工作范围，使之不超过 $2L_0/3$，如图 7-4a 所示。另外，为了不浪费电位器三分之一的资源，可以用一个电阻 $R_0 = R/2$ 来代替电位器被限制使用的部分，如图 7-4b 所示。为保持原来的灵敏度，可提高工作电压。

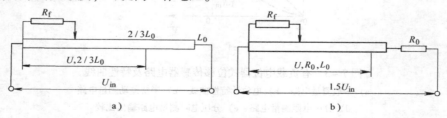

图 7-4　限制电位器的工作范围及改进措施

5. 选用非线性电位器式位移传感器

即空载时传感器的输出电压 U 与位移 x 之间为非线性函数关系，该非线性函数可以通过求式（7-2）的反函数得到，据此函数可重新设计非线性电位器，或直接选用具有上凸特性的对数函数形式的非线性电位器的成品，并与 R_L 所产生的下凹特性相综合，如果两者选配合适，则可以得到效果很好的实际线性输出。

第二节 电阻应变式位移传感器

电阻应变式位移传感器具有线性好、分辨率较高、结构简单和使用方便等特点。这种传感器的位移测量范围较小，在 $0.1\mu m \sim 0.1mm$ 之间，其测量精度小于 2%，线性度为 $0.1\% \sim 0.5\%$。图 7-5 为悬臂梁—弹簧组合式位移传感器的

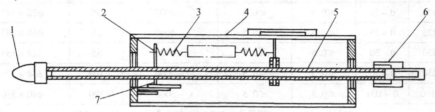

图 7-5 应变片式位移传感器

1—测量头 2—悬臂梁 3—弹簧 4—外壳 5—测量杆 6—调整螺母 7—应变片

工作原理图。由拉伸弹簧和悬臂梁串联作为弹性元件，在矩形截面悬臂梁根部正反两面贴四片应变片，并组成全桥电路，拉伸弹簧一端与测量杆连接，当测量杆随试件产生位移时，带动弹簧使悬臂梁根部产生弯曲，弯曲所产生的应变与测量杆的位移成线性关系。目前，国内生产的悬臂梁—弹簧组合式位移传感器的型号有 YWB—10（量程 10mm）、YW—10（量程 100mm）。图 7-6 所示为悬臂梁式位移传感器，这种传感器一般用于小位移的测量，也可用于频率小于 100Hz、幅值小于 1.5mm 的振动位移测量。灵敏度高，失真小。

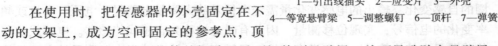

图 7-6 悬臂梁式位移传感器

1—引出线插头 2—应变片 3—外壳
4—等宽悬臂梁 5—调整螺钉 6—顶杆 7—弹簧

在使用时，把传感器的外壳固定在不动的支架上，成为空间固定的参考点，顶杆与被测物体相接，被测物体的振动通过顶杆传到悬臂梁，从而导致贴在悬臂梁

根部附近上下两表面的应变片产生应变，应变大小与位移成正比。通过电桥测量电路测出应变，就可得出位移量。在整个测量过程中，为了保证顶杆与悬臂梁始终紧密接触，使用过程中应使悬臂梁有足够的预弯曲。表7-4给出了WR系列

表7-4 WR系列应变式位移传感器技术参数

型号	量程/mm	非线性误差/（%F.S）	不重复性误差/（%F.S）	满量程输出/με	质量/g	外形尺寸/mm
WR1	0~1	≤0.5	≤0.5	~3000	20	$\phi16\times60$
WR2	0~2	≤0.5	≤0.5	~3000	30	$\phi16\times70$
WR5	0~5	≤0.5	≤0.5	~3000	30	$\phi20\times85$
WR10	0~10	≤0.5	≤0.5	~3000	35	$\phi22\times100$
WR15	0~15	≤0.5	≤0.5	~4000	40	$\phi25\times118$
WR20	0~20	≤0.5	≤0.5	~4000	55	$\phi28\times143$
WR25	0~25	≤0.5	≤0.5	~4000	55	$\phi28\times153$
WR30	0~30	≤0.5	≤0.5	~4000	55	$\phi28\times153$
WR50	0~50	≤0.5	≤0.5	~4000	100	$\phi38\times270$
WR100	0~100	≤0.5	≤0.5	~5000	120	$\phi40\times350$

安装尺寸：$\phi8mm$ 测量力≤500g   使用温度：-10~+50℃

应变式位移传感器的性能指标，该系列传感器的灵敏度高，线性度也比较好，而且使用非常方便。

图7-7为应变式角位移传感器的结构图。在悬臂梁上粘贴有应变片，悬臂梁的自由端有一触点与可转动凸轮相接触，当凸轮随转轴转动时，弹形悬臂梁受力将产生变形，应变片将该变形量转换成电阻值变化量，由电阻变化量的大小可确定转轴转动角度的大小。

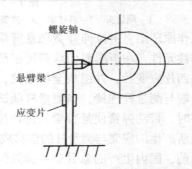

图7-7 应变式角位移传感器结构示意图

（螺旋轴、悬臂梁、应变片）

第三节 电感式位移传感器

电感式位移传感器是利用电磁感应原理进行工作的，把被测位移量转换为线圈的自感变化，输出的电感变化量需经电桥及放大测量电路得到电压、电流或频率变化的电信号，实现位移测量，因此有时也被称为自感式传感器。电感式位移传感器具有结构简单可靠、没有摩擦、灵敏度高、输出功率大、测量精度高的特

点，能测量 $0.1\mu m$ 甚至更小的线性位移变化和 $0.1''$ 的角位移。输出信号比较大，电压灵敏度一般每毫米可达数百毫伏，因此有利于信号的传输。测量范围一般为 $\pm25\mu m \sim \pm50mm$。测量精度与电容式位移传感器差不多，其主要缺点是灵敏度、线性度和测量范围相互制约；传感器本身频率响应低，不宜于高频动态测量；对传感器线圈供电电源的频率和振幅稳定度要求较高。

一、基本结构型式

电感式位移传感器目前常用的有变气隙式、变面积式和螺管式三种。这三种类型的传感器，由于线圈中流过负载的电流不等于零，存在起始电流，非线性较大，且有电磁吸力作用于活动衔铁。另外也易受外界干扰的影响，如电源电压和频率的波动、温度变化等都将使输出产生误差，所以不适用于精密测量，只用于一些继电信号装置。在实际应用中，广泛采用的是差动电感式传感器。

二、差动电感式传感器

差动电感式传感器的主要特点是把两个相同的电感线圈按差动方式联接起来，共用一个活动衔铁构成差动电感式传感器，与基本结构型电感式位移传感器相对应，差动电感式传感器也有变气隙式、变面积式和螺管式等，如图 7-8 所示。差动电感式传感器的两个电感线圈一般接在交流电桥的两臂，如图 7-9 所示，由交流电源供电，在电桥的另一对角端即为输出的交流电压 u_o。在起始位置时，衔铁处于中间位置，两边气隙相等，因此两只线圈的电感量在理论上相等，$Z_1 = Z_2$，$Z_3 = Z_4 = R_0$，电桥平衡，输出 $u_o = 0$。当衔铁偏离中间位置向上或向下移动时，造成两个线圈的电感量一个增加另一个减少，电桥失去平衡，即有电压输出，输出电压的幅值与衔铁移动量的大小成正比，其相位则与衔铁的移动方向有关，如果能测量出输出电压的大小和相位，就能决定衔铁位移量的大小和方向。

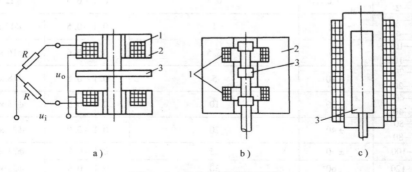

a) b) c)

图 7-8 差动电感式传感器

a) 变气隙型 b) 变面积型 c) 螺管型

1—线圈 2—铁心 3—活动衔铁

差动电感式传感器与单个线圈电感传感器相比，输出非线性得到改善，传感器起始零位信号不大，灵敏度提高了一倍。由于采用差动电桥输出，对外界的干扰，如温度的变化、电源频率变化等抵抗能力也大为增强，同时铁心对活动衔铁的电磁吸力大为减小，因为两个线圈铁心对衔铁的吸力方向正好相反，在中间位置时，吸力为零。由于差动电感式传感器有许多优点，因而得到了广泛应用。其它形式的差动电感式传感器电桥电路是用一对电容或电感代替图 7-9 中的一对电阻 R_0，或用带中间抽头的激励源变压器副级线圈的一半代替图 7-9 中的一对 R_0，在激励源变压器的原线圈上输入交流激励源 u_i，则副线圈的每半边的电动势为 $E/2$，输出从副线圈的中间抽头和差动电感线圈的中间抽头之间引出。

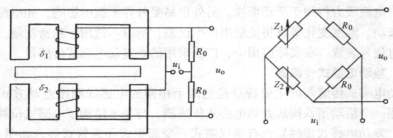

图 7-9　差动电感式传感器电桥电路

　　表 7-5 给出了 LG 系列差动电感式位移传感器的型号和规格，差动电感的变化用导线引出接入测量电路，如上所述的电桥电路。它和 CBS 数字式静态位移测量仪配套使用，不仅可测量与控制物体的位移，还可对物体的长度和厚度等进行监测和控制。

表 7-5　LG 系列差动电感式位移传感器的型号和规格

型号	量程/mm	单位示值/（μm/字）	线性（%）	尺寸/mm
LG—2 RG—2	±1	0.5	0.1~0.5	$\phi12\times91$
LG—4 RG—4	±2	1	0.1~0.5	$\phi12\times91$
LG—10 RG—10	±5	2.5	0.1~0.6	$\phi16\times160$
LG—20 RG—20	±10	5	0.1~0.8	$\phi18\times180$
LG—40 RG—40	±20	10	0.1~0.9	$\phi18\times300$
LG—80 RG—80	±40	20	0.1~0.9	$\phi23\times400$
LG—100	±50	25	0.1~0.9	$\phi23\times400$
RG—120	±60	30	0.1~0.9	$\phi23\times600$

三、差动变压器式位移传感器的应用

1. 基本原理

差动变压器式位移传感器是利用线圈的互感作用将机械位移转换为感应电动

势的变化，实质上差动变压器式位移传感器就是一个特制的变压器，工作时初级线圈输入交流电压激励源，另外，结构及各种参数完全相同的两个次级线圈按电动势反相串接，输出的是两个次级线圈感应电动势的差值，因此该形式传感器也常称为差动变压器。图 7-10 所示为各种形式的差动变压器式位移传感器结构示意图，也可分为变气隙式、变面积式和螺管式三种类型。同样，变气隙式的灵敏度较高，量程小，适于测量几微米到几百微米的位移；图 7-10c、d 所示的变面积式适于测量角位移，其分辨率可达零点几角秒的角位移，线性范围达 ±10°；螺管式的灵敏度低，但可测量几毫米至 1m 的位移。

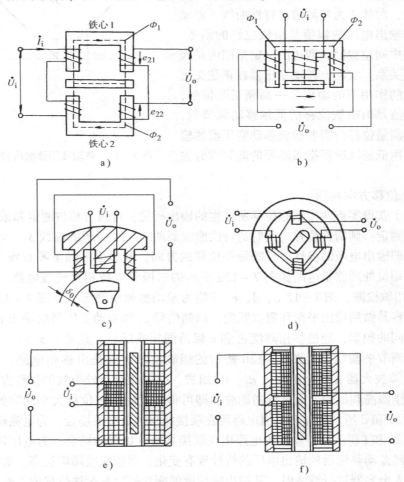

图 7-10 各种差动变压器式传感器结构示意图

a)、b) 变气隙式　c)、d) 变面积式　e)、f) 螺管式

由于差动变压器在初级线圈 W 上有正弦交流电压 U_i，因而在次级线圈中产

生感应电势 e_1，e_2。当衔铁在中间位置时，两次级线圈互感相同，感应电势 $e_1 = e_2$，输出电压为零。当衔铁向上移动时，W_1 互感大，W_2 互感小，感应电势 $e_1 > e_2$，输出电压 $U_o = e_1 - e_2$ 不为零，且在传感器的量程内，移动得越多，输出电压越大。当衔铁向下移动时，W_2 互感大，W_1 互感小，感应电势 $e_2 > e_1$，输出电压仍不为零，与向上移动比较，相位相差 180°，因此，根据 U_o 的大小和相位就可判断衔铁位移量的大小和方向。图 7-11 是差动变压器的典型特性曲线，其中 U_{o1} 为零位输出电压，曲线 1 为理想输出特性曲线，曲线 2 为实际输出特性曲线，差动变压器输出电压的幅值是衔铁位移的函数，在衔铁中间位置时，两边的一定范围内是线性函数关系。实际上差动变压器在正弦交流激励源的作用下的输出是一高频正弦信号，它的幅值是由衔铁位移的低频移动调节的，因此在测量位移时需要检波差动变压器的输出，再用低通滤波器把激励源的高频成分去掉。

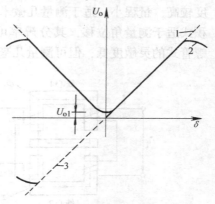

图 7-11　差动变压器输出特性曲线

2. 位移方向判别

为了获得零点两边铁心位移所产生的输出相位，可通过相位测定和采用相敏电路来测定，则衔铁位移为负时的特性曲线如图 7-11 所示的虚线 3，为负电压输出，即输出电压的极性能反映衔铁位移的方向，同时也消除了零点残余电压。常见的相位处理测量电路如图 7-12a 所示的二极管电桥相整流波电路，图 7-12b 为相敏检波，图 7-12 c、d、e、f 均为差动整流电路形式。图 7-12a 所示的电路容易做到输出平衡和阻抗匹配。调制信号 e_r 和差动变压器的输出 $e = e_1 - e_2$ 有相同的频率，经过移相器使 e_r 和 e 保持同相或反相，且要 $e_r >> e$。调节电位器可调节平衡状态。图 7-12b 所示的相敏检波电路是由移相电路、三极管 VT、运算放大器 A 和电阻 R_1、R_2、R_3 组成，u_2 的极性反映衔铁的位移方向、但含有激励源高频成份，通过低通滤波器即可得到反映衔铁位移大小的有效信号。图 7-12c 和 d 所示的差动整流电路用在联接低阻抗负载的场合，为电流输出型。图 7-12e 和 f 所示的差动整流电路用在联接高阻抗负载的场合，为电压输出型。另外，经差动整流后的输出电压的线性度有变化，当副级线圈阻抗高、负载电阻大、接入电容器进行滤波时，其输出线性度的变化倾向是衔铁位移增大时，线性度提高，据此可使差动变压器的线性范围得到扩展。

相位检波电路采用集成电路会更简单，图 7-13 所示是由 LM1496 集成电路构成的相位检波电路。

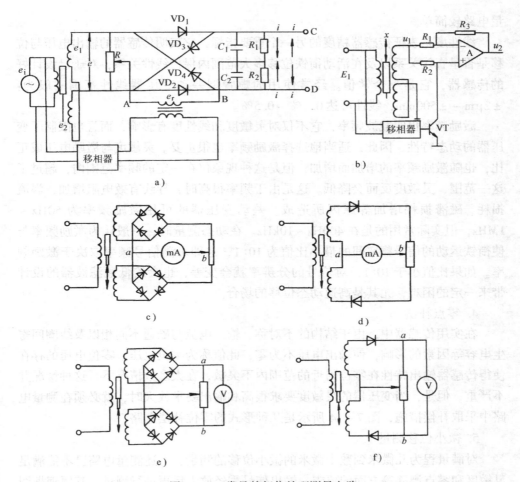

图 7-12 常见的相位处理测量电路

3. 主要技术指标

差动变压器式位移传感器的性能主要有灵敏度、零点电压和线性度三个方面。差动变压器式位移传感器的灵敏度是用单位位移输出的电压或电流来表示的，当测量电路输入阻抗低时，用电流灵敏度来表示。一般差动变压器的灵敏度可达 0.1 ~ 5V/mm 或 100mA/mm，高精度差动变压器位移传感器灵敏度可更高。由于它的灵敏度较高，所以在测量大位移时，可不用放大器，因此，测

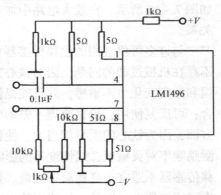

图 7-13 LM1496 集成相位检波电路

量电路较简单。

线性度是表征传感器精度的另一个重要指标，它表明传感器的输出电压与位移是否呈直线关系以及在活动衔铁位移多大范围内保持线性关系，对于已设计好的传感器，它是一个常值。经常使用的螺管型差动变压器线性范围一般为：$\pm 2\mu m \sim \pm 500mm$，线性可达 $0.1\% \sim 0.5\%$。

激励频率也叫载波频率，它不仅对灵敏度和线性度有影响，而且也限制了变压器的动态特性，因此，适当地选择激励频率也很重要。灵敏度与激励电压成正比，也随激励频率的增加而增加，但是这种现象仅在一定的频率范围内，超过了这一范围，灵敏度反而会降低。这是由于频率很高时，导线有效电阻增加，涡流损耗、磁滞损耗增加等原因所造成。差动变压器的可用激励频率为 $50Hz \sim 1MHz$，但实际常用的是在 $400Hz \sim 10kHz$。在动态测量时，一般认为激励频率与使衔铁运动的信号频率间的最小比值为 $10:1$，也即可测信号频率取决于激励频率。如果比值小于 $10:1$，对信号的分辨率就会变差，也会给低通滤波器的设计带来一定的困难，尤其是高速动态位移的场合。

4. 零点补偿

在实用传感器中，由于结构的不对称、输入电流与磁通不同相以及线圈间寄生电容等因素的影响，使输出电压不为零，此值称为零位电压。零位电压的存在使得传感器输出特性在零位附近的范围内不灵敏，在大多数情况下，这种情况并不严重，但是，当变压器的灵敏度要求很高和输出要求放大时，就必须在测量电路中采取补偿措施，图 7 – 14 所示是几种形式的零位补偿电路。

5. 微小位移测量

对满量程为几微米到数十微米的微小位移的测量，上述测量电路已不能满足灵敏度和零点漂移等方面的要求，输出信号需经放大后再进行测量，其原理框图如图 7 – 15 所示。在放大电路中加入深度负反馈，以提高放大器的稳定性和线性关系。

与许多可供选用的位移传感器相比，差动变压器式位移传感器有以下优点：不存在机械过载的问题，因为铁心完全能与变压器的其他部件分开；对高温、低温和温度变化也不敏感，并且能提供比较高的输出，常常用于中间无需放大的场合；可反复使用，价格合理。差动变压器式位移传感器的最大缺点是在动态测量方面，因为铁心的质量相当大，使得差动变压器的质量也相当大。另外，过高的激励频率对灵敏度、线性度等的影响也是一个不利的因素，所以差动变压器式位移传感器不适宜于高频动态测量。差动变压器式位移传感器除用于测量位移外，也可用于压力、振动、加速度等方面的测量。表 7 – 6 给出了几种国产差动变压器式位移传感器的型号和性能。

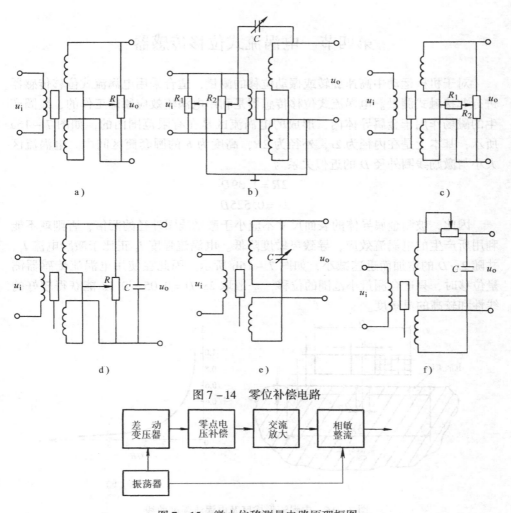

a)　　　　　　　　b)　　　　　　　　c)

d)　　　　　　　　e)　　　　　　　　f)

图 7 - 14　零位补偿电路

图 7 - 15　微小位移测量电路原理框图

表 7 - 6　差动变压器位移传感器的型号和性能

型号 参数	LVDT - 1	LVDT - 5	LVDT - 10	LVDT - 15	LVDT - 30	LVDT - 50	LVDT - 200
量程/mm	0 ~ ±1	0 ~ ±5 0 ~ 10	0 ~ ±10 0 ~ 20	0 ~ ±15 0 ~ 30	0 ~ ±30 0 ~ 60	0 ~ ±50 0 ~ 100	0 ~ ±200 0 ~ 400
线性度（%）	<0.5	<0.8	<0.8	<1	<1	<1	<1
分辨率/μm	<1	<2	<10	<10	<20	<20	<30
灵敏度/ （mV$_{DC}$/mm）	600	600	300	100	270	150	50
输出/mV	±0.6	±3	±3	±1.5	±8	±8	±10
电源	27V$_{DC}$ 或 220V$_{AC}$	27V$_{DC}$ 或 220V$_{AC}$	27V$_{DC}$ 或 220V$_{AC}$	12V$_{DC}$ 或 220V$_{AC}$	13V$_{DC}$ 或 220V$_{AC}$	12V$_{DC}$ 或 220V$_{AC}$	12V$_{DC}$ 或 220V$_{AC}$

第四节　电涡流式位移传感器

对于机械运动中高速旋转或振动位移的测量，适合采用电涡流式位移传感器进行非接触式测量。电涡流式位移传感器是利用电涡流效应原理工作的，线圈产生的磁场作用于金属导体内，形成的电涡流区是在有限范围内的，如图 7－16a 所示，基本上是在内径为 $2r$，外径为 $2R$，高度为 h 的圆套筒区间内。电涡流区大小与激励线圈外径 D 的近似关系为

$$2R = 1.39D$$

$$2r = 0.525D$$

因此，被测金属导体的表面尺寸不应小于激励线圈外径的两倍，否则就不能利用所产生的电涡流效应，导致灵敏度降低。电涡流强度 I_2 正比于激励电流 I_1，并随 $2x/D$ 的增加而迅速减小，如图 7－16b 所示。因此在使用电涡流传感器测量位移时，只适合测量小范围的位移，一般取 $2x/D = 0.05 \sim 0.15$ 能获得较好的线性和较高的灵敏度。

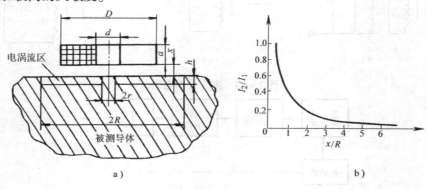

图 7－16　电涡流形成区及电涡流强度曲线

一、反射式电涡流式位移传感器

一般来说，线圈阻抗、电感和品质因数的变化与导体的几何形状、导电率、导磁率有关，也与线圈的几何尺寸、激励电流和频率以及线圈到被测导体的距离 x 有关。如果控制一些可变参数，只改变其中的一个参数，这样线圈阻抗等的变化就是这个参数的单值函数。电涡流位移式传感器就是保持其他参数恒定不变，使阻抗 Z 仅是距离 x 的函数。因此，这种传感器应看成是由一个载流线圈和被测导体两部分组成，是利用它们之间的耦合程度变化来进行测试的，二者缺一不可。购买来的传感器仅为电涡流传感器的一部分，设计和使用中还必须考虑被测导体的物理性能、几何形状和尺寸。当被测导体为高导电率的抗磁材料或顺磁材料时，测量会简单易行，若被测物体是由高导磁率的铁磁材料制成时，效果会更

好。

用于测量位移的电涡流式传感器有变间隙型、变面积型和螺管型三种形式。变间隙型电涡流式传感器进行位移测量的原理是基于传感器线圈与被测导体平面之间间隙的变化引起电涡流效应的变化，导致线圈电感和阻抗的变化。如图 7-17 所示，电涡流传感器由一个固定在框架上的扁平圆线圈组成，线圈由多股漆包线和银线绕制而成，一般放在传感器的端

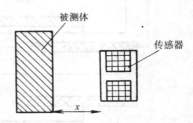

图 7-17　变间隙型电涡流式
传感器测量位移的原理

部，可绕在框架的槽内，也可用粘结剂粘结在端部。CZF1 系列传感器就是变间隙结构的电涡流传感器。表 7-7 给出了 CZF1 系列传感器的性能指标，这种系列传感器与 BZF 型变换器和 ZZF6 指示仪配套可组成位移振幅测量仪，能用于测量航空发动机、汽轮机、压缩机、电动机等各种旋转机械的轴向位移和径向振动以及轴的运动轨迹，也可用于其他各种测量位移和振动的场合。

表 7-7　CZF1 系列传感器性能指标表

型号	线性范围/mm	线圈外径/mm	分辨率/μm	线性误差（%）	工作温度/℃
CZF1—1000	1000	$\phi7$	1	<3	-15 ~ +80
CZF1—3000	3000	$\phi15$	3	<3	-15 ~ +80
CZF1—5000	5000	$\phi28$	5	<3	-15 ~ +80

变面积型电涡流式传感器是利用被测导体与传感器线圈之间相对面积的变化，引起电涡流效应的变化，进行位移测量的，其原理如图 7-18 所示。

这种形式的电涡流式传感器，测量线性范围比变间隙型大而且线性度也较高，适合于轴向位移的测量。表 7-8 是几种变面积型电涡流式传感器的性能指标。

螺管型电涡流式传感器，一般由短路套筒和螺管线圈组成，如图 7-19 所示。短路套筒能够沿着螺管线圈轴向移动，引起螺管线圈电感的变化，从而测量位移。

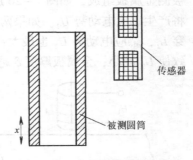

图 7-18　变面积型电涡流式
传感器测位移原理

表 7-8　变面积型电涡流式传感器性能指标

线性范围/mm	线圈尺寸/mm	线性度	分辨率	工作温度/℃
0 ~ 10	22 × 10	1%	0.1% F. S	-15 ~ +80
0 ~ 50	60 × 10	1%	0.1% F. S	-15 ~ +80
0 ~ 100	110 × 12	1%	0.1% F. S	-15 ~ +80

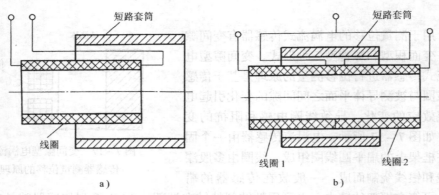

图 7 - 19　螺管型电涡流式传感器

a) 单线圈式　b) 差动式

这种类型的传感器在其长度较宽范围内有较好的线性，然而其灵敏度较低。

上面介绍了三种形式的电涡流式位移传感器，与其它传感器相比，它具有结构简单、体积小、抗干扰能力强、不受介质污染等的影响、可进行非接触测量、灵敏度高等特点，可测位移量程一般为 0 ~ 80mm。除测量位移外，还可用于测量厚度尺寸、物体表面粗糙度、无损探伤等，在工业生产中获得了广泛应用。

二、透射式电涡流式位移传感器

透射式电涡流式传感器是由发射线圈 L_1、接收线圈 L_2 和位于两线圈之间的被测金属板组成，如图 7 - 20 所示。当在 L_1 两端加交流激励电压 U_1 时，L_2 两端将产生感应电动势 U_2。如果两线圈之间无金属板时，L_1 产生的磁场就能直接贯穿 L_2，感应电动势 U_2 也最大；有金属板时，产生的电涡流抵消了部分 L_1 磁场，致使 U_2 减小，金属板厚度 δ 越大，U_2 就越小。

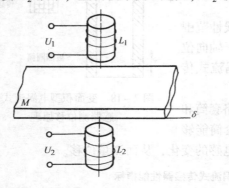

图 7 - 20　透射式电涡流式测厚传感器

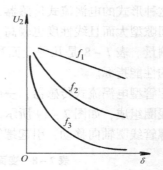

图 7 - 21　感应电压关系曲线

感应电压 U_2 与金属板厚度 δ 之间的关系见图 7 - 21，可以利用 U_2 来反映金属板的厚度。由图 7 - 21 可见，由于 $f_1 < f_2 < f_3$，当 L_1 线圈上所加的激励源的频率 f 较低时，线性较好，因此应选择较低的激励频率，一般在 1kHz 左右较

好，具体情况还要考虑到金属板厚度 δ，当 δ 较小时 f_3 曲线的斜率较大，因此测量薄板时应选择相对高些的激励频率，测量较大厚度金属板时应选择相对低些的激励源频率。

第五节　电容式位移传感器

电容式位移传感器是根据被测物体的位移变化转换为电容器电容变化的一种传感器，经常常用于高频振动微小位移的测量。与电位器式、应变式、电感式等多种位移传感器相比，它的突出优点是：结构简单；能实现非接触测量，只要极小的输入力就能使动极板移动，并且在移动过程中，几乎没有摩擦和反作用力；灵敏度高、分辨力强，可分辨出 $0.01\mu m$ 甚至更小的位移；动态响应好；能在恶劣条件（高、低温，各种形式的辐射等）下工作。但它也存在着一些缺点，主要是输出特性的非线性和对绝缘电阻要求较高，为了克服寄生电容的影响，降低电容传感器内阻抗，要求对传感器及输出导线采取屏蔽措施和采用较高的电源频率等。近年来，随着工艺技术的不断发展，二次仪表得到了简化，变换电路的体积也大大缩小，同时可以装入封闭容器，消除了噪声和分布电容的影响，一些新型电路还能补偿输出非线性，因此，电容式传感器受到越来越多的重视。目前已有很多新产品问世，并且达到了较高的性能指标，如电子工业部北京机床研究所生产的 DB1 型电容位移传感器就能测量 $\pm0.0025 \sim \pm300\mu m$ 的位移，其误差 $<5\%$。

电容传感器的形式很多，它以各种类型的电容器作为转换元件，在大多数情况下，它是由两平行极板组成的以空气为介质的电容器，有时也有由两平行圆筒或其他形状平行面组成。常使用极距变化型电容传感器和面积变化型电容传感器进行位移的测量，使用变介质常数测量厚度。

一、极距变化型电容传感器

在实际使用中，为了提高灵敏度和减少非线性及克服温度漂移，可以把极距变化型电容传感器做成差动形式，如图 7－22 所示。电极处于起始中间位置时，传感器的两个电容相等，当活动电极偏离中间位置时，使一个电容增加，另一个电容减少。与单一式相比，差动式传感器灵敏度可以提高一倍，非线性得到很大改善。此外，差动电容有效地消除了信号中的共模成份，抑制温度漂移。如在温度变化时，使电介质常数发生变化，造成两个电容的电容值由 C_1 和 C_2 变为 $C_1 + \Delta C_1$ 和 $C_2 + \Delta C_2$，据差动电容的对称性可

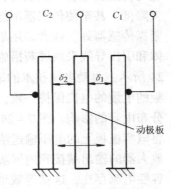

图 7－22　差动电容传感器

知，两个电容变化量 $\Delta C_1 = \Delta C_2$，此时差动电容传感器的输出为 $(C_1 + \Delta C_1)$ － $(C_2 + \Delta C_2)$ ＝ $C_1 - C_2$。可见，在输出的过程中抵消了温度误差。

极距变化型一般用来测量微小的线位移（可小至 $0.01\mu m \sim$ 零点几毫米），也可用于由力、位移、振动等引起的极板间距离变化。它灵敏度较高，易于实现非接触测量，因而应用较为普遍。

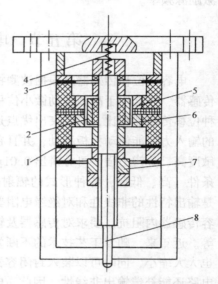

二、面积变化型电容传感器

面积变化型电容位移传感器一般用来测量角位移或较大的线位移，图 7 – 23 为面积变化型电容位移传感器的结构图。测杆 8 随着被测物体的位移而移动，它带动活动极板 2 上下移动，从而改变了活动极板与两个固定极板 5、6 之间的极板面积，使电容量发生变化，由于传感器采用了变面积差动形式，因而，线性度较好、范围宽、分辨率高，可用在要求测量精度高的场合。图中的测力弹簧 1、3 保证测杆和活动极板能够很好地随被测物体移动，调节螺母用来调节位移传感器的零点。

图 7 – 23　变面积型电容位移传感器的结构图
1、3—开槽弹簧　2—活动电极　4—测力弹簧
5、6—固定电极　7—调节螺母　8—测杆

三、电容式传感器信号处理电路

在电容式位移传感器实际使用过程中，由于传感器本身电容很小，仅几十微法至几微法，因此相当容易受到外界寄生电容的干扰，若在传感器和放大电路之间采用电缆连接，电缆本身分布电容可能比传感器工作电容要大许多，因而，当它与传感器电容相关联时，将严重影响传感器的输出特性，使电容相对变化率大大降低，甚至使传感器不能工作。要解决这个问题，一种方法是将测量线路装在紧靠传感器处，或者采用集成电路方法将全部测量电路装在传感器壳体内，对壳体和引出导线采取屏蔽措施。另外一种方法是采用"驱动电缆技术"，如图 7 – 24 所示。驱动电缆技术的基本原理是使电缆蔽屏层电位与连接有传感器电容极板的电缆的电位保持一致，两个电位如在幅值和相位上均一致，则可以消除电缆分布电容的影响。图 7 – 24a 中传感器的输入引线采用双层屏蔽电缆，电缆引线将电容极板上的电压输送给测量电路的同时，又输送给一个增益为 1 的放大器，放大器的输出端接到内屏蔽层上，由于内屏蔽和引线之间等电位，两者之间没有容性电流存在，这就等效地消除了引线和内屏蔽之间的电容联系。外屏蔽接地后，对地之间的电容将成为放大器的负载，不再与传感器电容相并联，无论电缆

形状和位置如何变化，都不会对传感器的工作产生影响。此种方法要求放大器的输入电容为零，输入阻抗无穷大，相移为零，这些要求在技术实现上比较困难。当传感器电容 C_x 很小或与放大器的输入电容相差不多时，会产生很大的相对误差，所以此线路只适合 C_x 较大的电容传感器。当 C_x 较小时，适合如图 7-24b 所示电路。

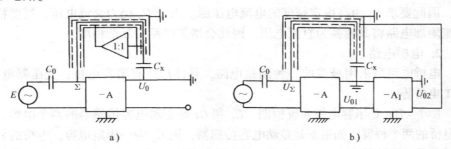

a) b)

图 7-24 驱动电缆原理

下面介绍几种应用较多的处理电容式传感器微小电容变化、并将其转化为相应的电压、电流或频率等的电路。

1. 运算放大器式电路

在图 7-25a 的运算放大器式电路中，C_x 为传感器电容。假设运算放大器为理想的，其开环增益 $K = \infty$，输入阻抗 $Z_i = \infty$，则输入与输出之间的关系为

$$U_0 = -U_i \frac{C_0}{C_x} \tag{7-3}$$

把 $C_x = \varepsilon A/\delta$ 代入式（7-3），得到

$$U_0 = -U_i \frac{C_0}{\varepsilon A}\delta \tag{7-4}$$

由式（7-4）可见输出电压 U_o 与极距 δ 成线性关系，因而从原理上解决了极距变化型电容传感器的位移输入与电压输出间的非线性问题。若把传感电容 C_x 和固定电容 C_0 交换一下连接位置构成的新电路，适合于变面积型电容传感器，输出电压 U_o 与位移间的关系也为线性关系。图 7-25b 电路适合于差动电容传感

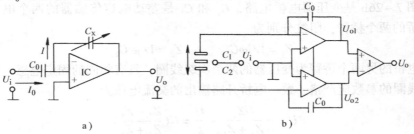

a) b)

图 7-25 运算放大器式电路

器，输入与输出间的关系为

$$U_o = U_i \frac{C_2 - C_1}{C_0}$$

实际运算放大器并不完全符合理想情况，因此仍然存在一定的非线性误差，但只要 K 和 Z_i 足够大，这种误差就会相当小。另外，输出电压 U_o 与 U_i 直接相关，因此要求 U_i 为高稳定精度的电流电压源。由于 U_o 仍为交流电压，需要精密整流附加电路将其转换为直流电压，因此会增加电路的复杂程度。

2. 电桥电路

电桥电路是采用最多的一种测量电路，具体形式有阻容电桥、变压器电桥、双 T 电桥等。

图 7 – 26a 是阻容电桥系统框图，C_1 和 C_2 是差动电容传感器的两个电容，作为电桥的两个桥臂。如果不是差动电容传感器，则 C_2 为一固定电容，电桥的另两个桥臂是相同的精密电阻。电源通常是正弦信号发生器。对于变极距差动电容传感器，当动极板处于中间位置时，其两边电容值相等，电桥平衡，输出电压为零。当动极板在作用下移动时，电桥失去平衡，输出端 B 和 D 有交流电压 U_{BD} 输出。此电压经交流放大器、相敏检波器、低通滤波器得到直流输出电压 U_{SC}，此电压的幅值与动极板位移的大小成正比，极性反映其方向的变化。这种电桥的灵敏度和稳定性较高，寄生电容影响小，适合于高频工作，应用较为广泛。

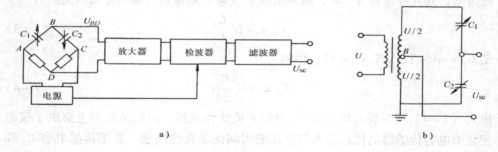

图 7 – 26　电桥电路
a) 阻容电桥电路原理　b) 变压器电桥电路原理

图 7 – 26b 是变压器电桥电路，C_1 和 C_2 是差动电容传感器的两个电容，作为电桥的两个桥臂，阻抗分别为

$$Z_1 = 1/j\omega C_1 \qquad Z_2 = 1/j\omega C_2$$

电桥的另两个桥臂为变压器的两个次级线圈，具有相同的固定电感，而且这两个线圈的参数应严格一致。电桥开路输出的交流电压为

$$U_{SC} = \frac{UZ_2}{Z_2 + Z_1} - \frac{U}{2} = U\left(\frac{Z_2 - Z_1}{Z_2 + Z_1}\right)$$

将 Z_1 和 Z_2 的表达式代入上式，得到

$$U_{\text{SC}} = \frac{U}{2} \left(\frac{C_1 - C_2}{C_1 + C_2} \right) \tag{7-5}$$

当动极板移动 X 时，差动电容的两个电容器的电容值分别为

$$C_1 = \frac{\varepsilon \text{A}}{\delta + X} \qquad C_2 = \frac{\varepsilon \text{A}}{\delta - X}$$

把 C_1 和 C_2 代入式（7-5），得到

$$U_{\text{SC}} = \frac{U}{2} \frac{X}{\delta}$$

由此可见输出电压与位移之间成线性关系。需要注意的是变压器电桥电路的原边输入电压必须稳定，再者电桥输出阻抗很高，后续的处理电路也要有很高的输入阻抗。

双 T 电桥电路如图 7-27 所示，U_i 是高频电源，它提供幅值为 E 的对称方波。当电源为正半周时，二极管 VD_1 导通，于是电容 C_1 充电，在紧接的负半周，二极管 VD_1 截止，而电容 C_1 经电阻 R_1、负载电阻 R_L、R_2 和二极管 VD_2 放电，此时流过 R_L 的电流为 i_1。在负半周内 VD_2 导通，于是电容 C_2 充电。在下一个半周中，C_2 通过电阻 R_2，

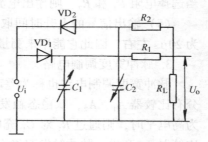

图 7-27　双 T 电桥电路

R_L、R_1 和二极管 VD_1 放电，此时流过 R_L 的电流为 i_2。如果二极管 VD_1 和 VD_2 具有相同的特性，且令 $C_1 = C_2$，$R_1 = R_2$，则电流 i_1 和 i_2 大小相等、方向相反，即流过 R_L 的平均电流为零。C_1 或 C_2 的任何变化都将引起 i_2 和 i_1 不相等，因此在 R_L 上必定有信号电流 I_o 输出。当 $R_1 = R_2 = R$ 时，直流输出信号电流 I_o 可以用下式表示：

$$I_o = Ef \frac{R\,(R + 2R_L)}{(R + R_L)^2}\,(C_1 - C_2 - C_1 e^{-k_1} + C_2 e^{-k_2}) \tag{7-6}$$

$$k_1 = \frac{R + R_L}{2RfC_1(R + 2R_L)}$$

$$k_2 = \frac{R + R_L}{2RfC_2(R + 2R_L)}$$

式中　f——激励电源的频率（Hz）。

而输出电压 U_o 为

$$U_o = I_o R_L$$

线路的最大灵敏度发生在 $1/k_1 = 1/k_2 = 0.57$ 的情况下，如果不追求最大灵敏度，选择适当的激励源频率，使 $k_1 > 5$ 和 $k_2 > 5$，则式（7-6）中的指数项所

占比例不超过1%，将其忽略，可得到简化的输出电压近似表达式

$$E_o = Ef \frac{R_L R(R + 2R_L)}{(R + R_L)^2}(C_1 - C_2) \qquad (7-7)$$

输出电压与激励源的电压幅值和频率直接相关，因此要求稳幅、稳频的方波激励源。

该电路具有以下特点：

(1) 电源 U_i、传感器电容 C_1、平衡电容 C_2 以及输出电路都接地；

(2) 工作电平很高，二极管 VD$_1$ 和 VD$_2$ 都工作在特性曲线的线性区内；

(3) 输出电压较高；

(4) 输出阻抗为 R_1 或 R_2（$1 \sim 100$kΩ），且实际上与电容 C_1 和 C_2 无关。适当选择电阻 R_1 和 R_2，则输出电流就可以用毫安表或微安表直接测量；

(5) 输出信号的上升时间取决于负载电阻，对 1kΩ 的负载电阻，上升时间为 20μs 左右，因此它能用来测量高速机械运动。

3. 脉冲宽度调制电路

脉冲宽度调制电路也称为差动脉冲调宽电路，如图 7-28 所示。主要组成部分有比较器 A$_1$、A$_2$，双稳态触发器及差动电容等。当双稳态触发器的输出 A 点为高电平时，则通过 R_1 对 C_1 充电，直到 M 点的电平等于直流参考电压 U_f 时，比较器 A$_1$ 产生一脉冲触发双稳态触发器翻转，A 点变为低电平，B 点变为高电平，这时 C_1 经二极管 VD$_1$ 从 U_f 快速放电至低电平；与此同时 B 点的高电平通过 R_2 对 C_2 充电，直到 N 点的电平达到参考电压 U_f 时，比较器 A$_2$ 产生一脉冲，触发双稳态触发器翻转，又返回到 A 点为高电平，B 点为低电平。此时 C_2 通过 VD$_2$ 从 U_f 快速放电至低电平。如此不断重复，上述的差动电容 C_1 和 C_2 的交替充放电过程，就会在双稳态触发器的两端各自产生一宽度受电容 C_1 和

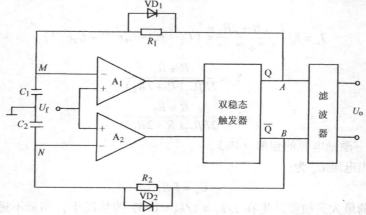

图 7-28 脉冲宽度调制电路

C_2 调制的脉冲方波。

当 $C_1 = C_2$ 时，电路上有关点的电压波形如图 7-29a 所示，A 和 B 两点之间的电压平均值为零。

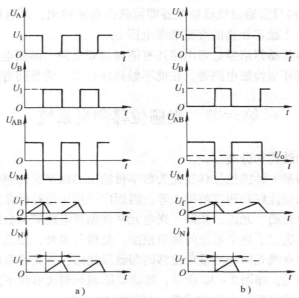

图 7-29 电压信号波形

当 $C_1 > C_2$ 时，C_1 充放电时间大于 C_2，电路上相关点的电压波形如图 7-29b 所示，A 和 B 两点间的电压平均值不等于零。经过低通滤波器之后得到直流输出电压为

$$U_o = U_{AB} = \frac{T_1 - T_2}{T_1 + T_2} U_1 \qquad (7-8)$$

式中 U_1 为触发器输出的高电平幅值（V），T_1、T_2 分别为电容的充放电时间常数。当 U_1 保持不变时，则输出电压 U_o 随 T_1、T_2 变化而变化，实现了输出脉冲电压的调压，要满足的基本条件就是参考电压 U_f 小于 U_1。

另外由电路可以得到

$$T_1 = R_1 C_1 \ln \frac{U_1}{U_1 - U_f} \qquad (7-9)$$

$$T_2 = R_2 C_2 \ln \frac{U_1}{U_1 - U_f} \qquad (7-10)$$

将式（7-8）、式（7-9）和式（7-10）联合，当 $R_1 = R_2$ 时得

$$U_o = \frac{C_1 - C_2}{C_1 + C_2} U_1 \qquad (7-11)$$

由式（7−11）可见，变极距和变面积式电容传感器都得到线性输入与输出关系，而且不需要相敏解调即可获得直流输出。对于不同的差动电容传感器可以通过选配合适的 R_1 和 R_2 阻值，使双稳态触发器输出方波的频率在 100kHz ~ 1MHz 范围内，再只需通过低通滤波器即可获得直流输出，而且输出与方波频率无关，只需要一个稳定性高的直流参考电压 U_f。

其它的电容传感器信号处理电路还有诸如调频电路、谐振电路、紧耦合电感臂电桥和二极管环形检波电路等，在此不做具体介绍，请参阅有关资料。

第六节　光栅位移测量系统

一、光栅的结构和分类

光栅传感器是一种能把位移转化为数字量输出的数字式传感器。其主要特点是精度高、动态特性好和测量范围大等，因而广泛用于位移的精确测量和控制过程。光栅系统由光栅、光源、光路、光电元件和测量电路等部分组成。其中光栅是关键部件，它决定了整个系统的测量精度。光栅有多种，按其用途和形状可分为测量线位移的直线光栅和测量角位移的圆盘形光栅；按光路系统不同可分为透射式和反射式两类，如图 7−30 所示；按物理原理和刻线形状不同，又可分为黑白光栅（或称幅值光栅）和闪耀光栅（或称相位光栅）。

在直线光栅上刻有均匀平行分布的刻线，这些刻线与位移运动方向垂直。每条刻线是不透光的（图示成黑线条），两条刻线之间是透光的。相邻两条刻线间的距离称为栅距。指示光栅比较短，是由高质量的光学玻璃制成，标尺光栅或主光栅的长度决定了量程的大小，它是由透明材料（对于透射式光栅）或高反射率

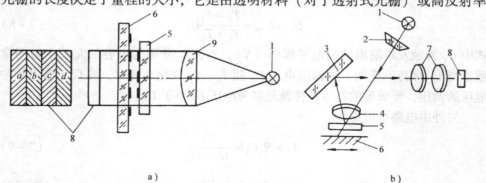

a)　　　　　　　　　　　　　　b)

图 7−30　透射式和反射式光栅

a) 透射式　b) 反射式

1—光源　2—聚光镜　3—反射镜　4—场镜

5—指示光栅　6—标尺光栅　7—物镜　8—光电元件　9—透镜

的金属或镀有金属层的玻璃（对于反射式光栅）制成。刻线密度由测量精度来确定，闪耀式光栅为每毫米100～2800条，黑白光栅每毫米有25，50，100，250条等。

二、莫尔条纹

下面以透射式黑白光栅为例来介绍光栅测量位移的工作原理。

如果指示光栅和标尺光栅叠放在一起，中间留有适当的微小间隙，并使两块光栅的刻线之间保持一很小的夹角 θ，两块光栅的刻线相交，如图7－31所示。当在诸多相交刻线的垂直方向有光源照射时，光线就从两块光栅刻线重合处的缝隙透过，形成明亮的条纹，如图7－31中的 h—h 所示。在两块光栅刻线错开的地方，光线被遮住而不能透过，于是就形成暗的条纹，如图7－31中的 g—g 所示。这些明暗相间的条纹称为莫尔条纹，其方向与光栅刻线近似垂直，相邻两明亮条纹之间的距离 B 称为莫尔条纹间距。

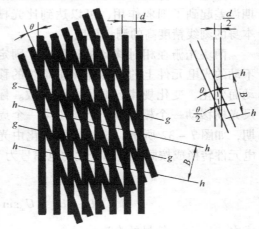

图7－31 莫尔条纹

若标尺光栅和指示光栅的刻线密度相同，即光栅栅距 d 相等，则莫尔条纹间距为

$$B = \frac{d}{2\sin\dfrac{\theta}{2}} \approx \frac{d}{\theta} = Kd \qquad (7-12)$$

$$K = \frac{1}{\theta} \qquad (7-13)$$

莫尔条纹的重要特性：

1）当指示光栅不动，标尺光栅的刻线与指示光栅刻线之间始终保持夹角 θ，而使标尺光栅左右移动时，莫尔条纹将沿着近于栅线的方向上下移动。当标尺光栅相对指示光栅移动一个栅距 d 时，莫尔条纹也相应地运动一个莫尔条纹间距 B。因此，可以通过莫尔条纹的移动来测量光栅移动的大小和方向。

2）莫尔条纹有位移的放大作用。当标尺光栅沿与刻线垂直方向移动一个栅距 d 时，莫尔条纹移动一个条纹间距 B。当两个等距光栅的栅间夹角 θ 较小时，标尺光栅移动一个栅距 d，莫尔条纹移动 d 乘以 K 倍的距离，K 为莫尔条纹的放大系数，由式（7－13）确定，当 θ 角较小时，例如 $\theta = 0.01\text{rad}$，则 $K = 100$，表明莫尔条纹的放大倍数是相当大的，因而可以实现高灵敏度的位移测量。

3）莫尔条纹除有位移的放大作用外，还存有平均效应。由于莫尔条纹是由光栅的许多刻线共同形成的，光敏元件接收的光信号是进入指示光栅视场内光栅线条总数的综合平均效果，这对光栅刻线的局部或周期误差起到了削弱作用，可以达到比光栅本身的刻线精度高的测量精度。

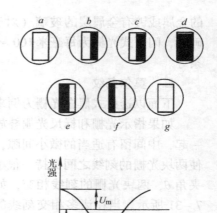

两块光栅在相对移动的过程中，固定不动的光电元件上的光强随莫尔条纹的移动而变化，变化规律近似为余弦函数。标尺光栅移动一个栅距 d，光强变化一个周期，如图 7-32 所示。这一光强变化由光电元件转换成按同一规律变化的电信号为

图 7-32　光强与位移的关系

$$U_0 = U_{av} + U_m \sin \left(\frac{\pi}{2} + \frac{2\pi}{d} x \right) \qquad (7-14)$$

式中　U_{av}——信号的直流分量；

U_m——信号变化的幅值；

x——标尺光栅的位移（mm）。

为了计测位移 x 可以把 U_0 周期信号整形，每经过一个周期，正弦波形变换为一个方波脉冲，则脉冲总数 N 就与标尺光栅单方向连续移动过的栅距个数相等，从而检测得到位移。

在实际测量过程中，被测物体的位移往往不是单方向的，既有正向运动，也有反向运动，此时要正确地计测位移则需要辨别物体（和标尺光栅联接）移动方向。当物体正向移动时，将得到的脉冲个数相累加；而当物体反方向移动时就要从已累加的脉冲总数中减去反向移动的脉冲个数，得到测量时刻位移对应的脉冲总数 N，可按式（7-15）计算得到准确的位移量

$$x = Nd \qquad (7-15)$$

三、辨向电路

为了辨别方向，只需在相距 $B/4$ 的位置上安装两个光敏元件 1 和 2，如图 7-33 所示，就可以获得相位差为 90°的两个正弦信号，再把这两个信号送入到图 7-34 所示的辨向电路去处理。

当标尺光栅正方向向左移动时，莫尔

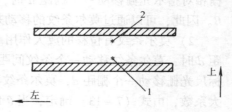

图 7-33　相距 $B/4$ 的两个光敏元件

条纹向上运动时，光电元件 1 和 2 分别输出图 7-35a 所示的电压信号 u_1 和 u_2，经放大整形后得到相位相差 90° 的两个方波信号 u_{1a} 和 u_{2a}，u_{1a} 经反相后得到 u_{1b} 方波。u_{1a} 和 u_{1b} 通过微分电路后得到两组尖脉冲信号 u_{aw} 和 u_{bw}，分别输入到与门 Y_1 和 Y_2 的输入端。对与门 Y_1 而言，由于 u_{aw} 处于高电平时，u_{2a} 总是处于低电平，故脉冲被阻塞，Y_1 输出为零；对与门 Y_2 而言，u_{bw} 处于高电平时，u_{2a} 也正处于高电平，故允许脉冲通过，并触发加减控制触发器使之置"1"，可逆计数器对与门 Y_2 输出的脉冲进行加法计数。同理，当标尺光栅反向向右移动时，输出信号波形如图 7-35b 所示，与门 Y_2 阻塞，Y_1 输出脉冲信号使触发器置"0"，

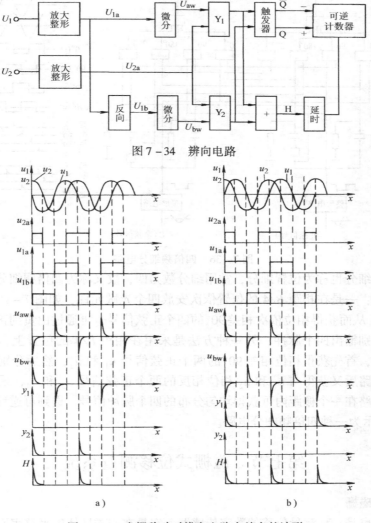

图 7-34 辨向电路

图 7-35 光栅移动时辨向电路有关点的波形

可逆计数器对与门 Y_1 输出的脉冲进行减法计数。标尺光栅每移动一个栅距，辨向电路只输出一个脉冲，计数器所计的脉冲数即代表光栅位移 x。

　　光栅尺的刻线密度是很高的，上述测量电路的分辨率为一个光栅栅距 d，但是在高精密测量中需要测量比栅距 d 更小的位移量，为了提高分辨率，可以增加刻线密度来减小栅距，但这种办法受到制造工艺的限制。另一种方法是采用细分技术，使光栅每移动一个栅距时输出均匀分布的 n 个脉冲，从而使分辨力提高到 d/n。有多种细分方法，下面介绍直接细分方法。

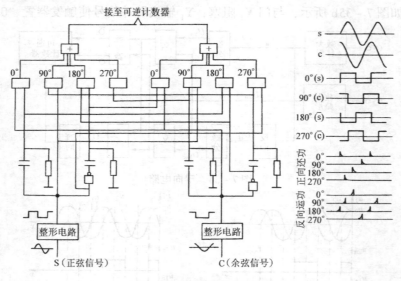

图 7-36　四倍频细分电路

　　直接细分也称为位置细分，常用细分数为四，故又称为四倍频细分。实现方法有两种：一是在相距 $B/4$ 的位置依次安放四个光敏元件，如图 7-30a 中的 a，b，c，d，从而获得相位依次相差 $90°$ 的四个正弦信号，再通过由负到正过零检测电路，分别输出四个脉冲；另一种方法是采用在相距 $B/4$ 的位置上，安放两个光敏元件，首先获得相位相差 $90°$ 的两个正弦信号 u_1 和 u_2，然后分别通过各自的反相电路后又获得与 u_1 和 u_2 相位相反的两个正弦信号 u_3 和 u_4，最后通过逻辑组合电路在一个栅距内可获得均匀分布的四个脉冲信号，送到可逆计数器。图 7-36 所示为一种四倍频细分电路。

第七节　磁栅式位移测量系统

一、磁栅

磁栅也是一种测量位移的数字传感器，它是在非磁性体的平整表面上镀一层磁性薄膜，并用录制磁头沿长度方向按一定的节距 λ 录上磁性刻度线而构成的，因此又把磁栅称为磁尺。磁栅录制后的磁化结构相当于多个小磁铁按 NS、SN、NS、…的状态排列起来，如图 7-37 所示。因此在磁栅上的磁场强度呈周期性地变化，并在 N—N 或 S—S 相接处为最大。

磁栅可分为单面型直线磁栅、同轴型直线磁栅和旋转型磁栅等。磁栅主要用于大型机床和精密机床的位置或位移量的检测元件。磁栅和其他类型的位移传感器相比，具有结构简单、使用方便、测量范围大（1~20m）和磁信号可以重新录制等优点。其缺点是需要屏蔽和防尘。

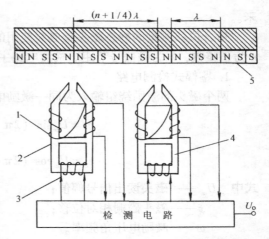

图 7-37　磁栅式位移传感器的结构示意图
1—输出绕组　2—铁心　3—激励绕组
4—磁头　5—磁尺

二、磁栅式位移传感器的结构及工作原理

磁栅式位移传感器的结构原理如图 7-37 所示。它由磁尺（磁栅）、磁头和检测电路等组成。磁尺是检测位移的基准尺，磁头用来读取信号。按显示读数的输出信号方式的不同，磁头可分为动态磁头和静态磁头。动态磁头上只有一个输出绕组，只有当磁头和磁尺相对运动时才有信号输出，因此又称动态磁头为速度响应式磁头。静态磁头上有两个绕组，一个是激励绕组，另一个是输出绕组，这时即使磁头与磁尺之间处于相对静止，也会因为有交变激励信号使磁头仍有信号输出。检测电路主要用来供给磁头激励电压和把磁尺检测到的信号转换为脉冲信号输出。磁栅式位移传感器允许最高工作速度为 12m/min，系统的精度可达 0.01mm/m，最小指示值为 0.001mm，使用范围为 0~40℃。

三、检测电路

当磁尺与磁头之间的相对位置发生变化时，磁头的铁心使磁尺的磁通有效地通过输出绕组，由于电磁感应在输出绕组中将产生电压，该电压将随磁尺磁场强度周期的变化而变化，从而可将位移量转换成电信号输出。图 7-38 为磁信号与磁头输出信号的波形图。磁头输出信号经检测电路转换成电脉冲信号并以数字形式显示出

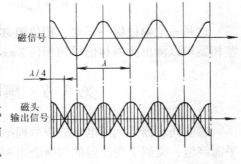

图 7-38　磁信号与磁头输出信号波形图

来。

适合位移测量的静态磁头是成对使用的，两组磁头相距（$n+1/4$）λ，其中 n 为正整数，λ 为磁信号节距。检测电路主要有鉴幅式和鉴相式。

1. 鉴幅式检测电路

两个磁头的激励绕组输入为同一激励电压，两磁头输出相差为90°的信号

$$e_1 = U_m \sin\left(2\pi\frac{x}{\lambda}\right)\cos2\omega t$$

$$e_2 = U_m \cos\left(2\pi\frac{x}{\lambda}\right)\cos2\omega t$$

式中　U_m——磁头读出信号幅值；

　　　　x——磁头磁栅相对位移；

　　　　ω——激励电压角频率。

将 e_1 和 e_2 分别进行放大、检波和滤波，消除信号中载波成分后，得到

$$e'_1 = U'_m \sin\left(2\pi\frac{x}{\lambda}\right)$$

$$e'_2 = U'_m \cos\left(2\pi\frac{x}{\lambda}\right)$$

这两个信号都仅是位移 x 的函数，在相位上相差90°，把它们送入到辨向计数电路及细分电路，可得到数字量输出的位移测量结果。

2. 鉴相式检测电路

当用相位相差 $\pi/4$ 的两个激励电压分别输入到两个激励绕组，两个输出绕组的输出信号为

$$e_1 = U_m \sin\left(2\pi\frac{x}{\lambda}\right)\cos2\omega t$$

$$e_2 = U_m \cos\left(2\pi\frac{x}{\lambda}\right)\cos2\left(\omega t - \pi/4\right)$$

将这两个信号送入减法器，得到

$$u_0 = U_m \sin\left(2\omega t - 2\pi\frac{x}{\lambda}\right)$$

这是一个幅值保持不变、相位随磁头与磁栅相对位置变化而变化的信号，用鉴相器可以测出此调相信号的相位 $2\pi x/\lambda$，从而计量出位移 x。

第八节　感应同步器系统

感应同步器是利用电磁感应原理把位移量转换成数字量的传感器。它有两个平面绕组，类似于变压器的初级绕组和次级绕组，位移运动引起两个绕组间的互感变化，由此可进行位移测量。按测量机械位移对象的不同感应同步器可分为直

线型感应同步器和圆盘型感应同步器两大类。前者用于直线位移的测量，后者用于角位移的测量。

感应同步器与其他位移传感器相比，具有以下的特点：

（1）感应同步器利用电磁原理工作，感应电势取决于磁通的变化率。受环境，如油污、尘埃、温度的影响很小。

（2）感应同步器的基板一般使用铸铁和钢制造，和机械设备使用的材料一致。在机械设备上使用感应同步器时，环境温度变化对测量精度的影响很小。

（3）感应同步器的输出电信号是由同步器的滑尺与定尺之间的相对位移产生的，中间不经过任何传动机构，因此它的测量精度较高。

（4）直线型感应同步器的测量长度，可根据需要任意接长至20m。

（5）感应同步器的相对位移是非接触式的，因而它的使用寿命长、便于维护。

由于感应同步器具有上述特点，直线型感应同步器已广泛应用在各种机械设备上，特别是各种机床的位移数字显示、自动定位和数控系统。圆盘型感应同步器应用于导弹制导、陀螺平台、射击控制、雷达天线定位、射电望远镜的跟踪、经纬仪、精密机床转台及其他回转伺服系统等。

一、感应同步器的结构

感应同步器可以分为两大类：测量直线位移的直线型感应同步器和测量角位移的圆型感应同步器。这两种类型的结构都主要由固定部分和运动部分组成，固定部分指的是直线型的定尺或圆型的定子；运动部分对应于直线型的滑尺或圆型的转子。定尺和转子上是连续绕组，滑尺和定子上间隔排列着周期相同而相角相差90°的正弦和余弦两组断续绕组，如图7－39所示。

直线感应同步器又分为标准型、窄型、带型和三重型。前三种的结构相同，绕组节距 d 均为2mm，因此都只能在2mm内细分，而对2mm以上的距离则无法区别，只能用增量计数器建立相对坐标系统。三重型由粗、中、细三套绕组组成，它们的周期分别为4000mm，200mm，2mm，并分别按200mm，2mm和0.01mm细分，建立了一套绝对坐标测量系统，可由输出信号辨别测量的绝对尺寸。圆形感应同步器有直径为302 mm，178 mm，76 mm和50 mm四种，径向导线数（亦称为极数）有360，720，1080和512，在极数相同条件下，直径愈大，精度愈高。

二、感应同步器的工作原理

感应同步器的工作原理是基于电磁感应，电磁感应是由于导体切割磁力线而在导体上产生感应电势的一种现象。这种现象不仅表现在导体运动切割磁力线产生感应电势这一方面，而且还表现在处于交变磁场中的导体也存在产生感应电势这一现象。假使将一个通有交流电的单匝线圈与另一个单匝线圈靠的很近，后者

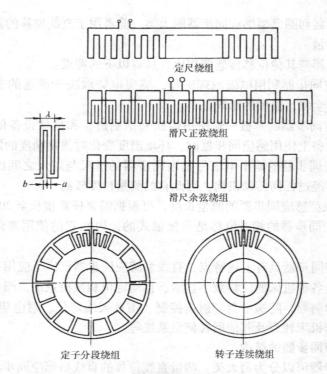

定尺绕组

滑尺正弦绕组

滑尺余弦绕组

定子分段绕组　　　　　　　　转子连续绕组

图 7－39　感应同步器的绕组示意图

就会产生感应电势。图 7－40 是直线型感应同步器的工作原理示意图，从图中可知，定尺为连续绕组，其绕组间距为 λ。滑尺上的绕组为 U 字型分段绕组，把它们连成两相绕组，分别称为正弦绕组 S 和余弦绕组 C，它们在空间位置分布上互相错开四分之三节距（3λ/4）。当滑尺任一相绕组通以电流，在其周围空间就会产生磁场，若以交变电流励磁，那么磁场的幅值将随时间而变化。为简明叙述感应电压与位移的关系，图中 S 表示滑尺正弦绕组，C 表示滑尺余弦绕组，S＝1 代表绕组 S 通有励磁电流，C＝0 代表绕组 C 未通励磁电流，以图 7－40b 中（1）位置为坐标起点。

当滑尺处于图 7－40b 中（1）位置时，环绕定尺导体的磁场最强，定尺绕组的感应电势最高，即 $e＝E_m$，滑尺向右移动，环绕定尺绕组的磁场逐渐减小，感应电势逐渐减小，当移动到 λ/4 位置时，相邻两感应单元的空间磁通全部抵消，如图 9－40b 中（2）所示，这时定尺绕组的感应电势 $e＝0$。滑尺继续向右移动，感应电势由零变负，当移到 λ/2 处时，即图 9－40b 中（3）位置，感应电势达到负最大值即 $e＝-E_m$。此后，当滑尺继续向右移动，感应电势逐渐升高，向正方向变化，当移到 3λ/4 时，感应电势 $e＝0$。滑尺继续向右移动，感应电势由零变正，当滑尺移到 λ 时，感应电势又达到正最大值。这样，当滑尺移

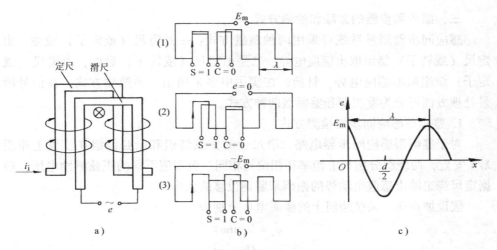

图7-40 感应同步器的工作原理

动时,定尺绕组就输出与位移成余弦关系的感应电势 e,如图7-40c所示。如果在余弦绕组 C 上也加励磁电流,定尺绕组就输出以 $3\lambda/4$ 为起始点的正弦感应电势。

由上述过程可知,当滑尺绕组加上激励电压时,定尺绕组产生的感应电势随着滑尺耦合位置的改变作周期性地变化,相对位置移动 λ,感应电势变化一周。因此,可以把感应电势与机械位移相互联系起来。假设加到正、余弦绕组上的激励电压为

$$u_i = U_m \sin\omega t$$

则正、余弦绕组在定尺绕组上对应产生的感应电动势分别为 e_s 和 e_c,表达为

$$e_s = KU_m \cos\frac{2\pi}{\lambda}x\cos\omega t$$

$$e_c = KU_m \sin\frac{2\pi}{\lambda}x\cos\omega t$$

式中 e_s ——单正弦绕组激励时,定尺绕组产生的感应电势;

e_c ——单余弦绕组激励时,定尺绕组产生的感应电势;

K ——感应同步器最大电磁耦合系数;

x ——机械位移;

λ ——绕组节距;

ω ——角频率。

上述各式表明,若滑尺正弦绕组励磁,定尺连续绕组感应电势是定尺、滑尺之间相对位移 x 的余弦函数,从而可把机械位移量转换成电信号。因此只要测量出感应同步器感应电势的幅值或相位即可;若滑尺余弦绕组励磁,定尺连续绕组感应电势是定尺、滑尺之间相对位移 x 的正弦函数。

综上所述,根据感应同步器的变化状态,便可达到测量机械位移量的目的。

三、感应同步器的激励和检测方式

感应同步器测量系统可采用两种激磁方式：一是滑尺（或定子）激磁，由定尺（或转子）绕组取出感应电势；二是由定尺（或转子）激磁，由滑尺（或定子）绕组取出感应电势。目前，在实用中多采用第一种激磁方式。在信号测量处理方面可分为鉴相型和鉴幅型两种方式。

1. 鉴幅型感应同步器检测方式

对于鉴幅型感应同步器电路，滑尺上的正弦绕组和余弦绕组在位置上相距 $\lambda/4$ 安置，两绕组分别加上频率和相位均相同、但幅值不同的正弦激励电压，根据定尺绕组输出感应电动势的振幅来鉴别位移的大小。

假设加在正、余弦绕组上的激磁电压分别为

$$u_s = U_s \sin\omega t$$

$$u_c = U_c \sin\omega t$$

则对应产生的感应电动势分别为 e_s 和 e_c 为

$$e_s = -KU_s \cos\theta\cos\omega t \qquad (7-16)$$

$$e_c = KU_c \sin\theta\cos\omega t \qquad (7-17)$$

$$\theta = \frac{2\pi}{\lambda}x$$

式中　θ——位置相位角。

则定尺绕组输出的感应电动势 e 为

$$e = e_s + e_c = K(U_c\sin\theta - U_s\cos\theta)\cos\omega t \qquad (7-18)$$

利用函数变压器使激励电压的幅值满足如下关系

$$U_s = U_m\sin\varphi \qquad (7-19)$$

$$U_c = U_m\cos\varphi \qquad (7-20)$$

把式（7-19）和（7-20）代入式（7-18）中，得到

$$e = KU_m\sin(\theta - \varphi)\cos\omega t = E_m\cos\omega t \qquad (7-21)$$

式中　φ——激励电压的相角；

E_m——输出感应电动势的幅值

$$E_m = KU_m\sin(\theta - \varphi) \qquad (7-22)$$

由此可见定尺绕组输出的感应电动势 E_m 随位置相角 $\theta(\theta = 2\pi x/\lambda)$ 变化而变化。采用这种激励方式可以把感应同步器着作一个调幅器，将位移的变化转换为载波幅值的变化，因此，将感应电动势送到数字鉴幅电路，测量出幅值变化就可完成位移的测量。图 7-41 所示为一种鉴幅型感应同步器测量系统框图。初始时使 $\phi = \theta$，当滑尺由初始位置移动 Δx 时，感应电动势相位变化 $\Delta\theta$，$\Delta\beta = \theta - \phi \neq 0$，当 $\Delta\beta$ 达到一定值时，即感应电动势达到一定值时，门槛电路就会发出指令

脉冲，转换计数器开始计数并控制函数电压发生器，调节激励电压幅值的相位 ϕ，使其跟踪 θ。当 $\theta = \phi$ 时，感应电动势幅值降到门槛电压以下，并撤消指令脉冲，停止计数。结果转换计数器的计数值与滑尺位移相对应，通过当量换算可得到测量位移值。

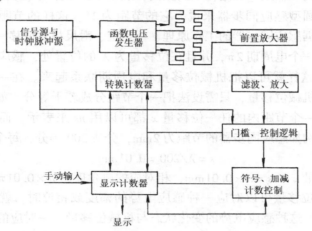

图 7 - 41 鉴幅型感应同步器系统框图

2. 鉴相型感应同步器检测方式

滑尺上的正弦绕组和余弦绕组的安装也在位置上错开 $\lambda/4$，而且以频率和幅值均相同、但相位相差 90° 的交流电压分别加到正弦绕组和余弦绕组上，通过定尺感应电动势相位的变化来测量滑尺位移的大小。

假设加在正、余弦绕组上的电压 u_s 和 u_c 分别为

$$u_s = U_m \sin\omega t$$

$$u_c = U_m \cos\omega t$$

它们在定尺绕组上产生的感应电动势分别为

$$e_s = -E_m \sin\theta\cos\omega t$$

$$e_c = E_m \cos\theta\cos\omega t \tag{7-23}$$

总感应电动势为

$$e = e_s + e_c = E_m \sin(\omega t - \theta) \tag{7-24}$$

式中 E_m ——定尺绕组感应电动势幅值，$E_m = KU_m$；

$\quad\quad \theta$ ——位置相角，$\theta = \dfrac{2\pi}{\lambda}x$。

由式（7-23）和式（7-24）可知，在一个节距 λ 内，感应电动势的位置相角 θ 与位移 x 呈线性关系，每经过一个节距，相角 θ 变化一个周期，故可以通过相角变化来测量滑尺位移。采用这种激励方式时，感应同步器可以看作一个调相

器，把相对位移转换为载波相位变化，可将感应电动势 e 送到数字鉴相电路，测出相位变化即可测出位移。

四、感应同步器的细分原理

由于感应同步器工艺和结构上的原因，绕组中的节距 λ 较大，一般为 2mm，对于 720 极的圆型感应同步器来说，它的节距是 1°。这样的节距是无法测量微小位移的。根据感应同步器的工作原理，每当定、滑尺相对位移一个节距 λ，感应电势就变化一个电周期 2π，并且在位移量为 λ 的位置处，感应电势处于零状态，即 $e=0$。这样就可以把机械位移量和电周期联系起来。在—个节距内，如想测量微小的机械位移量，只需设法把一个节距分成若干等分，如果用 s 表示一个等分，那么—个节距内的任一位移量 x 都可以用 ns 来表示，而且和一定的电角度相对应。例如感应同步器的节距为 2mm，分成 200 等分，每个等分为

$$s = \lambda/200 = 0.01\text{mm}$$

任一位移量 $x = ns = n \times 0.01\text{mm}$，相对应的电角度为 $n \times 0.01\pi$。如果当这个小于节距 λ 的位移量可以对应一种感应电势的幅度或相位时，就可以把这种位移量检测出来。这种感应电势的变化状态与机械位移量——对应的关系称为感应同步器的细分。

为了进—步说明细分原理，给定尺绕组以激励电压，若滑尺上仅有一相绕组，则感应电势如图 7－42 所示，感应电势 E_{cx} 对应两个位移量 x_1 和 x_2，因此位移量无法和感应电势的幅值建立——对应的关系。

如果在滑尺上的两相绕组在空间位置上错开 90°，同样是用定尺励磁，则滑尺两绕组的感应电势 E_s 和 E_c 相差 90°，如图 7－43 所示。在相同的 E_{cx} 之下，对应着两个不同的位移量 x_1 和 x_2。而 x_1 在余弦曲线上的交点，所对应的 E_{sx} 为正值，x_2 在余弦曲线上的交点，所对应的 E_{sx} 为负值。这样便可以用 E_{sx} 是正值还是负值来区分 x_1 和 x_2 的位移量。这样在—个节距内，每一个位移量便与两相感应电势的变化状态建立起了相互对应关系，即在—个节距内进行细分，实现检测小于节距 λ 的微小位移量的目的。

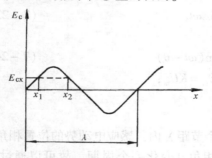

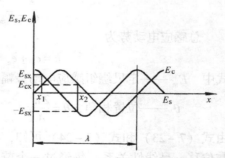

图 7－42　一相绕组感应电动势与位移关系　　图 7－43　两相绕组感应电动势与位移关系

第九节　光纤位移测量系统

光纤位移传感器可分为元件型和反射型两种型式。元件型位移传感器是通过压力或应变等形式作用在光纤上，使光在光纤内部传输过程中，引起相位、振幅、偏振态等变化，只要我们能测得光纤的特性变化，即可测得位移。在这里光纤是作为敏感元件使用的。下面介绍反射式光纤位移测量系统。

一、反射式光纤位移传感器的工作原理

反射式光纤位移传感器的工作原理，如图7-44所示。恒定光强的光源 S 发出的光经耦合进入入射光纤1，并从入射光纤的出射端射向被测物体，被测物体（联接在器件4的背面）反射的光一部分被接收光纤接收，根据光学原理可知反射光的强度与被测物体的距离有关，因此，只要测得反射光的强度，便可知物体位移的变化。

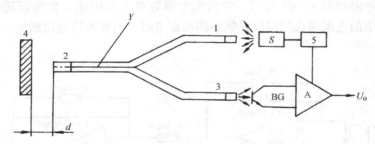

图7-44　反射型光纤位移传感器工作原理图

1—光纤接受端头　2—光纤发送接受端头　3—光纤发送端头　4—反射镜面　5—电源

Y—Y型分叉光纤束　S—光源　BG—受光器　d—反射镜面与光纤

发送接受端"2"之间的距离　A—放大器　U_o—输出电压

从图7-45的特性曲线可以看出，当被测物体从距离为零逐渐远离光纤位移探头时，输出信号随位移的增大而增加，直到达到最大输出，如果被测物体再远离光纤位移探头时，输出信号将逐渐减弱。出现上述现象是由于光纤探头光照和光反射面积的变化而形成的，见图7-46所示。当光纤探头紧贴在被测物体上时，接收光纤接受不到反射光，光电转换元件也就没有光电流输出。当被测物体逐渐远离光纤探头时，由于入射光纤照亮被测物体表面的面积 A 越来越大，相应的发射光锥和接收光锥重合面积 B 也越来越大，因此接收光纤受反射光照射的面积也逐渐增大，使光电转换电路输出的电流也逐渐增大，直达曲线上的最亮点 I_{max}。到达 I_{max} 之后，当被测物体继续远离时，反射光射入接收光纤的面积逐渐减小，所以光电转换电路的输出信号也逐渐减弱。

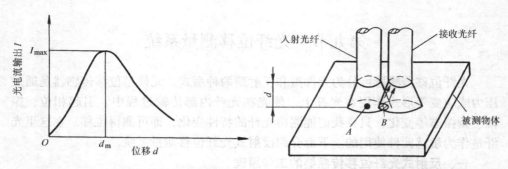

图7-45　光纤位移传感器的输出特性　　　图7-46　光纤位移传感器光反射原理图

在实际应用中，常把位移的原点移至曲线的 d_m 处，这样就把曲线分为左右两边，左边的曲线为近程位移测量曲线，右边为远程位移测量曲线。

二、光电转换及放大电路

光电转换元件通常使用光敏二极管将光纤中的光信号转换为电信号。光电转换及放大电路如图7-47所示，它由两个运算放大器组成。为保证转换的稳定性，线路中的电阻应选用温度系数小的精密电阻，电容器应选用漏电小的涤纶电容器。

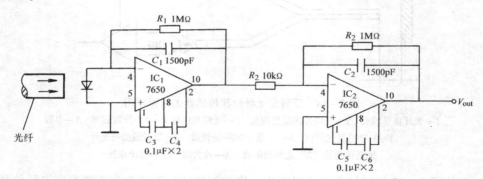

图7-47　光电转换及放大电路

第十节　轴角编码器

轴角编码器又称码盘，是测量轴角位置和位移的一种数字式传感器。它的精确度、分辨率和可靠性都很高。轴角编码器有两种类型：绝对式编码器和增量式编码器。增量式编码器需要一个计数系统，旋转的码盘通过敏感元件给出一系列脉冲，它在计数器中对某个基数进行加或减，从而记录了旋转的角位移量。绝对式编码器可以在任意位置给出一个与固定的位置相对应的数字量输出。如果需要测量角位移量，它也不一定需要计数器，只要把前后两次位置的数字量相减就可以得到要求测量的角位移值。它们的敏感元件可以是光电式的、磁电式的或电刷接触式的等等。由于光电式编码器具有非接触和体积小的特点，且分辨率很高，在旋转一周内可产生数百万个脉冲，因此，它是目前应用最为广泛的一种编码器。光电编码器在数控机床、机器人的位置控制、机床进给系统的控制、角度的测量以及通信和自动化控制等方面都发挥着重要的作用。

一、绝对式编码器

绝对式编码器又称直接编码器，图 7 – 48 是一个四位直接二进制编码的码盘示意图。它按照轴角位置直接给出相对应的编码输出，而不需要专门的开关电路。它的信号取出方式可以是接触式的、光电式的等。对于接触式的码盘，图中黑的部分是导电的，白的部分是绝缘的，信号就从电刷取出。如果是光电式的码盘，则图中黑的部分是透光的（或不透光的），白的部分是不透光的（或透光的），图中的电刷就代之以光电元件。

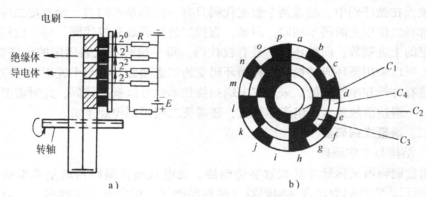

图 7 – 48　二进制绝对编码器码盘

工作时，码盘被固定在旋转轴上，随轴旋转。一个公共电源的正端被接到码盘所有的导电部分，另一端接至负载。四个电刷沿一固定的径向安装，如图 7 – 48a 所示，它们分别与四个码道相接触。电刷的引线分别接至各自负载的另一端。根据轴角位置状态，电刷将分别输出"1"电平或"0"电平。C_1 对应最高位、C_4 对应最低位，轴转角对应输出的二进制数为 $C_1C_2C_3C_4$，例如，接触第 i 块区域时，它们的输出码为 1000。

编码器的精确度决定于码盘的精确度，分辨率则决定于码道的数目。为了得到高的分辨率和精确度，就需要增大码盘的尺寸，以容纳更多的码道。也可以采用变速装置，利用多个码盘来获得需要的码道数，而不必要求太大的码盘尺寸，同时也可以相应降低码盘制作精度的要求。但是，同步电路的能力、变速装置的误差及机械加工装配误差等，将限制编码器的精确度。

绝对式编码器有一个需要注意的问题是由于信号检测元件不同步、或者码道制作中的不精确所引起的错码。例如，图 7 – 48b 中的码盘在作顺时针方向旋转，从位置 0000 码变为 1111 码时，四个电刷（检测元件）都要改变它们的接触状态，而且只有同时改变时才能得到正确的结果，即从 0000 码变为 1111 码。如果其中一个电刷，例如第四位，比其它电刷接触导电早一些，那么将先出现 1000 码，然后再变为 1111 码。1000 码的出现很显然是错误的。应该指出：即使是最精密的制造技术，也不可能得到完全同步，而且造成不同步的原因常常是多方面的。为此，必须在编码器设计中加以解决。

解决错码的方法基本上有两种：一是从编码技术着手；另一是从扫描技术上解决。在编码技术上分析错码的原因是由于从一个码变为另一个码时存在着几位码需要同时改变状态，一旦这个同步要求不能得到满足，就会产生错误。如果每次只有一位码需要改变状态，那么错码现象就不会发生。因此，可以根据这个要求来设计编码。比如，用循环码（格雷码）来代替直接二进制码就可以消除错码现象。在循环码中，相邻两个数的代码只有一位码是不同的，而直接二进制码则经常有二位以上的码不相同。但是，直接二进制码是有权代码，每一位码代表一固定的十进制数；而循环码不是有权代码，每一位码不代表固定的十进制数。因此，可以采用循环码转换电路将循环码变为二进制数，再与十进制数对应。转换电路有并行和串行式的。采用双电刷扫描技术也可以解决错码，此时需要两组电刷，一组超前放置，一组滞后放置，还需要二组识别控制逻辑。

二、增量式编码器

1. 结构与工作原理

增量编码器又称脉冲盘式数字传感器。光电式增量编码器的基本组成如图 7-49 所示。它的码盘比直接编码器（绝对编码器）的码盘简单得多，一般只需 3 条码道。光电元件也只需 3 个。

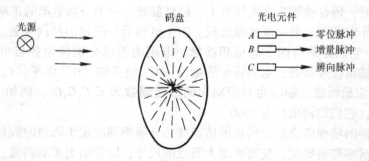

图 7-49 脉冲盘式数字传感器

码盘上最外圈码道上只有一条透光的狭缝与光电元件 A 配合，它作为码盘的基准位置，所产生的脉冲将给计数系统提供一个初始的零位（清零）信号；中间一圈码道称为增量码道，它与光电元件 B 配合；最内一圈码道称为辨向码道，

它与光电元件 C 配合。增量码道和辨向码道都等
角距地分布着 m 个透光与不透光的扇形区，但
彼此错开半个扇形区即 $90°/m$，如图 7 – 50 所
示。扇形区的多少决定了增量编码器的分辨率

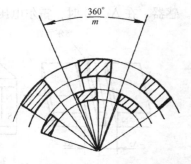

$$\theta = \frac{360°}{m}$$

码盘每转一周，与这两圈相对应的光电元件
B 和 C 将产生 m 个增量脉冲和 m 个辨向脉冲。
由于两圈码道在空间上彼此错开半个扇区即 $90°/$ 图 7 – 50　增量码道与辨向码道
m，所以增量脉冲与辨向脉冲在时间上相差 1/4
个周期，即相位上相差 $90°$。与 A 光电元件产生的零位脉冲配合，如果检测到 N
个增量脉冲，则对应角位移为 $N\theta$（$N \leqslant m$）。为分辨出正反方向角位移，需要进
行方向判别。

2. 旋转方向的判别

辨向和计数原理和光栅测量系统一样，只需将图 7 – 49 中 B 和 C 两个光电
元件产生的信号送到图 7 – 34 的辨向电路，增量脉冲作为 u_1、辨向脉冲作为 u_2，
再用 A 光电元件产生的零位脉冲使可逆计数器清零。

第十一节　其他位移传感器

一、霍尔式微量位移传感器

霍尔元件具有结构简单、体积小、动态特性好和寿命高的优点，它不仅用于
磁感应强度、有功功率及电能参数的测试，而且在位移测量中也得到了应用。

由霍尔效应可知，当激励电流恒定时，霍尔电压 V_H 与磁感应强度成正比，
若磁感应强度 B 是位置 x 的函数，则霍尔电压的大小就可用来反映霍尔元件的位
置。当霍尔元件在磁场中移动时，其输出霍尔电压 V_H 的变化就反映了霍尔元件
的位移量 Δx。利用上述原理便可对微量位移进行测量。

图 7 – 51 给出了一些霍尔式位移传感器的工作原理图。图 7 – 51a 是磁场强
度相同的两块永久磁铁，同极性相对放置，霍尔元件处在两块磁铁的中间。由于
磁铁中间的磁感应强度 $B = 0$，因此霍尔元件输出的霍尔电压 V_H 也等于零，这时
位移 $\Delta x = 0$。若霍尔元件在两磁铁中产生相对位移，霍尔元件感受到的磁感应强
度也随之改变，这时 V_H 不为零，其量值大小反映出霍尔元件与磁铁之间相对位
置的变化量。这种结构的传感器，其移动范围可达 5mm，当位移小于 2mm 时，
输出霍尔电压与位移之间有良好的线性关系。传感器的分辨率为 0.001mm。

图 7 – 51b 所示是一种结构最简单、由一块永久磁铁组成磁路的霍尔位移传

感器。在 $\Delta x = 0$ 时，霍尔电压不等于零，因此它的线性范围很窄。

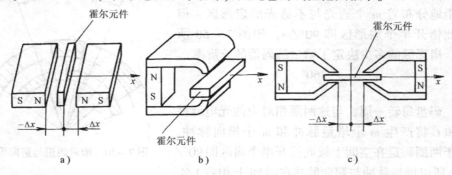

图 7 - 51　霍尔式位移传感器的工作原理图

图 7 - 51c 是由两个结构相同的磁路组成的霍尔式位移传感器。为了获得较好的线性分布，在磁极端面装有极靴，霍尔元件调整好初始位置时，可以使霍尔电压 $V_H = 0$。这种传感器灵敏度很高，但它所能检测的位移量较小，适合于微小位移量及机械振动的测量。

采用霍尔元件测量大位移的方案如图 7 - 52 所示。在非磁性材料安装板 2 上，间隔均匀地安装小磁钢 1，磁极方向如图所示。霍尔元件 3 用非磁性材料过渡极板 4、连杆 5 与被测物体相接。被测物体 6 沿箭头所示方向运动时，霍尔元件依次经过多个小磁钢，每经过一个小磁钢，霍尔元件就输出一个电压脉冲信号。因此，检测出脉冲数就可计算出被测物体的位移。此方案的分辨率等于小磁钢间距，测量精度与磁钢的间距精度有关。

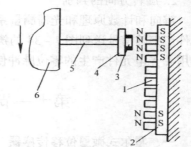

图 7 - 52　大位移霍尔元件位移传感器原理图
1—小磁钢　2—安装板　3—霍尔元件
4—过渡安装块　5—连杆　6—被测物体

二、振弦式位移传感器

振弦式位移传感器的结构原理如图 7 - 53 所示。拉紧的振弦放置在由永久磁铁产生的磁场内，振弦的一端固定在支承上，另一端与传感器运动部分相连并拉紧。振弦的固有频率 f 与振弦受拉产生的绝对伸长量 ΔL 直接相关，当弦的材料固定时，只要检测出 f 即可确定位移量 ΔL。

振弦式位移传感器的输出特性呈非线性，但在位移量范围不大，在 2 ~ 6mm 范围内可保证传感器的线性误差不大于 1%，其分辨率可达 0.001mm。

为了测出振弦的固有频率 f，必须设法激励振弦振动。激励的方法有两种，一种是用激磁线圈连续激励方式，另一种是采用脉冲间歇激励的方式。传感器中的线圈既是激励器也是检测器，线圈由振弦振动产生的感应电压频率与振弦振动频率相同，它是将位移量变为电频率信号输出，只要测得感应电压的频率，也就知道了位移量的大小。

三、磁阻式位移传感器

图 7－54 是磁阻式位移传感器的工作原理图。磁敏电阻与被测物体连接在一起，当待测物体移动时将带动磁敏电阻在磁场中移动，由于磁阻效应，磁敏电阻的阻值将发生变化，如果检测得磁敏电阻阻值的变化，便可知待测物体位移大小。

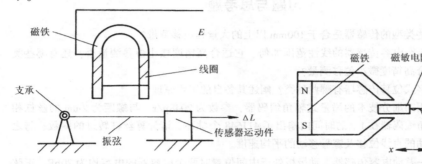

图 7－53　振弦式位移传感器结构原理图　　　图 7－54　磁阻式位移传感器原理

这种传感器结构简单、体积小、精度高，并可用于非接触式检测。缺点是量程小，适用于 5mm 以下位移量的测量。

四、超声波测距系统

图 7－55 是超声波测量距离电路，超声波传感器采用 MA40S2S。用 NE555 构成的低频振荡器调制 40kHz 的高频信号，高频信号通过超声波传感器以声能形式辐射出去，辐射波遇到被检测物体就形成反射波，被 MA40S2S 所接收，反

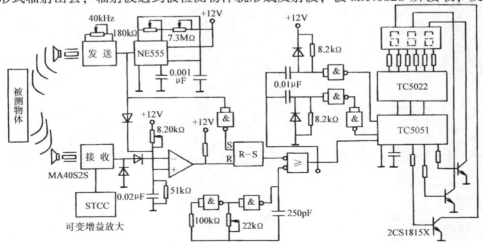

图 7－55　超声波测距电路

射波的电平与被检测物体距离远近有关，电平差别会达到几十分贝以上。由此，在电路中设置可变增益放大器对电平进行调整，此后信号通过定时控制电路、触发电路、门电路变换为与距离相对应的信号，再用时钟脉冲对该信号的发送波与接受波之间的延迟时间进行计数，计数器的输出值就是相应的距离。

另外还有旋转变压器、偏光式角位移传感器、陀螺仪及射频位移传感器等位移测量系统，在此不能一一介绍。

习题与思考题

7-1 哪些类型的传感器适合于100mm以上的大量程位移测量？

7-2 变极距电容传感器的线性范围如何、它适合高精度微小位移测量否？还有哪些类型的传感器适合高精度微小位移测量？

7-3 数字式位移传感器有哪些种类？阐述其各自的工作原理？

7-4 采用四细分技术的增量式轴角编码器，参数为2048p/r，与螺距为2mm的丝杠相联接。实测轴角编码器在1 s的时间内输出了411648个脉冲，请计算丝杠转过的圈数、与之配合的螺母移动的直线位移及螺母移动的平均速度。

7-5 有一差动电容传感器，动极板处于中间位置时两个电容器的电容均为20pF，正弦激励源的电压峰—峰值为12V、频率为15kHz，请完成：（1）设计一个电桥电路，具有电压输出的最大灵敏度；（2）计算传感器以外两个桥臂的匹配阻抗值；（3）传感器电容变化量为1pF时，桥路的输出电压为多少？

第八章 振动的测量

第一节 概 述

机械振动是自然界、工程技术和日常生活中普遍存在的物理现象。各种机器、仪器和设备，当它们处于运行时，由于不可避免地存在有诸如回转件的不平衡、负载不均匀、结构刚度的各向异性、润滑不良及间隙等原因而引起受力的变动、碰撞和冲击，以及由于使用、运输和外界环境条件下能量的传递、存储和释放都会诱发或激励机械振动。所以说，任何一台运行着的机器、仪器和设备都存在着振动现象。

通常情况下，机械振动是有害的。振动往往会破坏机器的正常工作和原有性能，振动的动载荷使机器加快失效、甚至损坏造成事故。机械振动还直接或间接地产生噪声，恶化劳动条件和环境，影响人类的健康，已成为现代一种严重的公害。但机械振动也有可利用的一面，如输送、夯实、捣固、清洗、脱水、时效等振动机械，只要设计合理，它们都有耗能小、效率高、结构简单等优点。

随着现代工业技术的发展，特别是电子计算机的应用，振动理论研究已发展到较高的新水平，可以从理论上分析许多重要而复杂的振动问题。但生产实践中遇到的机械设备，一般都是一个复杂的振动系统，往往要做许多简化后才能解析地进行理论分析，最终需要采取试验手段来验证理论分析的正确性。现代设计对各种机械提出了低振级和低噪声的要求，要求各种结构有高的抗振能力，有必要进行机械动力结构的振动分析或振动设计，这些都离不开振动的测量。在现代生产中，为了使设备安全运行并保证产品质量，往往需要检测设备运行中的振动信息，进行工况监测，故障诊断，这些都需要通过振动的测试和分析才能实现。总之，机械振动的测试在生产和科研的许多方面占有重要的地位，振动测试作为一种现代技术手段，广泛应用于机械制造、建筑工程、地球物理勘探、生物医疗等各个领域。

振动测量的方法按振动信号转换的方式可分为机械法、光学法和电测法。

机械法是利用杠杆原理将振动量放大后直接记录下来的一种方法。机械式振动仪虽有结构简单，不需要电源和光源，且不受各种干扰的影响等优点，但由于其体积大、灵敏度低和使用频率范围窄等缺点，除了少数特定场合外，以被电测法取代。

光测法是将机械振动转换为光信息再进行测量的一种方法。如读数显微镜测振、激光干涉法测振等都属于光测法。其中激光干涉法测振具有极高的精度和灵敏度，可以测量微米级以下的微振动。光测法调整复杂，对测试环境要求严格，且不便于转移，因此一般只限于实验室内作为标准振动仪器的标准计量装置。但近年来光导纤维传感器的研究取得了令人瞩目进展，这种传感器也可应用于机械振动的测量，由于其某些特殊性能，是一种很有发展前途的传感器类型。

电测法是通过传感器将机械量转换成电量，然后对电量进行测定与分析，从而获得被测机械振动量的各种参数值。它是一种实用的振动与冲击测量手段，具有以下明显优点：

1）具有较宽的使用频率范围、较高的灵敏度和较大的动态范围。它不仅能满足一般的稳态振动过程的测量，而且也能适应持续时间极短的冲击过程的测量。

2）机电转换用的传感器类型多。因此有余地选用不同类型的传感器，适应不同测试对象的需求，以取得最佳测试结果。

3）电测法易于实现多点同时测量和远距离遥控测量，电测信号易于记录、检测和进一步分析处理。

第二节　测振传感器

一、测振传感器的分类及工作原理

测振用传感器又称拾振器，是感受物体振动并将其转换成电信号的一种传感元件。

根据被测振动参数的不同，测振传感器可分为位移传感器、速度传感器和加速度传感器。由于振动的位移、速度、加速度之间保持简单的微积分关系，所以许多测振仪器中，往往带有简单的微积分电路，可以根据需要作位移、速度、加速度之间的切换。

根据参数变换原理的不同，测振传感器又可分为磁电式、压电式、电感式、电容式、电阻应变式以及光学式等。

根据传感器与被测物体的关系还可分为接触式和非接触式测振传感器两大类。电容传感器、电涡流传感器常用于振动位移的非接触测量。在接触式测量中，根据测量参考坐标的不同，测振传感器又可分为相对式和绝对式两类：

相对式测振传感器是选定相对不动点为参考点，测量被测物体相对于该参考点的相对运动。即将传感器壳体固定在相对静止的物体上，作为参考点，传感器活动部分与被测物体连接或通过弹簧压紧在被测物体上。测振时，把两者之间的相对运动直接记录在记录纸上或转换成电量输给测振仪。

　　绝对式测振传感器通常是由一个质量块、弹簧和阻尼器组成的惯性系统，故又称惯性测振传感器。测振时，整个传感器固定安装在被测物体上，由于惯性力、弹簧力及阻尼力的综合作用，使质量块对传感器壳体的相对运动来反映被测物体振动参数的变化。惯性式传感器所测的是被测物体相对于地球惯性坐标系的绝对振动。

　　相对式传感器适用于测量结构上两部件间的相对振动，这种相对振动直接反映了结构本身的弹性变形。相对式传感器只有在作为参考系的外壳物体静止时，才能测得绝对振动。因此当需要测量结构上某点的绝对振动而周围又不能建立静止参考系时，只能采用惯性式传感器。如测量发电机轴承座的绝对振动时，周围部件包括基础都参与了振动，因此只能用惯性式传感器进行测量；再如测量行驶中汽车的振动、楼房的振动及地震等，都必须采用惯性式传感器来测量。

二、惯性式测振传感器的力学原理

1. 惯性式测振传感器的力学模型与特性

　　惯性式测振传感器是测振最常用的一种传感器，简化后的力学模型如图 8 – 1 所示。它是由质量元件、弹簧及阻尼器组成的单自由度有阻尼强迫振动系统。测振时，传感器固定在被测物体上，当被测物体以 $y = y_0\cos\omega t$ 规律振动时，将引起惯性质量元件的振动。设某一瞬时被测物体绝对位移为 y，

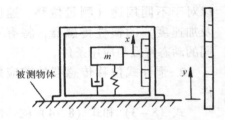

图 8 – 1　惯性式传感器力学模型

质量元件相对于传感器外壳的相对位移为 x，则质量元件 m 的绝对位移为 $x + y$。以质量元件为研究对象，其同时受到弹簧恢复力、阻尼力及惯性力的作用，于是质量元件的运动方程可写为

$$m\,(\ddot{x}+\ddot{y})\,+c\dot{x}+kx=0$$

或写成

$$m\ddot{x}+c\dot{x}+kx=-m\ddot{y}$$

因为

$$y=y_0\cos\omega t$$

故有

$$m\ddot{x}+c\dot{x}+kx=m\omega^2 y_0\cos\omega t \tag{8-1}$$

　　上式说明惯性测振传感器是二阶测试系统。可以求出其响应的稳态输出为

$$x=x_0\cos\,(\omega t+\phi)$$

　　可见惯性传感器的质量元件相对于外壳的运动与被测物体运动规律一致；其频率响应函数为

$$\frac{x_0}{y_0}\,(j\omega)\,=\frac{-\left(\dfrac{\omega}{\omega_{\mathrm n}}\right)^2}{1-\left(\dfrac{\omega}{\omega_{\mathrm n}}\right)^2+j2\zeta\left(\dfrac{\omega}{\omega_{\mathrm n}}\right)} \tag{8-2}$$

幅频特性为

$$\frac{x_0}{y_0} = \frac{\left(\frac{\omega}{\omega_n}\right)^2}{\sqrt{\left[1-\left(\frac{\omega}{\omega_n}\right)^2\right]^2 + 4\zeta^2\left(\frac{\omega}{\omega_n}\right)^2}} \qquad (8-3)$$

相频特性为

$$\phi = -\arctan\frac{2\zeta\left(\frac{\omega}{\omega_n}\right)}{1-\left(\frac{\omega}{\omega_n}\right)^2} \qquad (8-4)$$

从以上各式可以看出,传感器的输出幅值和相位角均与被测物体的振动频率 ω 和传感器惯性系统的固有频率 ω_n 的比值及阻尼比 ζ 有关。所以对于不同用途(测量位移、速度及加速度)的惯性传感器,将有不同的动态特性与应用条件。

2. 惯性式位移传感器的响应条件

式(8-3)和式(8-4)就是惯性式位移传感器的幅频特性和相频特性表达式,图8-2和图8-3分别是其幅频特性曲线和相频特性曲线。

要使惯性式位移传感器的输出位移 x_0 能准确地反映被测物体振动的位移量 y_0,其比值应为一常数,所以必须满足下列条件:

1)幅值不失真的条件是 $\omega/\omega_n \gg$ 1,一般取 $\omega/\omega_n \gg (3\sim5)$。位移传感器只有在 $\omega/\omega_n \gg 1$ 的情况下,即传感器惯性系统的固有频率远低于

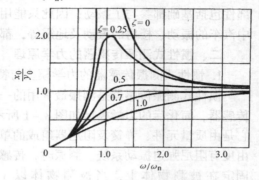

图 8-2 惯性式位移传感器幅频特性曲线

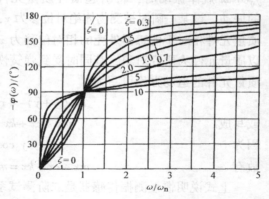

图 8-3 惯性式传感器相频特性曲线

被测物体振动的下限频率,才有 $x_0/y_0 \approx 1$,此时 $\phi \approx -\pi$,即传感器输出信号的相位滞后约为 π。

2)选择适当的阻尼,抑制 $\omega/\omega_n = 1$ 处的共振峰,使幅频特性平坦部分扩展,从而扩大传感器可测的下限频率。一般取 $\zeta = 0.6\sim0.7$。例如当取 $\zeta = 0.7$ 时,若误差控制在 $\pm2\%$,则下限频率可为 $2.13\omega_n$;若误差控制在 $\pm5\%$,下限

频率可扩展到 $1.68\omega_n$。增大阻尼能迅速衰减自由振动，这对测量冲击和瞬态振动较为重要，然而不适当地选择阻尼也会使相频特性恶化，引起波形失真。如在 $\zeta = 0.6 \sim 0.7$ 情况下，当 $\omega = 1.7\omega_n$ 时，其幅值虽能较好地反映被测振幅，但其相位差却较大，达 $128°$，在此以下的低频段，更是保证不了精确的相位关系，尤其对复合波，由于各谐波成分之相位差各不相同，且与频率又无线性关系，因而叠加输出会带来较大的波形失真。只有在 $\zeta < 1$，$\omega \gg \omega_n$ 时，才可得到近于固定的 $180°$ 的相位差。

3）降低传感器惯性系统的固有频率，扩展传感器可测量振动的下限频率。从以上分析可知，惯性式位移传感器测量低频段性能较差，为了能够准确地测量到低频部分，位移传感器的固有频率设计的都比较低。

惯性式位移传感器测量上限频率在理论上是无限的，但实际上受具体仪器结构和元件的限制，不能太高。而测量下限频率则受弹性元件的强度和惯性块尺寸、重量的限制，使传感器惯性系统的固有频率不能太低。因此惯性式位移传感器的测量频率范围是有限的。

3. 惯性式速度传感器的响应条件

将式（8 – 3）等号左边分子分母同乘 ω 可得到

$$\frac{x_0\omega}{y_0\omega} = \frac{\left(\dfrac{\omega}{\omega_n}\right)^2}{\sqrt{\left[1 - \left(\dfrac{\omega}{\omega_n}\right)^2\right]^2 + 4\zeta^2\left(\dfrac{\omega}{\omega_n}\right)^2}} \tag{8-5}$$

式中，$y_0\omega$ 是被测物体振动的速度幅值，而 $x_0\omega$ 则是传感器质量元件对其壳体的相对速度幅值。比较式（8 – 3）和（8 – 5）可以看出：惯性式速度传感器与惯性式位移传感器有相同的幅频特性和相频特性，故对惯性式位移传感器的分析也适用于惯性式速度传感器，故不再重复。

4. 惯性式加速度传感器的响应条件

将式（8 – 3）改写成如下形式

$$\frac{x_0}{y_0\omega^2}\omega_n^2 = \frac{1}{\sqrt{\left[1 - \left(\dfrac{\omega}{\omega_n}\right)^2\right]^2 + 4\zeta^2\left(\dfrac{\omega}{\omega_n}\right)^2}} \tag{8-6}$$

式中，$y_0\omega^2$ 是被测物体振动的加速度幅值，x_0 是传感器质量元件对其壳体的相对位移幅值，因而可以用传感器质量元件的相对位移来反映被测振动加速度。式（8 – 6）就是惯性式加速度传感器的幅频特性，而其相频特性仍为式（8 – 4），其幅频特性和相频特性曲线分别如图 8 – 4 和与图 8 – 3 所示。

要使惯性式加速度传感器的输出位移量能准确反映被测振动加速度，则必须满足下列条件：

1）幅值不失真的条件是 $\omega/\omega_n \ll 1$，一般取 $\omega/\omega_n \ll (1/3 \sim 1/5)$。加速度传感器在 $\omega \ll \omega_n$ 的情况下，即传感器惯性系统的固有频率远高于被测物体振动的上限频率，其幅频特性才近似等于常数。

2）选择适当的阻尼，可以改善 $\omega = \omega_n$ 的共振峰处的幅频特性，以扩大传感器可测的上限频率。一般取 $\zeta < 1$。如当取 $\zeta = 0.65 \sim 0.7$ 时，若误

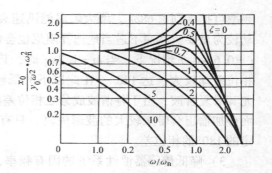

图 8-4　加速度传感器幅频特性

差控制在 $\pm5\%$，则测量上限频率可为 $0.58\omega_n$。在 $\omega/\omega_n \ll 1$ 范围内，增大阻尼会使输出滞后相位差增大；在测量复合振动时，如果要保证相位不失真，若取 $\zeta = 0$，则各被测谐波的输出相位差均为零，但不能消除传感器弹性系统的自由振动；我们知道，当各谐波输出的相位差与其相应频率成线性比例变化时，输出波形不会产生相位失真，仅是其响应值在时间上有些延迟而已；由相频曲线图 8-3 可以看出，当 $\zeta = 0.7$ 时，在 $\omega = (0 \sim 1)\omega_n$ 范围内，其相频曲线接近于一斜直线，是最佳工作状态，在复合振动测量中，不会产生因相位畸变而造成误差。

3）提高传感器惯性系统的固有频率，扩大传感器可测量振动的上限频率。一般惯性式加速度传感器的固有频率很高，约在 20kHZ 以上，这可以用减小惯性元件质量、提高弹簧刚度的方法来达到。随着传感器的固有频率的提高，可测的上限频率也得到提高，但灵敏度会减小。

惯性式加速度传感器的最大优点是它具有零频率特性，即在理论上它的可测频率下限为零，但实际上某些传感器（如压电式）受仪器和元件的限制，不能为零。由于传感器惯性系统的固有频率远大于被测振动频率，因此它可用于测量冲击、瞬态振动和随机振动等具有宽带频谱的振动，也可以用来测量地震等超低频的振动。此外，加速度传感器的尺寸、质量可以做得很小（小于 1g），对被测对象的附加影响小，故它能适合各种测量场合，是目前广泛使用的一种测振传感器。

三、磁电式速度传感器

1. 磁电式速度传感器工作原理

根据电磁感应定律，导体切割磁力线，导体两端将产生感应电动势，感应电动势的大小与导体切割磁力线的速度成正比。磁电式速度传感器就是根据这一工作原理把振动速度变换成感应电动势而制成的传感器，故亦称为感应式传感器。

2. 磁电式速度传感器的结构

图 8-5 是磁电式惯性速度传感器的结构图。磁钢（永久磁铁）2 用铝架 4

固定在壳体 6 内，利用外壳形成一个磁回路，永久磁铁与外壳之间形成两个环形气隙。为了扩展被测频率的下限，应尽量降低惯性式速度传感器的固有频率，即加大惯性质量、减小弹簧的轴向刚度。因此，装在芯杆 5 上的线圈 7 和阻尼环 3 共同组成了惯性系统的质量元件；弹簧片径向刚度很大，轴向刚度很小，使惯性系统既可以得到可靠的径向支承，又能保证有很低的轴向固有频率；铜制阻尼环 3 一方面可增加惯性系统质量，降低固有频率，另一方面又利用闭合铜环在磁场中运动产生的磁阻尼力使振动系统具有合理的阻尼。

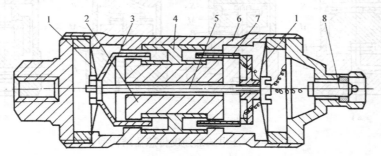

图 8 – 5　磁电式速度传感器

1—弹簧　2—磁钢　3—阻尼环　4—铝架　5—芯杆
6—壳体　7—线圈　8—输出端

测振时，传感器固定在被测物体上，随同物体一起振动，驱动质量元件相对于壳体运动，处在磁场中的线圈 7 以被测速度切割磁力线，使线圈产生与其振动速度成正比的感应电动势输出。

四、压电式加速度传感器

压电式加速度传感器是基于某种晶体材料的压电效应而制成的惯性传感器。传感器受振时，质量块加在压电元件上的力随之变化，当被测振动频率远低于传感器的固有频率时，这个力的变化与被测振动的加速度成正比。由于压电效应，在压电元件中便产生了与被测加速度成正比的电荷量。

1. 压电式加速度传感器的结构与特点

如图 8 – 6 所示，压电式加速度传感器主要由压电元件 P、质量块 M、压紧弹簧 S 和基座 B 等组成。压电式加速度传感器型式较多，图 a 为外缘固定型，其弹簧外缘固定在壳体上，此结构因底座与壳体构成了弹簧质量系统的一部分，故易受到外界温度与噪声的影响，以及安装紧固时底座变形引起的影响，这些都直接影响加速度的输出；图 b 为中间固定型，压电元件、质量块和压紧弹簧固定在一个中心杆上，压电元件的预紧力由中心杆上部的碟形弹簧调整，壳体仅起屏蔽作用，消除了壳体变形带来的影响；图 c 为倒置中间固定型，这种结构的中心杆不直接与基座相连接，可以避免基座变形带来的影响，但其壳体壁部分也容易产生弹性变形，故其共振频率较低；图 d 为剪切型，它是将一个圆筒状压电元件粘结在中心架上，并在压电元件的外圆又粘结一个圆筒状质量块，当传感器受到沿轴向的振动时，压电元件受到剪切应力而产生电荷，这种结构有利于降低基座变形及外界温度变化与噪声的影响，有很高的共振频率和灵敏度，且横向灵敏度小。

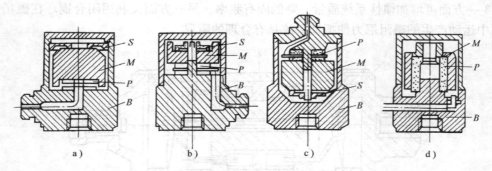

图 8 - 6 压电式加速度传感器结构型式

2. 压电式加速度传感器的主要性能参数

1）灵敏度 压电式加速度传感器既可看成一个电荷源，又可以看成一个电压源，故其灵敏度也可以分别用电荷灵敏度和电压灵敏度来表示。电荷灵敏度是指单位加速度所产生的电荷量值大小，可表示为

$$S_q = \frac{q}{a} \qquad (8-7)$$

式中 S_q——电荷灵敏度（pC/g）；

q——加速度传感器输出电荷（pC）；

a——传感器所受加速度（g 重力加速度单位）。

电压灵敏度是指单位加速度所产生的电压量值大小，可表示为

$$S_u = \frac{U}{a} \qquad (8-8)$$

式中 S_u——电压灵敏度（mV/g）；

U——加速度传感器输出电压（mV）。

对于某一给定压电材料的压电式加速度传感器，其灵敏度随质量块增大而增大。一般说来，加速度传感器尺寸越大，灵敏度越高，其固有频率越低。

2）压电式加速度传感器的频率响应范围 由前面惯性式加速度传感器的响应条件的分析可知，加速度传感器的使用频率上限取决于其共振频率。由于压电式加速度传感器的阻尼甚小（一般 $\zeta \leqslant 0.1$），上限频率约为共振频率的 30% 时，幅值误差可小于 10%；上限频率约为共振频率的 20% 时，幅值误差可小于 5%；所以，压电式加速度传感器的固有频率越高，则其可用的频率范围越宽。质量小

的传感器，其固有频率高，则高频性能好，但由于其灵敏度低，则低频性能差；质量大的传感器则相反；振动测试时可根据实际测试要求选择。

压电式加速度传感器可测量的下限频率不取决于传感器本身，而取决于所采用测量系统低频特性。我们知道压电元件工作时产生的电荷量是极其微弱的，而测量系统不可避免地要产生电荷泄漏，从而造成测量误差。关键是要测定这样微弱的电荷（或电压），如何把电荷泄漏减少到测量准确度所要求的限度以内。在第五章中已讨论了用于压电式传感器的两类前置放大器：电压放大器和电荷放大器。电压放大器实际就是一个高输入阻抗的比例放大器，其电路比较简单，但输出受连接电缆对地电容的影响，适用于一般振动测量。电荷放大器以电容作负反馈，使用中基本上不受电缆电容的影响，输入阻抗也更高，其下限截止频率也更低，一般电荷放大器可达到 0.01HZ 数量级，最低的可达到准静态的程度（0.003HZ）。

图 8-7 是某压电式加速度传感器的幅频特性曲线，其可用的频率范围在特性曲线平直段。对于某些测试项目，如结构传递函数的测量、现场动平衡测试等，不仅要求满足幅值测量精度，而且要求相移也在容许范围内。考虑相移后，使用频率范围要比只考虑幅值时更窄些。

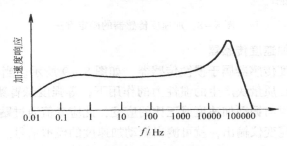

图 8-7 压电式加速度传感器幅频特性

3）横向灵敏度 由于压电材料本身的不均匀性与不规则性，当压电式加速度传感器横向受振时，也会产生一定的输出，其大小用横向灵敏度表示。一般规定，横向灵敏度不得大于主灵敏度的3%。

3. 压电式加速度传感器的安装

压电式加速度传感器的使用上限频率受其共振频率的限制，所以出厂时均给出频率响应曲线。由于频率响应曲线与安装方法关系很大，若安装方法不当，如结合力不够，结合面粗糙，安装螺钉孔与安装面不垂直等，都会使共振频率下降，从而降低了传感器的使用上限频率。常用于固定加速度传感器的安装方法很多（图 8-8）。用钢制双头螺栓将传感器固定于光洁平面上是最好的方法，拧紧螺栓时，应防止基座变形而影响输出。在结合面之间涂一薄层硅脂，可以增加安装刚度，有利于高频响应。需要绝缘时，可用绝缘螺栓和极薄的云母垫圈来固定传感器。用粘接螺栓和粘接剂固定传感器的方法也很方便，其可测的上限频率不得高于5kHZ。在低温条件下可用一层薄蜡来粘附传感器。现在不少单位用双面胶纸替代粘接剂来固定传感器也是行之有效的办法。手持探针测振的方法只能用于1kHZ以下的近似探测，多测点时比较方便。采用专用永久磁铁来固定传感器使用方便，多在低频测量中使用。当然，探针与磁铁会形成附加质量，在轻小系统上测试时要注意其影响。

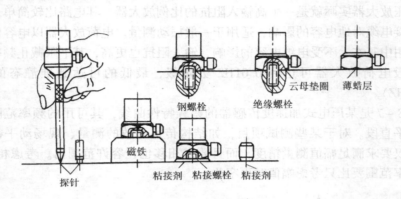

图8-8 加速度传感器的固定方法

五、应变式加速度传感器

应变式加速度传感器属于惯性传感器，如图8-9所示。当传感器受到垂直方向的振动时，在质量块产生的惯性力的作用下，等强度悬臂梁发生弯曲变形，其上下表面便产生与振动加速度成正比的应变，此应变值通过贴在梁上的应变片组成电桥，接入应变仪输出，就可测出振动加速度的模拟信号。

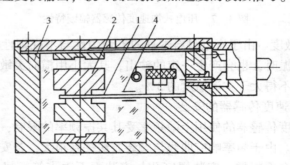

图8-9 应变式加速度传感器
1—等强度梁 2—质量块 3—壳体 4—应变片

为了获得良好的阻尼，在传感器内充以硅油，调节其粘度，使其阻尼比达到$\zeta = 0.7$左右。

应变式加速度传感器的突出特点是低频响应好，可以测量常值加速度。

第三节　机械振动测试系统

一、机械振动测试分类

机械振动测试的内容大致有两类：

1）振动基本参数的测量　如测量振动物体上某点的位移、速度、加速度、频率和相位等参数。其目的是了解被测对象的振动状态、评定振动量级或寻找振源，以及进行监测、识别、诊断和预估。

2）结构和部件的动态特性测试　对结构或部件进行某种激励，对其受迫振动进行测试，其目的是求得被测对象的振动力学参量和动态性能，如固有频率、阻尼、刚度、阻抗、响应和模态等。这类测试又可分为振动环境模拟试验、机械阻抗试验和频率响应试验等。

二、振动基本参数的测量系统

1. 测振系统的组成

因为振动基本参数的测量其被测对象是振动的，所以这类测试的振动传感器可根据测试的要求安装在被测对象测点上，常用测振系统原理如图 8-10 所示。

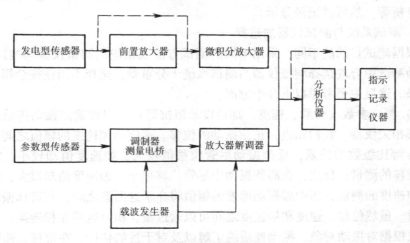

图 8-10　测振系统原理图

1）振动传感器及其测振放大器　图中发电型和参数变化型两种类型的振动传感器，使用不同的放大测量线路的电子仪器，其适用的频率范围也不同。

对于发电型传感器，工作受振后直接有电荷或电压输出，但由于传感器输出的电信号均较微弱，为了能够推动记录设备，必须对信号进行放大。测振放大器是测试系统中传感器与记录器的中间环节，其输入特性必须满足传感器的要求，而其输出特性又必须与记录仪器相匹配。一些传感器，如磁电式速度传感器，可以将其输出电信号直接输入放大器进行放大。而另一些传感器，如压电式加速度传感器，其输出电信号则必须进行预放大再输入放大器，这是因为压电式加速度传感器是一个能产生电荷的高内阻发电元件，但由于产生的电荷的总量级较小，难以直接传输；同时，由于一般测量仪器的输入阻抗不可能很高，此微弱电荷又极易在测量电路的输入电阻上被释放掉，所以要求连接压电式加速度传感器测量或放大装置（如电压放大器或电荷放大器）必须有较高的输入阻抗，并且将压电式加速度传感器的高输出阻抗变换为低输出阻抗，以便与主放大器连接；由于这类预放大装置都是作为测量系统的前级放大，故统称为前置放大器。测振放大器除了有放大作用外，常兼有积分、微分和滤波等功能。

对于参数变化型传感器，如电阻应变式、电容式或电感式传感器，工作时需要一定的工作电压，多采用调制型放大器，如动态电阻应变仪、电桥式放大器、谐振式高频载波调幅方式的测振仪或外差调频方式的测振仪等，电信号经调制、放大、解调后输出。

2）分析仪器和指示记录仪器　根据振动测试的目的要求，可以把经过放大的电信号直接输入指示记录仪器，将振动的时间历程记录显示出来；也可以把该信号先输入到分析仪器进行必要的参数统计分析，如频谱分析、相关分析以及功率谱分析等，然后再记录显示。

2. 测试系统与测试仪器的选择

根据测试目的的不同，采用不同的测试方法及相应的测试仪器与测试系统。在振动测试中合理选择测振仪器与测试系统十分重要，选择不当往往会得出错误的结果。这里主要考虑以下几个方面：

1）测试参数（位移、速度、加速度或阻抗等）　以此确定振动传感器的类型及其相关仪器。我们知道，正弦振动的位移、速度和加速度的幅值之间是其角频率 ω 等比级数的关系，低频振动尽管位移值较大，加速度值却较小，宜选择振动位移的测量；反之，在高频振动中尽管位移很小，加速度值却很大，宜选择振动加速度的测量；而中频振动速度的幅值将介于这两者之间，宜选择振动速度的测量。虽然位移、速度和加速度之间可以通过微、积分电路互相转换，但是我们应该根据对振动对象、振动性质的了解以及对干扰的估计，在位移、速度和加速度之间选择一项正确的测试参数及其相关仪器。通过地基传来的干扰常具有宽广的频带，但占主导地位的是低频干扰；而齿轮、轴承和测量装置的噪声则主要是高频干扰。测量电路中的积分网络可以显著的抑制高频干扰，但却使低频干扰得到加强；而微分网络则反之。所以必须对所测信号的特征和组成有所认识，才能对所获信号进行恰当的处理。

2）频率范围　根据被测对象振动的频率范围确定各测试环节（振动传感器、

前置放大器、主放大器及指示记录仪器等）的频率响应特性。如选用惯性式位移传感器和速度传感器时，要使被测振动信号中的最低频率大于 1.7～2 倍的传感器固有频率；而选用惯性式加速度传感器时，则传感器固有频率应该是被测振动信号中最高频率的 3～5 倍。其他各测试环节中，不同的测试仪器其频率响应特性不同，可以测量的频率范围也不一样，选择仪器时应注意。相位有要求的测试项目（如作虚实频频谱、幅相图、振型等测量），除了应该注意传感器的相频特性外，还要注意放大器，特别是带微积分网络的放大器的相频特性和测试系统中所有其他仪器的相频特性，因为所测得的激励和响应之间的相位已包括了测试系统中所有仪器的相移。

3）振级大小和测试精度要求　根据被测振动幅值的最大最小值确定各环节的动态范围，并确定各环节及总的测试精度。不能片面选用高灵敏度的仪器，如惯性式加速度传感器灵敏度随质量块增大而增大，但是其固有频率却随之降低，这就意味着使用上限频率的降低，对试件而言其附加质量也增大了。此外，仪器的灵敏度越高，量程范围也越小，抗干扰能力越差，选用时应特别注意。

4）试件质量与刚度大小　以此确定传感器型式、质量及有关固定方法。

5）测试环境　如温度、湿度等，以此确定传感器的装配方法以及系统接地等。

此外，还应该考虑测试系统内各个环节之间的配合关系，包括：各环节间的阻抗匹配关系；灵敏度匹配关系；测试精度匹配关系等。

三、结构和部件的动态特性测试系统

对结构和部件进行动态特性测试，首先应该对被测对象施加一定的外力，激励被测对象，使它按照测试的要求作受迫振动或自由振动，再由测振传感器及其测振仪器测取被测对象对激励的响应，所测取的振动信号往往要根据测试目的输入相应的振动分析仪器（如频谱分析仪、快速傅里叶分析仪、电子计算机等）进行信号分析与处理，以获得测试项目所要求的结果，然后进行记录显示。所以，结构和部件的动态特性测试系统一般由激振、测振、信号分析与记录显示四部分组成。测振、信号分析与记录显示部分的系统组成与振动基本参数的测量系统组成基本相同，不再重复。下面着重介绍激振方式和激振器。

四、激振方式

振动激励的方式通常可以分为三类，即稳态正弦激振、随机激振与瞬态激振。

1. 稳态正弦激振

稳态正弦激振是普遍采用的激振方法。它的工作原理是用激振器对被测对象施加一个稳定的单一频率的稳态正弦激振力。其优点是激振功率大、信噪比高，能保证响应对象的测试精确度。其缺点是需要很长的测试周期才能得到足够精确

度的测试数据，尤其是对小阻尼对象，为了达到"稳态"，要有足够长的时间。稳态正弦激振使用的激振器及仪器设备比较通用，测试的可靠性也较高，故成为一种常用的激振方法。

在机械工程试验中，常用扫描方式的正弦激振——扫频激振，即激振的频率随时间而变化。严格地说任何扫频激振都属于瞬态激振，但是若扫频速度足够慢，所画的 Nyquist 图可以和逐点稳态正弦激振所得的相近。但是应该指出，应用扫频激振所画的 Nyquist 图并非准确的 Nyquist 图。通常用扫频激振先求得系统的概略特性，进而对靠近固有频率的重要频段再认真严格地应用稳态正弦激振校核。

随着电子技术的迅猛发展，以微型计算机和 FFT 为核心的频谱分析仪和数据处理机在实时处理能力、分析精确度、频率分辨率、分析功能等方面提高很快，且价格越来越低，因此各种宽带激振技术也越来越被大家所重视。

2. 随机激振

随机激振一般用白噪声或伪随机信号发生器作为信号源，是一种宽带激振方法。白噪声发生器能产生连续的随机信号，其自相关函数在 $\tau = 0$ 处形成陡峭的峰，只要 τ 稍偏离零，自相关函数就很快衰减，其自功率谱密度函数也接近常值。当白噪声通过功率放大器控制激振器时，由于功率放大器和激振器的通频带不是无限宽的，所得激振力频谱不再是在整个频域中保持常数。但是它仍然是一种宽带激振，能够激起被测对象在一定的频率范围内的随机振动，根据第六章所学到的知识，配合频谱分析仪就可以得到被测对象的频率响应。

白噪声发生器所提供的信号是完全随机的。工程上有时希望能重复试验，就用伪随机信号发生器或用计算机产生伪随机激振信号。

随机激振测试系统虽有可实现快速甚至实时测试的优点，但它所用的设备复杂，价格也较昂贵。许多机械或结构工作时受到的干扰力和动载荷往往具有随机性质，随机激振测试可用传感器通过分析仪器模拟在线分析。

3. 瞬态激振

瞬态激振也是一种宽带激振法，所以可以由激振力和响应的自谱密度函数和互谱密度函数求得系统的频率响应函数。常用的瞬态激振方式有快速正弦扫描激振、脉冲激振和阶跃激振。

1）快速正弦扫描激振　激振信号由信号发生器供给，其频率是可调的，激振力是正弦力。但信号发生器能作快速扫描，通常采用线性的正弦扫描激振，即激振信号频率在扫描周期 T 内呈线性增加，而幅值保持恒定。激振信号函数 $f(t)$ 的形式为

$$f(t) = F\sin 2\pi (at + b) \qquad (0 \le t \le T) \qquad (8-9)$$

式中　　　　　　　$a = (f_{max} - f_{min})/T, \ b = f_{min} \qquad (8-10)$

上式中激振信号的上、下频率（f_{max}、f_{min}）和扫描周期 T 可以根据要求选定。一般扫描时间仅为数秒，因而可以快速测试研究对象的频率特性。这种快速正弦扫描信号及其频谱如图 8－11 所示。激振信号虽有类似的正弦形式，但是因频率快速变化，所以属于瞬态激振动范畴。

2）脉冲激振　脉冲激振又称锤击法。它是用一把装有力传感器的锤子——脉冲锤（图 8－12）来敲击试件，使试件受到一个脉冲力的激励作用而自由振动，同时测出其振动和响应。这种敲击力并非理想的脉冲函数，而是如图 8－13 所示的半正弦波，其有效频率范围取决于脉冲持续时间 τ，锤头垫愈硬，τ 愈小则频率范围愈大，使用适当的锤头垫材料可以得到要求的频带宽度。常用的锤头垫材料有钢、铜、铅、木、橡胶、尼龙和有机玻璃等。改变锤头配重块的质量和敲击加速度，可以调节激振力的大小。

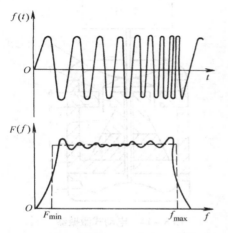

图 8－11　快速正弦扫描信号及其频谱

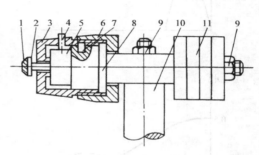

图 8－12　脉冲锤结构

1—锤头垫　2—锤头　3—压紧套　4—力信号引出线
5—力传感器　6—预紧螺母　7—销　8—锤体
9—螺母　10—锤柄　11—配重块

3）阶跃（张弛）激振　在拟定的激振点处，用一根刚度大、质量小的张力弦经过力传感器对待测对象施加张力，使它产生初始变形，然后突然切断张力弦，这就相当于对该结构施加一个负的阶跃激振力。阶跃激振也属于宽带激振，在建筑结构的振动测试中这种激振方法用的十分普遍。

五、常用激振器

激振器是对被测对象施加某种预定要求的激振力，激起被测对象振动的装置。激振器应能够在要求的频率范围内提供波形良好、强度足够和稳定的交变力。某些情况下还需提供恒力，以便使被激结构受到一定的预加载荷，以消除间隙或模拟某种恒定力。

常用的激振器有电动式、电磁式和电液式三种。

1. 电动式激振器

电动式激振器按照其磁场形成的方法可以分为永磁式和励磁式两种。前者多用于小型激振器，后者多用于较大型的激振器（振动台）。电动式激振器主要用于对被激对象的绝对激振，其结构如图 8–14 所示。磁回路系统由磁钢（永磁）3、铁心 6、磁极 5 和壳体 2 构成，在磁极和铁心间的气隙中形成很强的磁场。驱动线圈 7 固装在顶杆 4 上，顶杆由支承弹簧 1 支承在壳体 2 上，线圈 7 正好位于磁极与铁心的气隙中。当信号发生器产生的交变信号经过功率放大后通入激振器的线圈 7 时，根据磁场中载流导体受力的原理，线圈将受到与通入电流成正比的电动力的作用，此力通过顶杆传到被激对象上便为激振力。

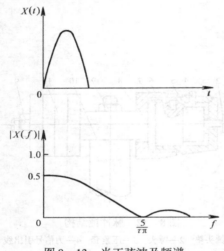

图 8–13 半正弦波及频谱

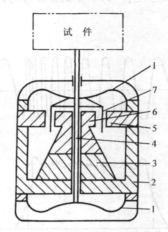

图 8–14 电动式激振器

1—弹簧 2—壳体 3—磁钢 4—顶杆
5—磁极 6—铁心 7—驱动线圈

2. 电磁式激振器

电磁式激振器直接利用电磁力作激振力，常用于对被测对象非接触式的相对激振，其结构如图 8–15 所示。铁心 2 上装有激磁线圈 3，当激磁线圈通过电流时，铁心将对衔铁 5（被测对象）电磁吸力——激振力。激磁线圈包括一组直流线圈和一组交流线圈，恒力激振时，直流励磁线圈单独工作，铁心内产生不变的磁感应强度，可以得到恒定的电磁吸力；交变力激振时，直流励磁线圈和交流励磁线圈共同工作，且直流励磁线圈产生的不变磁感应强度要远远大于交流励磁线圈产生的交变磁感应强度峰值，可以得到与交变磁感应波形基本相同的交变电磁吸力波形，直流励磁的作用一是提供恒定的静态电磁力，二是抑制交变电磁力中二次谐波分量，以减小输出交变激振力的波形失真。力检测线圈 4 用来检测激振力，位移传感器 6 可测量激振器与衔铁之间的相对位移，以监视、控制或反馈调节激振力。

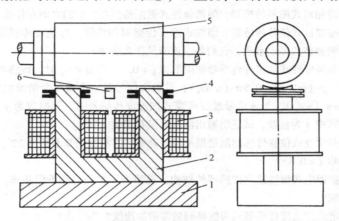

图 8 - 15　电磁激振器
1—底座　2—铁心　3—激磁线圈　4—力检测线圈
5—衔铁　6—位移传感器

电磁式激振器的特点是与被激对象不接触，因此可以对旋转着的对象进行激振。它没有附加质量和刚度的影响。其频率上限在 500 ~ 800HZ 左右。

3. 电液式激振器

电液式激振器是根据电 - 液原理制成的一种激振器，其优点是激振力大（可超过 500kN），激振位移大（可达 ±100mm），单位力的体积小，适合大型结构作激振试验。电液式激振器的结构原理如图 8 - 16 所示。电液伺服阀 2 由一个微型的电动式激振器、操纵阀和功率阀所组成；信号发生器的信号经过放大后操纵电液伺服阀，以控制油路使活塞作往复运动，经顶杆 1 去激励被激对象；活塞端部注入一定油压的压力油，形成静压力，对被激对象施加预载；力传感器 4 可以测量激振力的大小。

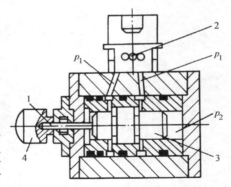

图 8 - 16　电液式激振器原理图
1—顶杆　2—电液伺服阀　3—活塞
4—力传感器　p_1—交变压力　p_2—预压力

由于油液的可压缩性和高速流动压力油的摩擦，使电液式激振器的高频特性较差，一般只适用于比较低的频率范围（0 ~ 100HZ，最高可达 1000HZ）；其波形也比电动式激振器差。此外电液式激振器的液压系统结构比较复杂，制造精度要求高，一般在结构疲劳试验中应用。

习题与思考题

8-1 何谓相对式测振传感器？何谓惯性式测振传感器？它们之间有什么不同？

8-2 要使惯性式位移传感器、惯性式速度传感器和惯性式加速度传感器的输出量能够准确地反映被测物体的振动参数，它们各应该满足什么条件？

8-3 已知某应变式加速度传感器的阻尼比 $\zeta = 0.7$，当 $\omega < \omega_n$ 时，传感器的相频特性可近似的表示为：$\varphi(\omega) \approx -0.5\pi(\omega/\omega_n)$；设输入信号是一个由多个谐波组成的周期信号：$x(t) = \sum x_n \cos(n\omega_0 t)$，当该信号经过应变式加速度传感器时，其响应为 $y(t) = \sum x_n \cos(n\omega_0 t + \varphi_n)$，式中 n 为整数，试证明输出波形有没有相位失真？

8-4 用某惯性式位移传感器测量振动时，若要求其测量误差不超过 2%，问其可测频率范围有多大（取 $\zeta = 0.6$）？

8-5 根据磁电式惯性速度传感器的结构，说明为了扩展可测下限频率，在结构设计上采取了哪些措施？

8-6 压电式加速度传感器是否能够测量常值加速度？为什么？

第九章　应变、力和扭矩的测量

第一节　应变的测量

一、概述

应力、应变测量是机械工程测试技术中应用最广泛的测量方法，其目的是掌握被测件的实际应力大小及分布规律，进而分析机器构件的破坏原因，寿命长短，强度储备；验证相应的理论公式，合理安排工艺；提供生产过程或物理现象的数学模型；同时它也是设计制造用于测试许多机械量的各种应变式传感器的理论基础。

应力测量可分为单向应力测量和平面应力测量，前者可用单个应变片测量，后者一般要采用应变花测量。对于每个具体问题一般都可按下面步骤进行：对被测件进行应力应变分析——确定贴片方式——确定组桥方式——根据测得数据进行结果计算。

本节介绍的应变测量的基本原则不仅适用于静态应变测量，也适用于动态应变测量。

二、简单受力状态的应变测量

1. 单向拉伸（压缩）

（1）应力应变分析　简化的单向受拉件如图 9 - 1a 所示，在轴向力 F 的作用下，其横截面上是均匀分布的正应力，外表面是沿轴向的单向应力状态，只要测得外表面上的轴向应变 ε_F，便可以由下式求得拉力 F：

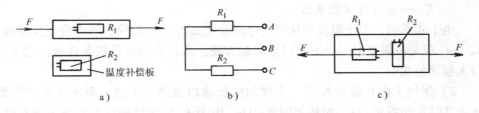

图 9 - 1　单相拉压贴片与组桥

$$F = \sigma A = EA\varepsilon_F \qquad (9-1)$$

式中　F——拉（压）力（N）；

　　　A——截面积（m^2）；

　　　σ——正应力（Pa）；

E——弹性模量（Pa）；

ε_F——由拉（压）应力产生的实际应变，无量纲。

（2）贴片组桥及桥路温度补偿　贴在试件上的应变片，由于环境温度改变导致其电阻变化 ΔR_t 对测量精度的影响是不能忽略的，尤其在静态应变测量时，必须采取措施以减小或消除温度变化的影响。组桥时，可利用电桥的加减特性进行桥路温度补偿，其温度补偿的条件是：两只参数完全相同的应变片，贴在相同材料的试件上，放在相同的温度场中，接在相邻桥臂，则电桥输出可以补偿这两只应变片由于温度变化产生的电阻变化 ΔR_t。测量时，常用补偿片或工作片进行温度补偿。

1）采用补偿片温度补偿　根据以上分析，贴片如图 9－1a 所示，为满足温度补偿条件，两只相同应变片应选自同一生产批次，其中，工作片 R_1 贴在沿试件表面轴线方向，补偿片 R_2 贴在与试件材料相同的温度补偿板上，将 R_1、R_2 组成半桥（如图 9－1b）接入应变仪。测量时，补偿板应放在与试件相同的温度环境中，这时，两只应变片由温度变化产生的电阻变化相等：$\Delta R_{1t} = \Delta R_{2t}$，而工作片 R_1 的电阻变化则由两部分组成（还有拉应变引起的电阻变化 ΔR_{1F}），即：$\Delta R_1 = \Delta R_{1F} + \Delta R_{1t}$。电桥输出为

$$U_{BD} = \frac{U_0}{4}\left(\frac{\Delta R_{1F} + \Delta R_{1t}}{R_1} - \frac{\Delta R_{2t}}{R_2}\right)$$

$$= \frac{U_0}{4}\left(\frac{\Delta R_{1F}}{R_1}\right)$$

$$= \frac{U_0}{4}K\varepsilon_F \qquad\qquad (9-2)$$

式中　U_{BD}——电桥输出电压（V）；

U_0——电桥供桥电压（V）；

ΔR——应变片电阻变化值（Ω）；

K——应变片灵敏系数。

由上式看到，由于温度变化产生电阻变化 ΔR_{1t} 已经消除，静态应变仪读数：$\varepsilon_{仪} = \varepsilon_F$ 仅为机械变形。以下为讨论问题方便，凡符合温度补偿条件者，均不再写入推导公式中。

2）采用工作片温度补偿　为增加电桥输出及测量方便，采用工作片补偿法，其贴片如图 9－1c，组桥如图 9－1b，因为 R_2 沿试件轴线的垂直方向粘贴，故有 $\varepsilon_2 = -\mu\varepsilon_1$，则电桥输出为

$$U_{BD} = \frac{U_0}{4}K\ (\varepsilon_1 - \varepsilon_2)$$

$$= \frac{U_0}{4}K\ [\varepsilon_1 - (-\mu\varepsilon_1)]$$

$$= \frac{U_0}{4} K (1 + \mu) \varepsilon_1 \qquad (9-3)$$

式中　μ——弹性材料的泊松比。

静态应变仪读数：$\varepsilon_{仪} = (1 + \mu) \varepsilon_1$，实际应变：$\varepsilon_F = \varepsilon_1 = \varepsilon_{仪} / (1 + \mu)$。

为增加电桥输出，也可以采用全桥测量，电桥输出可增加一倍。读者自己练习。

2. 纯弯曲

（1）应力应变分析　图9-2a为一受纯弯曲载荷的梁，在弯矩 M 的作用下，其最大正应力在梁的上下表面轴线方向上，其值为 $\sigma = \pm M/W$，表面应变为 $\varepsilon_M = \sigma/E$，只要测得实际应变 ε_M，梁上弯矩可由以下公式求出

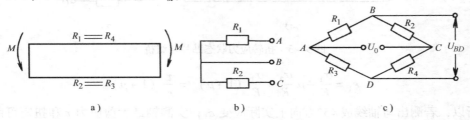

图9-2　弯曲应力下贴片与组桥

$$M = \sigma W = E W \varepsilon_M \qquad (9-4)$$

式中　M——弯矩（N·m）；

　　　W——抗弯截面模量（m⁴）；

　　　ε_M——由弯曲应力产生的表面实际应变，无量纲。

（2）贴片组桥　可将应变片贴在梁上下表面的轴线上（图9-2a），组成半桥或全桥接入仪器，便可测得梁表面的应变值。

1）半桥　接线如图9-2b，因为 $\varepsilon_1 = + \varepsilon_M$；$\varepsilon_2 = - \varepsilon_M$，故电桥输出为

$$U_{BD} = \frac{U_0}{4} K (\varepsilon_1 - \varepsilon_2)$$

$$= \frac{U_0}{4} K (2\varepsilon_M) \qquad (9-5)$$

静态应变仪读数：$\varepsilon_{仪} = 2\varepsilon_M$，实际应变：$\varepsilon_M = \varepsilon_{仪}/2$。

2）全桥　接线如图9-2c，同理，因为 $\varepsilon_1 = \varepsilon_4 = + \varepsilon_M$；$\varepsilon_2 = \varepsilon_3 = - \varepsilon_M$，故电桥输出为

$$U_{BD} = \frac{U_0}{4} K (\varepsilon_1 + \varepsilon_4 - \varepsilon_2 - \varepsilon_3)$$

$$= \frac{U_0}{4} K (4\varepsilon_M) \qquad (9-6)$$

静态应变仪读数：$\varepsilon_{仪} = 4\varepsilon_M$，实际应变：$\varepsilon_M = \varepsilon_{仪}/4$。

3. 扭转

（1）应力应变分析　由材料力学知，当圆轴受到扭转作用时，轴表面上有最大剪应力 $\tau = M_N/W_N$，在轴表面取一单元体 E，如图9-3a所示，为纯剪应力状态。在与轴线成 ±45°方向上，有最大正应力 σ_1、σ_2，其值为 $\sigma_1 = -\sigma_2 = \tau$；相应应变 ε_1、ε_2，且有 $\varepsilon_1 = -\varepsilon_2$；由于轴表面为平面应力状态，应力应变关系如下

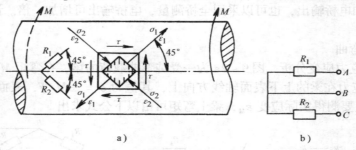

图9-3　扭转应力状态贴片与组桥

$$\varepsilon_1 = \frac{\sigma_1}{E} - \mu\frac{\sigma_2}{E} = \frac{\sigma_1}{E}(1+\mu) = \frac{\tau}{E}(1+\mu)$$

所以，若测出与轴线成45°方向上实际应变 ε_1，实测轴最大剪应力 τ 和扭矩可由下式算得

$$\tau = \frac{E\varepsilon_1}{1+\mu} \tag{9-7}$$

$$M_N = \tau W_N = \frac{E\varepsilon_1}{1+\mu}W_N \tag{9-8}$$

式中　M_N——扭矩（N·m）；

τ——轴表面最大剪应力（Pa）；

W_N——抗扭截面模量（m³）；

ε_1——与轴线成 ±45°方向上表面实际应变，无量纲。

（2）贴片组桥　将应变片沿与轴线 ±45°的方向粘贴（图9-3a），组成半桥（图9-3b）接入仪器，则电桥输出为

$$U_{BD} = \frac{U_0}{4}K(\varepsilon_1 - \varepsilon_2)$$

$$= \frac{U_0}{4}K(2\varepsilon_1) \tag{9-9}$$

静态应变仪读数：$\varepsilon_{仪} = 2\varepsilon_1$，轴表面上与轴线成 ±45°方向上的实际应变：$\varepsilon_1 = \varepsilon_{仪}/2$。

贴片组桥也可采用全桥方式，请读者自行练习。

三、复杂受力情况下单向应力的测量

本节重点讨论在复杂受力情况下，如何利用不同的贴片组桥方式，达到只测

一种载荷而消除附加载荷的目的。分下面几种情况讨论：

1. 弯曲与拉伸（压缩）的组合变形

（1）应力应变分析 如图 9-4 所示，零件受拉、弯联合作用，由拉力 F 引起的应力为 $\sigma_F = F/A$，在截面均匀分布，其应力应变关系为 $\sigma_F = E\varepsilon_F$；由弯矩 M 在上、下表面引起的应力为 $\sigma_M = \pm M/W$，其应力应变关系为 $\sigma_M = E\varepsilon_M$。当拉、弯同时作用时，零件上、下表面的应力、应变分别为

$$\sigma_{1,2} = \sigma_F \pm \sigma_M = F/A \pm M/W, \quad \varepsilon_{1,2} = \varepsilon_F \pm \varepsilon_M$$

所以，只要分别单独测得 ε_F、ε_M 实际应变值，便可分别求得拉力 F 和弯矩 M 各是多少。

（2）贴片 如图 9-4a，采用四个相同的应变片，在上、下表面上，R_a、R_b 沿轴线方向，R_c、R_d 沿轴线垂直方向。各应变片所感受的应变分别是，R_a：$\varepsilon_a = \varepsilon_F + \varepsilon_M$；$R_b$：$\varepsilon_b = \varepsilon_F - \varepsilon_M$；$R_c$：$\varepsilon_c = -\mu(\varepsilon_F + \varepsilon_M)$；$R_d$：$\varepsilon_d = -\mu(\varepsilon_F - \varepsilon_M)$。

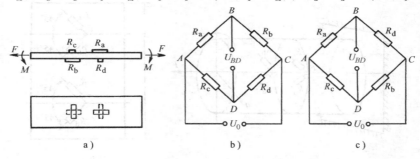

图 9-4 拉弯组合变形的贴片与组桥

a）贴片图 b）测弯除拉 c）测拉除弯

（3）组桥

1）测弯除拉 当只测弯曲引起的应变而消除拉伸应变时，组桥如图 9-4b，各桥臂相应的应变分别是：$\varepsilon_1 = \varepsilon_a$；$\varepsilon_2 = \varepsilon_b$；$\varepsilon_3 = \varepsilon_c$；$\varepsilon_4 = \varepsilon_d$。电桥输出为

$$U_{BD} = \frac{U_0}{4}K(\varepsilon_1 + \varepsilon_4 - \varepsilon_2 - \varepsilon_3)$$

$$= \frac{U_0}{4}K(\varepsilon_a + \varepsilon_d - \varepsilon_b - \varepsilon_c)$$

$$= \frac{U_0}{4}K[2(1+\mu)\varepsilon_M] \tag{9-10}$$

静态应变仪读数：$\varepsilon_仪 = 2(1+\mu)\varepsilon_M$，实际弯曲应变：$\varepsilon_M = \varepsilon_仪 / [2(1+\mu)]$，拉伸应变已由电桥自动消除。

2）测拉除弯 当只测拉伸应变而消除弯曲影响时，组桥如图 9-4c，各桥臂相对应的应变分别是：$\varepsilon_1 = \varepsilon_a$；$\varepsilon_2 = \varepsilon_d$；$\varepsilon_3 = \varepsilon_c$；$\varepsilon_4 = \varepsilon_b$。电桥输出为：

$$U_{BD} = \frac{U_0}{4}K \left(\varepsilon_1 + \varepsilon_4 - \varepsilon_2 - \varepsilon_3 \right)$$

$$= \frac{U_0}{4}K \left(\varepsilon_a + \varepsilon_b - \varepsilon_d - \varepsilon_c \right)$$

$$= \frac{U_0}{4}K \left[2 \left(1 + \mu \right) \varepsilon_F \right] \qquad (9-11)$$

静态应变仪读数：$\varepsilon_{仪} = 2 \left(1 + \mu \right) \varepsilon_F$，实际拉伸应变：$\varepsilon_F = \varepsilon_{仪} / \left[2 \left(1 + \mu \right) \right]$，弯曲作用已经自动消除。

2. 扭转、拉伸（压缩）、弯曲的组合变形

图 9 – 5 为一受扭矩 M_n、弯矩 M（由横向力 q 引起）和轴力 F 同时作用的圆轴。现讨论在三种载荷作用下，如何测取单一变形。

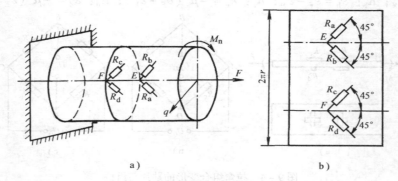

图 9 – 5 扭拉弯组合变形的贴片方式

（1）应力应变分析 为了测得扭矩 M_n，一般都要把应变片贴在与轴线成 ± 45°的方向上，下面主要分析各种载荷在与轴线成 ± 45°方向上的应力应变。在圆轴前、后面各取一单元体 F、E，并将其分解，如图 9 – 6 所示。

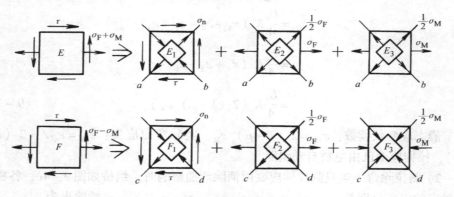

图 9 – 6 扭拉弯组合变形的应力应变分析

1）E_1、F_1：为扭矩 M_n 作用时的纯剪应力状态，与前面纯扭转变形分析相同。在与轴线成 $\pm 45°$ 方向上，由扭矩 M_n 作用产生的实际应变为 $\pm \varepsilon_n$。

2）E_2、F_2：为拉力 F 作用时的单向应力状态，其横截面上的正应力为 σ_F。在与轴线成 $\pm 45°$ 截面上正应力为 $\sigma_F' = \sigma_F/2$，相应的实际应变为 ε_F（在与轴线成 $\pm 45°$ 截面上还有剪应力，因它不影响测量，故图中忽略）；这里应该注意应力 σ_F 与应变 ε_F 的关系由平面胡克定律决定。

3）E_3、F_3：为弯矩 M 作用时的单向应力状态，两单元横截面上的正应力为 σ_m，但符号相反。在与轴线成 $\pm 45°$ 截面上应力为 $\sigma_m' = \sigma_m/2$，相应的实际应变为 ε_m，两个单元应变符号相反；同样，应力 σ_m 与应变 ε_m 的关系由平面胡克定律决定。

（2）贴片　在 E、F 两点与轴线成 $\pm 45°$ 的方向贴四个相同的应变片，如图 9-5 所示，各应变片所感受的实际应变如下：

E 点　R_a：　$\varepsilon_a = \varepsilon_n + \varepsilon_F + \varepsilon_m$

　　　　R_b：　$\varepsilon_b = -\varepsilon_n + \varepsilon_F + \varepsilon_m$

F 点　R_c：　$\varepsilon_c = \varepsilon_n + \varepsilon_F - \varepsilon_m$

　　　　R_d：　$\varepsilon_d = -\varepsilon_n + \varepsilon_F - \varepsilon_m$

（3）组桥

1）测扭除拉弯　当只测扭转应变而消除拉弯应变时，组桥如图 9-7a，各桥臂相应的应变分别是：$\varepsilon_1 = \varepsilon_a$；$\varepsilon_2 = \varepsilon_b$；$\varepsilon_3 = \varepsilon_d$；$\varepsilon_4 = \varepsilon_c$。电桥输出为

$$U_{BD} = \frac{U_0}{4} K \left(\varepsilon_1 + \varepsilon_4 - \varepsilon_2 - \varepsilon_3 \right)$$

$$= \frac{U_0}{4} K \left(\varepsilon_a + \varepsilon_c - \varepsilon_b - \varepsilon_d \right)$$

$$= \frac{U_0}{4} K \left(4\varepsilon_n \right) \tag{9-12}$$

静态应变仪读数：$\varepsilon_{仪} = 4\varepsilon_n$，由扭矩 M_n 作用产生在与轴线成 $45°$ 方向上的实际应变为：$\varepsilon_n = \varepsilon_{仪}/4$，拉弯应变已由电桥自动消除。扭矩 M_n 可由式（9-8）计算得到。

2）测弯除扭拉　当只测弯曲引起的应变，而消除扭、拉应变时，组桥如图 9-7b，各桥臂相应的应变分别是：$\varepsilon_1 = \varepsilon_a$；$\varepsilon_2 = \varepsilon_c$；$\varepsilon_3 = \varepsilon_d$；$\varepsilon_4 = \varepsilon_b$。电桥输出为：

$$U_{BD} = \frac{U_0}{4} K \left(\varepsilon_1 + \varepsilon_4 - \varepsilon_2 - \varepsilon_3 \right)$$

$$= \frac{U_0}{4} K \left(\varepsilon_a + \varepsilon_b - \varepsilon_c - \varepsilon_d \right)$$

$$= \frac{U_0}{4} K \left(4\varepsilon_m \right) \tag{9-13}$$

静态应变仪读数：$\varepsilon_{仪} = 4\varepsilon_{m}$，由弯矩 M 作用引起的在与轴线成 $\pm 45°$ 方向上实际应变：$\varepsilon_{m} = \varepsilon_{仪}/4$，扭、拉应变已由电桥自动消除。由 M 作用产生在与轴线成 $\pm 45°$ 截面上的应力 σ_{m}' 可由平面胡克定律算得：$\sigma_{m}' = E\varepsilon_{m}/(1-\mu)$；由于沿轴线方向上的弯曲应力 $\sigma_{m} = 2\sigma_{m}'$，所以可计算得到弯矩 M

$$M = \frac{2EW}{1-\mu}\varepsilon_{m} \qquad (9-14)$$

以上仅为组合变形中单测一种变形的例子，实际上可以采取其他的贴片组桥方法来解决，具体可参阅有关书籍。

四、剪力的测量

图 9-8 为一端固定的悬臂梁。在悬臂端作用有集中力 Q，由材料力学知，在整个梁的各断面上剪力相等。但无法直接用应变片测得剪力 Q，可用间接方法测得。

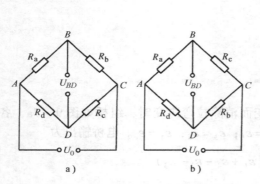

图 9-7　扭拉弯组合变形的组桥

a) 测扭除拉弯　b) 测弯除拉扭

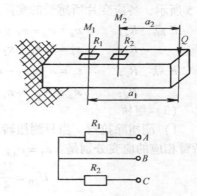

图 9-8　剪力测量贴片与组桥

因剪力 $Q = \mathrm{d}M/\mathrm{d}x$，用增量法表示为 $Q = \Delta M/\Delta x$，若贴片组桥如图 9-8 所示，则：$\Delta M = M_{1} - M_{2}$，$\Delta x = a_{1} - a_{2}$，则电桥输出为

$$U_{BD} = \frac{U_{0}}{4}K(\varepsilon_{1} - \varepsilon_{2}) \qquad (9-15)$$

即应变仪读数：$\varepsilon_{仪} = \varepsilon_{1} - \varepsilon_{2}$，剪力 Q 为

$$Q = \frac{\Delta M}{\Delta x} = \frac{M_{1} - M_{2}}{a_{1} - a_{2}}$$

$$= \frac{EW}{a_{1} - a_{2}}(\varepsilon_{1} - \varepsilon_{2}) \qquad (9-16)$$

将 $\varepsilon_{仪} = \varepsilon_{1} - \varepsilon_{2}$ 代入上式，即可求得剪力 Q。

五、平面应力状态下测量主应力

在实际测量中，所遇到的许多结构、零件都处在平面应力状态下，一般平面应力测量问题可分为以下两种情况。

1. 主应力方向已知的平面应力测量

在平面应力状态中，若主应力方向已知，只需沿相互垂直的主应力方向贴两个应变片，另外采取温度补偿措施，组成电桥（图9－9），分别直接测得主应变 ε_1、ε_2，再由平面胡克定律，即可求得主应力。

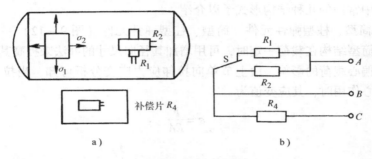

图9－9　平面应力测量贴片组桥图

2. 主应力方向未知的主应力的测量

在平面应力中，在主应力方向未知的情况下，若要测取某点的主应力大小和方向，可在该点贴三个相互间有一定角度的应变片或应变花（图9－10），测取这三个方向的应变 ε_a、ε_b、ε_c，就可以利用材料力学中应力圆理论和平面胡克定律求出主应力 σ_1、σ_2 大小和方向。

读者若要进一步了解具体测试方法，可以参阅有关文献。

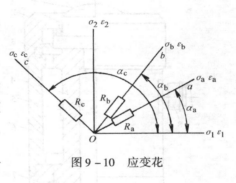

图9－10　应变花

第二节　力　的　测　量

在测力和称重中，常常要求能自动显示、记录并与计算机相连进行数据处理，拉（压）力传感器成为其不可缺少的组成部分。测力传感器种类很多，按工作原理可分为电阻应变式、电感式、电容式、压电式、压磁式等。本节主要介绍电阻应变式和压磁式测力传感器。

一、电阻应变式测力传感器

1. 电阻应变式测力传感器的结构

电阻应变式测力传感器主要由弹性元件和应变片构成，为了使传感器可靠地工作，还应有加载装置、支承和固定装置、外壳和密封装置、引线装置等（图9－11）。

2. 电阻应变式测力传感器的弹性元件

弹性元件是电阻应变式测力传感器的关键部件，一般由优质金属材料制成，如40Cr、30CrMnSi、50CrVA等。弹性元件的形式和特性决定了整个传感器的形式和特性，所以下面主要介绍弹性元件的形式及其载荷下的应变。由于弹性元件的结构形式很多，如柱型、筒型、梁型、轮辐型、柱环型、双梁型、S型等，这里只对其中常用的几种结构形式予以介绍。

(1) 筒型、柱型弹性元件　筒型、柱型弹性元件（图9－12）一般用于较大载荷，筒型结构在载荷一定时，可用增加其径向尺寸的办法来提高其工作稳定性并减小偏心载荷的影响。由上节单向拉伸应力应变分析可知，当拉（压）力载荷沿中心作用时，其应变值为

$$\varepsilon = \frac{F}{EA} \tag{9-17}$$

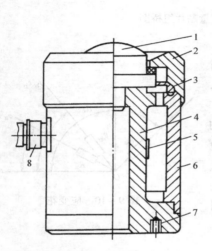

图9－11　压式测力传感器结构图

1—球面加载头　2—上盖　3—压环

4—弹性元件　5—应变片　6—外壳

7—安装螺孔　8—导线插头

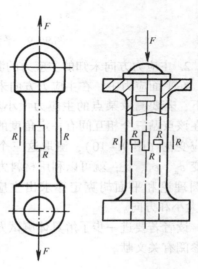

图9－12　柱形、筒形弹性元件

(2) 薄壁环型弹性元件　如图9－13，在拉（压）力作用下，圆环各截面所受的弯矩为

$$M = FR_0 (0.3183 - 0.5\cos\varphi)$$

式中　　φ——截面所在的方位角；

　　M——对应于φ角处截面上的弯矩（N·m）；

　　F——拉（压）力（N）；

　　R_0——环的平均半径（m）。

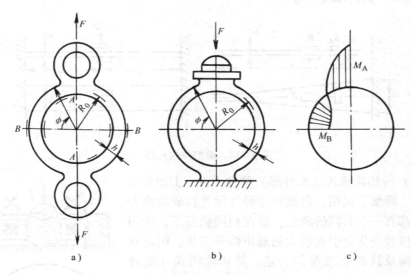

图 9 – 13　薄壁环型弹性元件

在圆环截面 A 和 B 处分别出现两个方向相反的最大弯矩，其值分别为

$$M_A = 0.3183FR_0 ; \quad M_B = 0.1817FR_0$$

两处的应变值分别为

$$\varepsilon_A = 1.908 \frac{FR_0}{Ebh^2} \tag{9 – 18}$$

$$\varepsilon_B = 1.092 \frac{FR_0}{Ebh^2} \tag{9 – 19}$$

式中　b——环的宽度（m）；

　　　h——环的厚度（m）。

在圆环截面 A 和 B 之间，有一个截面弯矩为零，其对应的 φ 角为 55.5°。

（3）梁型弹性元件　常用的有悬臂梁式和两端固定梁式两种形式。对于等强度悬臂梁（图 9 – 14a），其任何截面上的最大应力（或应变）都相等，其上下表面的应变值为

$$\varepsilon = 6 \frac{FL}{Ebh^2} \tag{9 – 20}$$

对于等截面两端固定梁（图 9 – 14b），其中点上下表面的应变值为

$$\varepsilon = \frac{3}{4} \frac{FL}{Ebh^2} \tag{9 – 21}$$

式中　L——梁的长度（m）；

　　　b——梁的宽度（m）；

h——梁的厚度（m）。

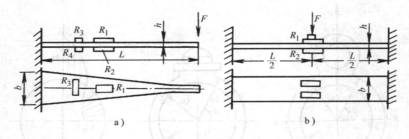

a)　　　　　　　　　　　　　b)

图 9 – 14　梁型弹性元件

（4）剪切轮辐式（低外形）弹性元件　上面介绍的柱型、筒型、梁型、薄壁环型弹性元件构成的测力传感器都有一个共同的缺点，即在相同载荷下，作用力点的位置变化会引起较大的输出信号变化，因此抗侧向载荷及抗偏心载荷能力差。剪切轮辐式（低外形）弹性元件克服了上述缺点，在结构上它像一个车轮，成对并相互对称的轮辐与其相连接的轮毂和轮圈做成一个整体（图 9 – 15）。被测力作用在轮毂的上端面及轮圈的下端面时，轮辐上将产生与被测力成比例的剪应力。在被测力 F 的作用下，其最大剪应力发生在轮辐中间，且

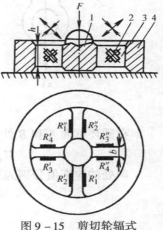

图 9 – 15　剪切轮辐式
弹性元件
1—轮毂　2—应变体
3—轮辐　4—轮圈

$$\tau_{max} = \frac{3}{8}\frac{F}{bh}$$

式中　b——轮辐宽度（m）；

h——轮辐厚度（m）。

若在此处沿主应力方向（与轮辐轴向成 ±45°方向）贴应变片，则应变片感受到的应变为

$$\varepsilon_{max} = \frac{3}{8}\frac{F}{Ebh}(1+\mu) \tag{9-22}$$

从上述应变表达式中可以看出，在弹性元件的尺寸和材料确定之后，弹性元件的应变与外力 F 成正比。

这种轮辐式弹性元件制成的力传感器具有以下主要特点：

1）结构简单、线性好、输出灵敏度高，且重复性好、滞后小。

2）低外形、尺寸小、质量小、安装容易且抗侧向载荷及抗偏心载荷能力强。

3）抗过载能力强。轮毂底部与轮圈下端有一个间隙，该间隙起过载保护作用。根据传感器的额定量程和超载能力，可以计算出轮辐的挠度，当外加载荷超

过一定限度时，由于间隙为零，使轮辐不再变形而起到保护作用。

4）温度系数低。因为整个弹性元件是一个对称的整体，其热膨胀在各方向都是一致的。

基于以上特点，这种剪切轮辐式弹性元件制成的力传感器已经在大力值（10kN 以上）的测量中广泛采用。

3. 应变片在弹性元件上的布置与接桥方式

应变片在弹性元件上的布置和正确接桥方式，对于提高传感器的输出灵敏度和消除有害因素的影响有重要作用。

一般说来，在位置许可的情况下，应变片应根据电桥的加减特性和弹性元件的受力状态，布置在弹性元件的应变最大处。对于方柱形断面，应变片通常在断面四边粘贴；对于圆柱形断面通常在粘贴断面沿圆周方向每隔 90°或 45°贴一片，竖向片和横向片相间隔；对于薄壁环件，在最大弯矩断面顺圆周方向贴片；对于悬臂梁，如果是等强度梁，则可在梁的任意断面上沿轴向上下面粘贴；对于两端固定梁，则在中间加力的位置上下面沿梁的长度方向粘贴；对于轮辐式弹性元件，应在轮辐的侧面中间位置沿主应变方向粘贴应变片。

接桥方式应当根据应变片的多少、应变片承受应变的符号，考虑消除有害因素的影响，以及对传感器灵敏度的要求，按照电桥的加减特性接桥，一般接成全桥，有时也用串、并联结合的复联组桥法组桥。

由于弹性元件的加工处理、电阻应变片电阻值、灵敏系数等性能以及粘贴质量等因素与设想的情况并不相同，因此传感器的输出性能不可能完全满足要求，需要对电桥进行调整。电桥的调整主要有原始零点补偿、温度漂移的补偿、灵敏度调整等。

二、压磁式测力传感器

压磁式测力传感器是利用铁磁材料的磁弹性效应制成的传感器。压磁式测力传感器具有输出功率大、抗干扰性能好、过载能力强、适宜在恶劣环境中长期可靠地运行等优点。但是测量精度一般，频率响应较低（一般不高于 1～2kHZ）。因此常用于冶金、矿山、运输等部门作为测力和称重传感器。

1. 压磁效应

铁磁材料在磁场中磁化时，在磁场方向会伸长或缩短，这种现象称为磁致伸缩效应。当然，材料随磁场强度增加而伸长或缩短不是无限制的，最终会达到饱和。一些材料（如 Fe）在磁场方向会伸长，称为正磁致伸缩效应；反之，一些材料（如 Ni）在磁场方向会缩短，称为负磁致伸缩效应。测试表明，物体磁化时，不但磁化方向会伸长（或缩短），在偏离磁化方向的其他方向上也同时伸长（或缩短），只是随着偏离角度的增大其伸长（或缩短）逐渐减小，直到接近垂直于磁化方向反而要缩短（或伸长）。铁磁材料这种磁致伸缩，是由于自发磁化时导致物质的晶格结构改变，使原子间距发生变化而产生的现象。

如果铁磁物体被磁化时受到限制而不能伸缩，内部会产生应力；如果在它外部施力，也会产生应力。当铁磁物体产生应力时，将使其材料磁化方向发生变化。对于正磁致伸缩材料，如果存在拉应力，将使磁化方向转向拉应力方向，加强拉应力方向的磁化，从而使拉应力方向的磁导率增大，磁阻减小；反之，压应力将使磁化方向转向垂直于压应力的方向，削弱压应力方向的磁化，从而使压应力方向的磁导率减小，磁阻增大。对于负磁致伸缩材料，情况正好相反。这种现象称为磁弹性效应，或称压磁效应。

2. 压磁式测力传感器的工作原理

压磁式测力传感器的压磁元件常由有正磁致伸缩效应的硅钢片粘叠而成，硅钢片上冲有四个对称的孔，孔1、2的连线与孔3、4的连线相互垂直（图9-16）。孔1、2间绕有激磁线圈 W_{12}，孔3、4间绕有测量线圈 W_{34}，外力与两个绕组 W_{12}、W_{34} 所在的平面成45°角。

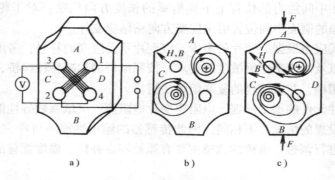

图9-16　压磁式测力传感器工作原理

设想将孔间区域分成 A、B、C、D 四部分。在无外力作用时，A、B、C、D 四部分在各方向的磁导率相同，当激磁绕组 W_{12} 通过一定的交变电流时，铁心中将产生磁场，磁力线绕孔1、2呈轴对称分布，合成磁场强度平行于测量绕组 W_{34} 的平面，磁力线不与测量绕组 W_{34} 交链，故测量绕组 W_{34} 不产生感应电势。

当有压力作用于压磁元件上时，A、B 区域将产生很大压应力，而 C、D 区域则基本上仍处于自由状态。由于磁弹性效应，A、B、C、D 四部分各个方向的磁导率不再相同。在 A、B 区域，压应力方向（铅直方向）的磁导率减小，磁阻增大；而与压应力垂直方向（水平方向）的磁导率增大，磁阻减小；当激磁绕组 W_{12} 通过交变电流时，磁力线不再呈轴对称分布，合成磁场强度也不再平行于测量绕组 W_{34} 的平面，因而部分磁力线与测量绕组 W_{34} 相交链，在测量绕组 W_{34} 中将产生感应电势。压应力越大，W_{34} 交链的磁通越多，产生的感应电势就越大。

3. 压磁式测力传感器结构

为了保证良好的重复性和长期稳定性，传感器必须有合理的机械结构。图 9 – 17 为一种典型的压磁式测力传感器的结构。它主要由压磁元件、弹性体和传力元件（钢球）组成。弹性体一般由弹簧钢制成，它基本不吸收力，只是保证给压磁元件施加一定的预压力，并保证在长期使用过程中压磁元件受力作用点不变。传力元件能保证被测力垂直集中地作用于传感器上。

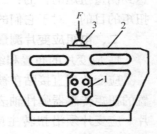

图 9 – 17　压磁式测力
传感器结构
1—压磁元件　2—弹性体
3—传力元件

4. 压磁式测力传感器测量电路

压磁式测力传感器的输出信号较大，一般不需要放大。所以测量电路主要由激磁电源、滤波电路、相敏整流和显示器等组成，基本电路如图 9 – 18 所示。

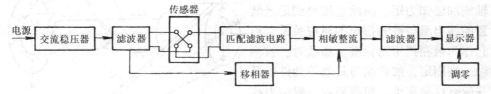

图 9 – 18　压磁式传感器电路原理框图

交流电源的频率按传感器响应速度的要求选择。一般测量可以用工频电源；响应速度较高时，可选用中频电源。为了保证测量精度，应采取交流稳压措施。

加入滤波电路也可以提高测量精度。传感器前的滤波器用于保证电源频率的单一性；传感器后的匹配滤波电路由匹配变压器与滤波器组成，其中滤波器用来消除传感器输出的高次谐波（主要是三次谐波）；匹配变压器的作用是使传感器的输出阻抗与后级电路的输入阻抗相匹配，保证输出功率最大，同时也可将信号电压升高，以满足整流、滤波所需。

滤除谐波的信号再经相敏整流、滤波后送入模拟或数字仪表显示或记录。如果需要也可在电路中增加放大电路和运算电路；或输出控制信号、报警信号以满足监控的需要。

第三节　扭矩的测量

一、概述

转轴扭矩是各种工作机器传动的基本载荷形式，扭矩的测量对传动轴载荷的确定和控制、对传动系统各工作零件的强度设计和原动机容量的选择，都有重要意义。转轴扭矩测量方法基本分两大类，一是通过测量由剪应力引起的应变进而达到测量扭矩的目的；二是通过测量沿轴向相邻两截面间的相对转角而达到测量扭矩的目的。对于它们的变换，可以用不同类型的转换器。

二、电阻应变片测量扭矩

1. 应变片的布置和组桥

应变片可直接贴在被测轴的轴体表面上，亦可贴在串接于传动系统中专门设置的扭矩传感器弹性轴表面上，应变片可采用扭转应变花，亦可采用单向应变片。应变片须沿扭转主应变方向（与轴线成 ±45°夹角）粘贴。组桥可采用全桥，亦可采用半桥，具体方法可参阅本章第一节有关内容。

2. 扭矩标定

轴的扭矩以曲线或其他形式记录下来以后，必须进行标定才能进行定量分析。扭矩的标定分为直接标定和间接标定。

（1）直接标定　在实测现场对所测轴施加已知力矩，由此直接得到记录装置的输出量与被测扭矩的对应关系，以它作为被测扭矩的标准。加载时，被测轴一端固定，加载端与其他传动件脱开并应有径向支承，加载装置一般由力源及臂杆组成（见图 9－19）。细轴可用砝码做为力源，粗轴可用经过校准的油压千斤顶或其他力源串接测力计的办法解决。应当指出，直接标定时，要设法尽量排除弯矩的影响。

若输出量用光线示波器记录下来，便可得到加载曲线，由此做出标定曲线（图 9－20），即

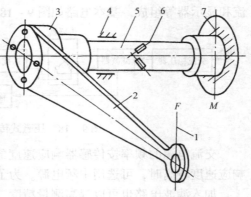

图 9－19　扭矩直接标定示意图
1—已知力　2—臂杆　3—联轴节　4—径向支承
5—被测轴　6—应变片　7—人为固定端

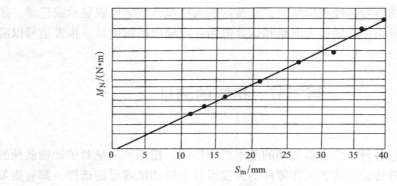

图 9－20　标定曲线

$$M_N = K_m S_m \tag{9-23}$$

式中　M_N——加载扭矩（N·m）；

　　　K_m——标定系数（N·m/mm）；

　　　S_m——光线示波器输出光点高度（mm）。

（2）间接标定　直接标定法需要设计专门的加载装置，尤其在轴径较大时，加载困难，又受现场条件限制，尽管方法准确，但很少采用。所以一般多采取间接标定。间接标定的方法很多，如模拟小轴法、应变梁法、桥臂并联电阻模拟标定法、应变仪给定应变标定法等。这里仅介绍模拟小轴法和应变梁法。

1）模拟小轴法　做一个比实测轴直径小 n 倍，材料相同的实心小轴。在小轴上贴片，要求其应变片性能、贴片工艺、组桥方法、测量仪器以及导线等均与实测轴的条件完全一样。然后将小轴放在扭转试验机上或加载支架上（图 9-21）加载并做出标定曲线

$$M_{Nb} = K_{mb} S_{mb} \tag{9-24}$$

式中　M_{Nb}——标定小轴的加载扭矩（N·m）；

　　　K_{mb}——标定小轴的标定系数（N·m/mm）；

　　　S_{mb}——标定小轴标定时的光线示波器输出光点高度（mm）。

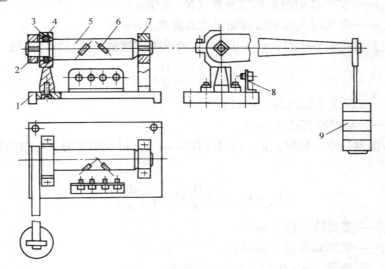

图 9-21　模拟小轴扭矩标定装置

1—底板　2—臂杆　3—轴承　4—轴承座　5—小轴　6—应变片

7—防转支座　8—接线板　9—砝码

根据扭转强度计算公式，标定时对小轴施加的已知扭矩 M_{Nb} 为

$$M_{Nb} = \tau_b W_{Nb} \tag{9-25}$$

式中 M_{Nb}——对模拟标定小轴施加的已知扭矩（N·m）；

　　　τ_b——标定小轴的表面切应力（Pa）；

　　　W_{Nb}——标定小轴的抗扭截面模量（m³）。

若实测时对实测轴施加扭矩 M_N 为

$$M_N = \tau_c W_N \qquad\qquad (9-26)$$

式中 M_N——对实测轴施加的扭矩（N·m）；

　　　τ_c——实测轴的表面切应力（Pa）；

　　　W_N——实测轴的抗扭截面模量（m³）。

当两轴的测试条件、输出值（光点高度）相同时，即 $S_{mb} = S_m$，则表示两轴上应变片感受的应变相同，亦两轴表面产生的切应力相等：$\tau_b = \tau_c$。由式（9-25）和式（9-26）联立可解得对实测轴施加扭矩 M_N 为

$$M_N = M_{Nb} W_N / W_{Nb}$$
$$= K_{mb} S_m W_N / W_{Nb}$$

令

$$K_m = K_{mb} W_N / W_{Nb} \qquad\qquad (9-27)$$

则

$$M_N = K_m S_m \qquad\qquad (9-28)$$

式中 K_m——实测轴的扭矩标定系数（N·m/mm）；

　　　S_m——实测时光线示波器输出光点高度（mm）。

当实测轴是实心轴时，$W_N = 0.2D^3$，可求得实测轴的扭矩标定系数

$$K_m = K_{mb} \left(\frac{D}{d}\right)^3 \qquad\qquad (9-29)$$

式中 d——标定小轴直径（mm）；

　　　D——实测轴直径（mm）。

当实测轴是空心轴时，$W_N = 0.2(D^3 - \alpha d^3)$，可求得实测空心轴的扭矩标定系数

$$K_m = K_{mb} \left[\left(\frac{D_0}{d}\right)^3 - \alpha \left(\frac{d_0}{d}\right)^3\right] \qquad\qquad (9-30)$$

式中 d_0——实测轴内径（mm）；

　　　D_0——实测轴外径（mm）；

　　　α——系数，$\alpha = D_0 / d_0$。

　　2）应变梁法　应变梁法是利用一个受纯弯曲载荷的应变梁（图9-22）来模拟标定实测轴所承受的扭矩。下面先来分析它们的标定原理。

　　由本章第一节可知，受纯扭转载荷的轴，

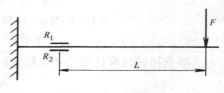

图9-22　应变梁

在与轴线成 ±45°方向表面上主应力为 ±σ_N，相应的主应变为 ±ε_N；而一个受纯弯曲载荷的梁，在其上、下表面轴向正应力为 ±σ_M，相应的主应变为 ±ε_M；它们共同的规律都是其两个应变（应力）大小相等、方向相反。若在应变梁上、下表面各粘贴二个应变片，组成电桥，要求应变片性能、粘贴工艺、组桥、测量仪器及导线等均与实测轴时条件相同，则应变梁标定输出与实测轴输出规律相同（仅相差一个比例常数）。

但是由于应变梁和实测轴应力状态不同，故其应力与应变的关系也不同。应变梁为单向应力状态，其应力应变关系为：$\sigma_M = E\varepsilon_M$；而实测轴为平面应力状态，其主应力与主应变关系为：$E\varepsilon_N = (1 + \mu) \sigma_N$；当应变梁和实测轴的材料、测试条件、输出值相同时，则表示二者产生的应变相等，即 $\varepsilon_M = \varepsilon_N$，于是得到

$$\sigma_M = (1 + \mu) \sigma_N$$

故得
$$\tau = \sigma_N = \frac{\sigma_M}{1 + \mu} \tag{9-31}$$

式中　τ——实测轴上的表面切应力（Pa）；

σ_N——实测轴上与轴线成 ±45°方向表面上的主应力（Pa）；

σ_M——应变梁上、下表面轴向正应力（Pa）。

上式即为实测轴上的切应力与应变梁上的正应力之间的关系式，这说明，在同样应变数值（输出相等）下，应变梁上的正应力比实测轴上的主应力大 $(1 + \mu)$ 倍。

应变梁可以采用悬臂梁也可以采用固定梁，以悬臂梁为例，应变梁上产生的正应力为

$$\sigma_M = \frac{M}{W} = 6 \frac{FL}{bh^2} = AF \tag{9-32}$$

式中　A——应变梁特性常数（Pa/N）；

F——应变梁承受的载荷（N）；

L——加载点至应变片间的距离（m）；

b——应变梁粘贴应变片处的宽度（m）；

h——应变梁粘贴应变片处的厚度（m）。

在应变梁上加载，可以求出标定曲线

$$\sigma_M = K_{mb}S_{mb} \tag{9-33}$$

式中　K_{mb}——应变梁的标定系数（Pa/mm）；

S_{mb}——应变梁标定时的光线示波器输出光点高度（mm）。

所以实测轴扭矩可按输出相同的条件（$S_{mb} = S_m$）由下式求出

$$M_N = \tau W_N = \frac{\sigma_M}{1 + \mu} W_N$$

$$= \frac{K_{mb}S_m}{1+\mu}W_N$$

令

$$K_m = \frac{K_{mb}}{1+\mu}W_N \tag{9-34}$$

则

$$M_N = K_m S_m \tag{9-35}$$

式中 K_m——实测轴的扭矩标定系数（N·m/mm）；

S_m——实测时光线示波器输出光点高度（mm）。

用此种方法标定，要求应变梁材料与实测轴相同，泊松比 μ 值准确，否则将产生较大误差。

3. 扭矩信号的传输

因为扭矩的电信号是由固定在转轴上的电阻应变片发出的，而转轴与检测仪器之间又存在着相对运动，所以扭矩信号的可靠传输便是一个很重要的技术环节，它直接影响扭矩的测量精度，必须足够重视。

常用的扭矩传输装置是各种集流装置，如电刷—滑环式集流装置（图9—23），通过相对转动的滑环与电刷的接触，将扭矩信号导出；为了克服电刷与滑环间的接触电阻不稳定，还可采用水银集流装置及感应式集流器等集流装置。近年来，还常使用无线传输装置，通过装在转轴上发射装置，将电桥产生的扭矩信号，经放大、调制为高频载波信号，以无线电波的形式输出，再由相距一定距离的接收装置接收、放大、解调、再放大后，获得与原信号相似的电信号加以记录和处理。

三、扭磁式传感器测量扭矩

扭磁式扭矩传感器是一种基于钢轴（铁磁材料）受扭产生应变而引起的磁弹性效应制成的扭矩传感器，主要有十字形和圆环形两种形式。

1. 十字形扭矩传感器

十字形扭矩传感器是由两个缠有线圈且相互垂直的 U 形铁芯组成（图9—24）。P_1、P_2 及 S_1、S_2 分别是激磁线圈和输出线圈的磁极。一个铁心的两磁极与被测轴轴线平行，而另一个铁心的两磁极则与被测轴的轴线垂直，两铁心的两对磁极与被测轴表面之间留有 2～3mm 的气隙。

若 A、B、C、D 分别为轴体表面上与磁极 P_1、S_1、P_2、S_2 之间对应的磁阻，则在轴体表面上形成以磁阻 A、B、C、D 为桥臂的磁全桥（图9—25a），此磁桥可用惠斯登电桥来模拟（图9—25b）。当激磁线圈 P_1、P_2 通入激磁电流时，在轴体表面对应部位便产生磁场。若轴体不受扭矩作用，其材料可视为各向同性，桥臂磁阻 A、B、C、D 互等，磁桥处于平衡状态，输出线圈无感应信号产生。当轴受扭矩作用时，在轴表面的两个主应变方向上，处于压应力方向上的磁阻增大，处于拉应力方向上的磁阻减小，磁桥失去平衡，输出线圈电路中将有与扭矩成比例的感应信号产生，从而实现扭矩的测量。

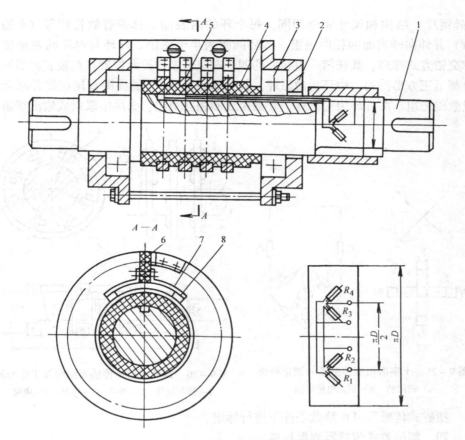

图 9 – 23　径向接触式集流装置结构

1—弹性轴　2—外壳　3—轴承　4—绝缘环　5—滑块

6—绝缘刷架　7—弹簧刷柄　8—电刷

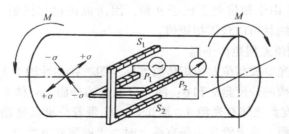

图 9 – 24　十字形扭矩传感器工作原理图

2. 圆环形扭矩传感器

圆环形扭矩传感器是在十字形扭矩传感器的基础上经过改进而制成的一种扭磁式传感器（图 9 – 26）。它由包围被测轴体的三个固定圆环组成。各环的材料

（硅钢片）结构和尺寸完全相同，每个环的内表面上都带有数目相等（4 的倍数）并伸向轴表面的径向磁极。各环间距为半个磁距。外环与内环的磁极按对称交错方式排列，其任何一组相邻的四个对应磁极的投影位置，在轴表面展开图上都呈正方形排列。中环为激磁环，其相邻磁极 S、N 的线圈首尾相接并联后组成激磁绕组。两外环为输出环，其磁极线圈相互交错，头尾串联组成输出绕组。

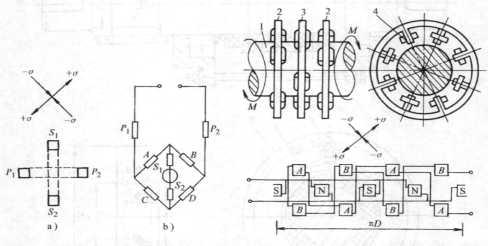

图 9-25　十字形扭矩传感器的测量桥路
a）磁阻桥　b）惠氏电桥模拟

图 9-26　圆环式扭矩传感器结构及工作原理
1—被测轴体　2—外环　3—中环　4—磁极

扭磁式传感器可在静载条件下进行标定。

四、相位差式传感器测量扭矩

在扭矩作用下，轴上间隔一定距离的两个断面之间将产生一个相对转角 θ，如果在这两个断面上各安装一个机电信号变换器，则产生的两个电信号之间将有一个相位差 $\Delta\varphi$。由于相位差正比于 θ 角，因而也正比与扭矩。测出相位差 $\Delta\varphi$ 后，根据标定曲线就可以获得扭矩值。

1. 光电式相位差扭矩传感器

图 9-27 是光电式相位差扭矩传感器结构图。在弹性轴 1 上，相隔一定距离安装两个带孔或槽的分度盘 2 和 6；两个分度盘的外面，壳体 8 上各安装一个光电管 3 和 7；分度盘之间有光源 4。测试时，轴带着分度盘转动，当分度盘上的孔和槽转到和光源、光电管在一条直线上时，光射到光电管上，光电管产生一个电脉冲，当分度盘将光线遮住时，光电信号即行消失。轴转动一周，两光电管就产生两列数目与分度盘孔数相等的电脉冲。空载时，若两分度盘安装相对应，两列电脉冲信号的初始相位差等于零；若两分度盘安装相错开一个角度，则两列电脉冲信号的初始相位差为 φ。当轴受到扭转载荷时，由于扭转变形，两分度盘相

对转过一个角度 θ，两列电脉冲信号间的相位差增加了 $\Delta\varphi$，其值与所受到的扭矩成正比。

2. 磁电式相位差扭矩传感器

图 9 – 28 是磁电式相位差扭矩传感器结构图。弹性轴 10 由高强度的弹性材料铍青铜制成，通过滚动轴承 9 支承在壳体 11 上，磁电式变换器由磁钢 4、导磁环 3、线圈和线圈架 2、不啮合的内、外齿轮 5 和 1 构成。磁钢、内齿轮和导磁环均固定在由非导磁材料制成的套筒 6 上。外齿轮固定在弹性轴上。线圈架固定在机壳的端盖上。磁钢所产生的磁力线通过导磁环、线圈、外齿轮、内齿轮形成一个闭合磁回路。导磁环和线圈之间，线圈和外齿轮之间，内外齿轮之间均有气隙。测试时，轴与套筒作相对转动，内外齿轮之间的气隙在变化，回路中的磁阻也跟着变化，磁通也就发生变化。于是线圈内产生呈正弦波形变化的感应电动势。由于两列变换器相同，其产生的信号也一样。同样，空载时，若两对内外齿轮安装相对应，两列信号的初始相位差等于零；若两对内外齿轮安装相错开一个角度，则两列电信号的初始相位差为 φ。当轴受到扭转时，由于扭转变形，两列外齿之间相对转过一个角度 θ，两列电信号间的相位差增加了 $\Delta\varphi$，$\Delta\varphi$ 正比于转角 θ，所以也正比于其所受到的扭矩。

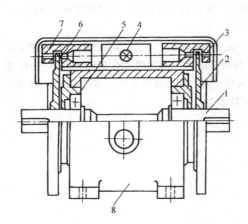

图 9 – 27　光电式相位差扭矩传感器结构
1—弹性轴　2、6—分度盘　3、7—光电管
4—光源　5—轴承　8—壳体

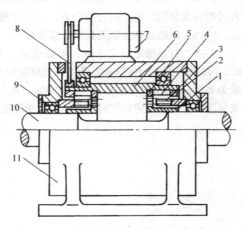

图 9 – 28　磁电式相位差扭矩传感器结构
1—外齿轮　2—线圈　3—导磁环　4—磁钢
5—内齿轮　6—套筒　7—电动机　8—V 带
9—轴承　10—弹性轴　11—壳体

由上述可知，内外齿轮的相对转动是使传感器产生电信号的必须条件，在测量高速轴扭矩时，弹性轴转动，装有内齿轮的套筒不必转动。但在静态标定时或测量转速极低的轴扭矩时，弹性轴不动或只作缓慢转动，此时，要求套筒能够转动，否则无信号输出。因此，套筒 6 可由装在壳体上的电动机 7 通过 V 带 8 来

驱动。

相位差式扭矩传感器产生的两列信号，可以通过模拟式测量电路，也可以通过数字式测量电路，将它们的相位差记录下来进而得出扭矩。此外，它们产生信号的元件均装在固定不动的壳体上，因而信号输出装置简单，适用于高速下扭矩测量。

另外，相位差式扭矩传感器输出信号频率与转速成正比，因此，可以同时测得扭矩和转速，这对于需要测量功率的试验是极为方便的。

习题与思考题

9-1 一简单拉伸试件上贴有两片电阻应变片，一片沿轴向，一片与之垂直，分别接入电桥相邻两臂。已知试件弹性模量 $E = 2.0 \times 10^{11}$ Pa，泊松比 $\mu = 0.3$，应变片灵敏系数 $K = 2$，供桥电压 $U_0 = 5$V，若测得电桥输出电压 $U_{BD} = 8.26$mV，求试件上的轴向应力为多少 Pa？

9-2 以单臂工作为例，说明电桥实现温度补偿必须符合哪些条件？

9-3 为了测量某轴所承受的扭矩，在其某截面的圆周上沿轴向 ±45°方向贴了两个电阻应变片，组成半桥。已知轴径 $d = 40$mm，弹性模量 $E = 2.0 \times 10^{11}$ Pa，泊松比 $\mu = 0.3$。若由静态应变仪测得读数为 $1000\mu\varepsilon$，求该轴所受的扭矩大小？

9-4 一构件受拉弯综合作用，试设计如何贴片组桥才能进行下述测试：（1）只测弯矩，并进行温度补偿，消除拉力的影响；（2）只测拉力，并进行温度补偿，消除弯矩的影响。

9-5 试述转轴扭矩测量的原理和方法。

9-6 有一扭矩标定小轴，其轴径 $d = 30$mm，弹性模量 $E = 2.0 \times 10^{11}$ Pa，泊松比 $\mu = 0.3$，加载力臂 $L = 1000$mm。若用静态应变仪全桥测其应力，若加载 50N 时，静态应变仪读数为多少 $\mu\varepsilon$？用同种材料直径 $D = 300$mm 的轴进行实测，测试条件与标定完全相同，问当应变仪读数与上面标定相同时，实测轴所受的扭矩是多少？

第十章 温度测量

第一节 概 述

温度表示物体的冷热程度。量度温度的标尺称温标。

一、温标

1. 热力学温标

热力学温标是以热力学第二定律为基础，是仅与热量有关而与物体任何物理性质无关的温标。它所定义的温度称为热力学温度。热力学温标是理想的温标，因此被国际计量大会采纳作为国际统一的基本温标。但是，由于它是纯理论的，不能付诸实用，所以国际计量大会制定出与热力学温标相接近，而且复现精确度高，使用方便的国际实用温标（IPTS）。

2. 国际实用温标

目前，国际上通用的是 1975 年第 15 届国际计量大会通过的"1968 年国际实用温标（1975 年修订版）"，我国也采用这一标准。国际实用温标以热力学温度为基本温度，其符号为 T，单位是开尔文（简称开，符号为 K）。定义 1 开等于水处于三相点时热力学温度的 1/273.16。

3. 摄氏温标

摄氏温标是工程上通用的温标。摄氏温标规定水银随温度变化的体膨胀是线性关系。分度方法是在标准大气压下，将冰的融点定为 0℃，把水的沸点定为 100℃，在水银的这两个点之间划分 100 等份，每一等分为 1℃。摄氏温度一般用 t 表示。摄氏温度（t，单位为℃）和国际实用温度（T，单位为 K）的关系是

$$t = T - 273.15 \tag{10-1}$$
$$T = t + 273.15 \tag{10-2}$$

水的三相点为 0.01℃。

在工程习惯中，在 0℃ 以下常用开尔文表示，在 0℃ 以上常用摄氏度表示。这样可以避免出现负温度值。

二、温度计的种类

通常，把温度计分为两大类，即接触式温度计和非接触式温度计。

接触式温度计需要使测温元件与被测介质保持热接触，使两者进行充分的热

交换而达到同一温度，根据测温元件的温度来确定被测介质的温度。接触式温度计主要有膨胀式温度计、压力式温度计、热电偶和热电阻式温度计。

非接触式温度计的测温元件无需与被测介质直接接触，而是通过被测介质的热辐射或对流传到测温元件上来，以达到测温的目的。非接触式温度计主要有辐射高温计、光学高温计、比色高温计等。

下面主要介绍能把温度信号变成电信号的热电偶和热电阻式温度计。

第二节 热 电 偶

热电偶具有结构简单、精确度高、热惯性小、测量范围宽等优点，是目前工业上应用最广泛的一种测温元件。

一、热电偶的测温原理

两种不同的导体 A 和 B 组成闭合回路，如果两个联接端点处的温度不同，回路中将产生电势，这种现象叫做热电效应。该电势称为热电势，一般用符号 E_{AB} (T, T_0) 表示。组成回路的 A、B 两导体称为热电极，两导体的组合称为热电偶。热电偶所产生的热电势是由两导体的接触电势和单一导体的温差电势所组成，见图 10 - 1。

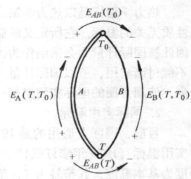

图 10 - 1 闭合回路总热电势

1. 接触电势

接触电势是两种自由电子密度不同的导体在接触处形成的电势。例如，A 导体的电子密度大于 B 导体，则由于扩散作用，在同一瞬间，由 A 扩散到 B 去的电子数将比由 B 扩散到 A 中去的多，从而使得 A 导体失去电子而呈正电位，B 导体获得电子呈负电位，形成由 A 到 B 的静电场。这个静电场的作用又阻止电子进一步地由 A 向 B 转移，最后达到动平衡，建立起一个固定的接触电势。

设导体 A、B 的自由电子密度分别是 N_A、N_B，并且 $N_A > N_B$，两导体两端接触点的温度分别为 T 和 T_0，则两端接触电势分别为

$$E_{AB}\ (T) = \frac{kT}{e} l_n \frac{N_A}{N_B} \qquad (10-3)$$

$$E_{AB}\ (T_0) = \frac{kT_0}{e} l_n \frac{N_A}{N_B} \qquad (10-4)$$

式中 k——波耳兹曼常数；

e——电子电量。

回路总接触电势

$$E_{AB}(T) - E_{AB}(T_0) = \frac{k}{e}(T - T_0) l_n \frac{N_A}{N_B} \tag{10-5}$$

由式（10-5）可见，当 $N_A = N_B$ 或 $T = T_0$ 时的接触电势均为零。

2. 温差电势

同一导体，由于两端温度不同而产生的电势称为温差电势。由于导体中高温端电子的能量比低温端的多，因而电子将从高温端向低温端扩散，使得高温端失去电子带正电，低温端得到电子带负电，产生了温差电势。当 $T > T_0$ 时，A、B 导体各自的温差电势分别是

$$E_A(T, T_0) = \int_{T_0}^{T} \sigma_A \mathrm{d}T \tag{10-6}$$

$$E_B(T, T_0) = \int_{T_0}^{T} \sigma_B \mathrm{d}T \tag{10-7}$$

式中　σ_A、σ_B——分别为导体 A、B 的汤姆逊系数，表示温差为1℃时所产生的电势值。

总温差电势为

$$E_A(T, T_0) - E_B(T, T_0) = \int_{T_0}^{T} (\sigma_A - \sigma_B) \mathrm{d}T \tag{10-8}$$

3. 总热电势

由导体 A、B 组成的热电偶回路的总热电势为两个接触电势与两个温差电势的代数和，即

$$E_{AB}(T, T_0) = E_{AB}(T) - E_{AB}(T_0) - \int_{T_0}^{T} (\sigma_A - \sigma_B) \mathrm{d}T \tag{10-9}$$

由式（10-9）可以看出：

（1）如果构成热电偶的两热电极的材料为相同的均质导体，即 $N_A = N_B$、$\sigma_A = \sigma_B$，则回路总电势为零。

（2）若热电偶的两个接触点温度相同，即 $T = T_0$，则回路总电势为零。

因此，热电偶要能产生热电势必须具备两个条件：

1）热电偶必须要用两种不同材料的热电极构成。

2）热电偶的两接点必须具有不同的温度。

若组成热电偶的材料已选定，并使热电偶一个接点的温度保持不变，则热电偶产生的热电势只和另一接点的温度有关，只要测出热电势的大小，就可求出这一接点处的温度。

当使用热电偶测温时，总是把一个接点放置于被测介质中，习惯上把这个接点称为热电偶的热端或测量端；让另一接点处于已知恒定温度条件下，称此接点为热电偶的冷端或参考端。

国际实用温标 IPTS – 68 规定，参考端温度为零度。将热电势与测量端温度的对应关系用实验方法得到并制成表格，叫作热电偶的分度表。

一般条件下，热电偶的接触电势远大于温差电势，所以其热电势的极性取决于接触电势的极性。也就是说，两个热电极中自由电子密度大的导体总是正极，自由电子密度小的导体总是负极。热电势的方向总是与实际温度较高端的接触电势的方向一致。

热电偶在实际测温时，必须在回路中接入导线和测量热电势的仪表。可以证明，只要接入的中间导体两端温度相同，就不会影响回路的总热电势。

另外，热电偶的分度表是以参考端温度为 0℃ 时给出的，在实际测温时，若参考端温度不为 0℃ 时，可按中间温度定律公式计算

$$E_{AB} \ (T, \ T_0) = E_{AB} \ (T, \ T_n) + E_{AB} \ (T_n, \ T_0) \qquad (10-10)$$

式中 T_n——中间温度。

例 10 – 1 用镍铬—镍硅热电偶测温，参考端温度 $t_n = 20℃$，仪表测得热电势 $E \ (t, \ t_n) = 8.13mV$，求实际被测温度 t 值。

解：先查镍铬—镍硅热电偶分度表得

$$E \ (t_n, \ t_0) = E \ (20, \ 0) = 0.8mV$$

根据式（10 – 10）得

$$E \ (t, \ t_0) = E \ (t, \ t_n) + E \ (t_n, \ t_0)$$
$$= 8.13mV + 0.8mV = 8.93mV$$

再查上述分度表得被测温度 $t = 220℃$。

若参考端温度既不是 0℃，又随环境温度变化，则需采用电桥补偿法等进行冷端温度补偿。

4. 常用热电偶的特点和结构

（1）常用热电偶 常用热电偶分标准化热电偶和非标准化热电偶两类。标准化热电偶具有统一的分度表，同一型号的标准热电偶具有互换性。

常用的标准化热电偶有以下几种：

1）铂铑$_{10}$—铂热电偶 测温精确度高，可作为传递国际实用温标的各等级标准热电偶，能用于高温测量，长时间使用可达 1300℃，短时间使用可达 1600℃。在氧化性或中性介质中具有较高的物理和化学稳定性，在高温时易受还原性气体的侵蚀。它产生的热电势较小，价格较贵。

2）铂铑$_{30}$—铂铑$_6$ 热电偶 测温精确度高，具有更高的测温上限，长期使用可达 1600℃，短期使用可达 1800℃。具有更好的稳定性和更高的机械强度。产生的热电势更小，价格较贵。

3）镍铬—镍硅热电偶 是一种应用非常广泛的廉价热电偶。长期使用的最高温度为 900℃，短期使用可达 1200℃。高温下抗氧化能力强，但在还原性介质中易被侵蚀。这种热电偶与铂铑$_{10}$—铂热电偶相比，在相同温度下热电势要大

4~5 倍,而且线性好。

4) 铜—康铜热电偶 适用于 -200~400℃范围内测温。测量精确度高,低温时灵敏度高,价格低廉。

5) 镍铬—康铜热电偶 长期使用可达 600℃,短期使用可达 800℃。适于在中性或还原性介质中使用。在常用的热电偶中,它的灵敏度最高,价格最低。

随着现代科学技术的发展,大量的非标准化热电偶研制成功,用来满足在某些特殊场合下的测温要求。它们在高温、超低温、高真空和有核辐射等被测对象中,具有某些特别良好的性能。例如钨铼系热电偶,长期使用的最高温度可达 2800℃,短期使用可达 3000℃。镍铬—金铁热电偶可测到超低温 2K。

(2) 热电偶的结构 热电偶按其结构可分为普通热电偶、铠装热电偶、薄膜热电偶等。

1) 普通热电偶 基本结构由热电极、绝缘套管、保护套管和接线盒等主要部分组成,如图 10 - 2 所示。普通热电偶在工业中主要用于测量气体、蒸汽、液体等介质的温度。

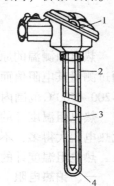

图 10 - 2 普通热电偶
1—接线盒 2—保护套管
3—热电极 4—测量端

2) 铠装热电偶 由热电极、耐高温的金属氧化物粉末(Al_2O_3 等)、不锈钢套管三者一起经拉细而组成一体,外径 0.25~12mm,长度有各种规格,结构见图 10 - 3。这种热电偶结构紧凑、牢固、抗振、可挠,而且热惯性小、性能稳定。

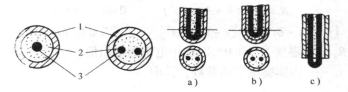

图 10 - 3 铠装式热电偶断面结构图
a) 碰底型 b) 不碰底型 c) 露头型
1—金属套管 2—绝缘材料 3—热电极

3) 薄膜热电偶 见图 10 - 4,用真空蒸镀的方法,将热电偶材料沉积在绝缘基板上而制成。这种热电偶可以做得很薄,达微米级。适用于各种表面的温度测量。

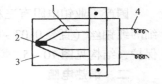

图 10 - 4 薄膜热电偶示意图
1—热电极 2—热接点
3—绝缘基板 4—引出线

5. 热电偶温度计

热电偶与配套使用的显示仪表组成热电偶温度计。配套时需考虑热电偶的分度号。

1）XCZ－101 型动圈仪表　是目前工业上应用广泛的一种显示仪表，该仪表的指示表头是一只磁电式电流表。仪表可以用毫伏数来刻度，也可以直接用温度值刻度。它的精确度等级为 1.0 级。

2）自动电子电位差计　可以自动显示和自动记录，精确度等级为 0.5 级。

第三节　热　电　阻

热电阻测温的原理是利用某些导体或半导体材料的电阻随温度变化的性质，通过测量其电阻值而得出被测介质的温度。在工业上广泛应用热电阻温度计测量 $-200 \sim 500℃$ 范围内的温度，尤其在低温方面使用很多。

热电阻温度计的特点是：测量精确度高，在低温下（500℃以下）输出信号比热电偶大得多，不存在热电偶需要的冷端补偿问题。

热电阻温度计的感温元件是热电阻，下面介绍几种常用的热电阻。

一、铂热电阻

铂电阻的特点是精确度高、稳定性好、性能可靠。除用作一般的工业测温外，在国际实用温标中，作为从 $-259.34 \sim 630.74℃$ 温度范围内的温度基准。它在氧化性介质中的物理、化学性质都非常稳定，但在高温下容易被还原性介质所污染，容易使铂丝变脆，并改变它的电阻与温度间的关系。铂电阻价格较贵。

铂电阻 R 与温度之间关系近似直线，铂的纯度越高，精确度越高，其分度表是按下列 $R_t - t$ 关系式建立的

$$R_t = R_0 \ (1 + At + Bt^2) \qquad 0 \leqslant t \leqslant 650℃ \qquad (10-11)$$

$$R_t = R_0 \ [1 + At + Bt^2 + C \ (t-100) \ t^3] \qquad -200℃ \leqslant t \leqslant 0 \qquad (10-12)$$

式中　R_t、R_0 ——温度为 t 和 0℃时的铂电阻的电阻值；

A、B、C ——由实验测得的常数，其中

$$A = 3.96847 \times 10^{-3} \ (1/℃)$$

$$B = -5.847 \times 10^{-7} \ (1/℃)$$

$$C = -4.22 \times 10^{-12} \ (1/℃)$$

国产工业铂电阻有三种，分度号分别为 Pt50、Pt100、Pt300。铂电阻体是用细的纯铂丝（直径 $0.03 \sim 0.07mm$）绕在石英或云母骨架上，最外层用金属套管保护，结构见图 10-5。

二、铜热电阻

铜电阻的电阻值与温度近于呈线性关系，电阻温度系数比铂高，且价格便宜。所以在一些测量精确度要求不是很高的场合，就常采用铜电阻。但它在温度高于100℃的介质中易被氧化，故多用于测量 $-50 \sim 150℃$ 温度范围。

铜电阻的 $R_t - t$ 表达式为

$$R_t = R_0 (1 + \alpha t) \qquad (10 - 13)$$

式中　　R_t、R_0——温度为 t 和 0℃时的铜电
阻的电阻值；

　　　　α——铜电阻的温度系数，$\alpha =$
$(4.25 \sim 4.28) \times 10^{-3}$
$(1/℃)$。

国产铜电阻有两种，分度号为 Cu50 和
Cu100。

铜电阻体是以直径约为 0.1mm 的绝缘
漆包铜丝无感双线绕在圆柱形塑料骨架上，
最外层是金属保护套管。由于铜的电阻较
小，与铂电阻相比，当阻值相同时，铜电
阻的体积较大。

三、半导体热敏电阻

半导体热敏电阻是用铁、锰、铜等金属
的氧化物或它们的其他化合物，进行不同配

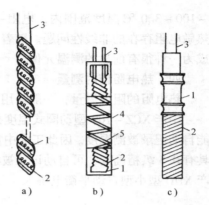

图 10 - 5　热电阻元件

a）标准铂电阻

1—石英骨架　2—铂丝　3—引出线

b）工业铂电阻

1—云母片骨架　2—铂丝　3—银丝引出线
4—保护用云母片　5—绑扎用银带

c）铜电阻

1—塑料骨架　2—漆包线　3—引出线

比经成形、烧结而成。按其基本性能可分为：负温度系数（NTC）、正温度系数
（PTC）、临界温度系数（CTR）三类。

PTC 热敏电阻，当温度超过某一数值时，其电阻快速增加，具有开关特性，
使用温度范围为 $-50 \sim 150℃$，主要用于各种电器设备的过热保护和用作温度开
关，也可作限流元件使用。

CTR 热敏电阻，在某个温度值上电阻值急剧变化，主要用作温度开关和应
用于温度报警。

NTC 热敏电阻具有很大负温度系数，主要用于 $-100 \sim 300℃$ 范围内的温度测
量，同时也广泛地应用在自动控制及电子线路中做温度补偿元件。

热敏电阻有珠状、圆柱状及片状等。一般珠状用玻璃封装，圆柱状用树脂或
玻璃封装，而片状一般用树脂封装。

圆柱状热敏电阻，其外形与一般玻璃封装二极管一样。这种热敏电阻生产工
艺成熟，生产效率高而价格低，成为主流产品。珠状热敏电阻，由于体积小、热
容量小，适合用来测量点温、表面温度。

热敏电阻的主要优点是电阻温度系数大、灵敏度高、分辨率高，而且体积
小、热惯性小、响应速度快，主要缺点是非线性严重，因而精确度较低，在使用
时一般需经过线性化处理。另外热敏电阻的互换性差。

近期研制的 $CdO - Sb_2O_3 - WO_3$ 和 $CdO - SnO_2 - WO_3$ 两种热敏电阻，在

–100~300 ℃温度范围内，电阻—温度呈线性关系，较好地解决了负温度系数热敏电阻存在的非线性问题。随着半导体材料和器件的发展，半导体热敏电阻将成为一种很有前途的测温元件。

四、热电阻值的测量

热电阻的阻值测量，一般采用不平衡电桥和平衡电桥。

国产 XCZ–102 型动圈式温度指示仪采用不平衡电桥，精确度为 1.0 级，不能自动记录被测温度。因此工业中重要的温度测量，往往采用自动平衡电桥，它具有 0.5 级精确度，可自动记录被测温度，还可带有自动调节功能。常用的有国产 XDD 型小型自动平衡电桥。

第四节　其他温度传感器

晶体二极管、三极管的 PN 结的结电压是随温度变化的。利用 PN 结对温度敏感的特性可作温度传感器。一般将三极管对管集成形成集成温度传感器。它有三种类型：

（1）线性输出集成温度传感器　这种传感器的输出电压与温度成比例关系。

（2）临界点输出集成温度传感器　这种传感器应监测温度以防过热，临界温度点的设置可通过调整电阻来完成。

（3）数字集成温度传感器　这种传感器的芯片内包含温度传感器、基准电压源、A/D 转换器、控制逻辑电路、接口电路等。它用数据总线传输温度信号，用数字输出取代模拟输出，可与单片机相连。

集成温度传感器的工作范围通常在 –55~150℃，具有线性好、精确度适中、灵敏度高、体积小、使用方便、价格低廉等优点，广泛应用于环境温度监测、工业过程控制等领域。

习题与思考题

10–1　当热电偶的参考端温度不为 0℃时，应怎样测量温度？举例说明。

10–2　分别说明热电偶、金属热电阻和半导体热敏电阻的特点和用途。

第十一章 压力和流量的测量

第一节 压力的测量

流体垂直作用于单位面积上的力，在物理学中称为压强，而在工程上习惯称为压力。

压力有绝对压力、大气压力、表压力之分。绝对压力是指以压力为零作起点计算的压力，是介质所受的实际压力；大气压力是指处于某一地理位置的介质受大气作用的压力；工程上所说的压力一般都是指表压力，即压力仪表的示值压力。表压力等于绝对压力与大气压力之差，即

$$表压力 = 绝对压力 - 大气压力$$

当绝对压力高于大气压力时，表压力为正压力，简称正压或压力。当绝对压力低于大气压力时表压力为负压力，简称负压或真空。

在 ISO 国际单位制中，压力的单位是帕（Pa），$1Pa = 1N/m^2$。

通常用来测量压力的方法有三种，即液柱法、弹性变形法和电测法。液柱法是利用液柱所产生的压力与被测压力平衡，并根据液柱的高度或高度差来确定被测压力的大小，常用的有 U 型管压力计等。这种测压方法一般适用于测量低压、负压或压力差。弹性变形法是当被测压力作用于弹性元件时，弹性元件便产生相应的弹性变形（位移），根据变形的大小可测知被测压力值。电测法是通过传感器把被测压力变换为电信号。

一、弹性压力敏感元件

弹性压力计是利用弹性变形原理制成的。这类压力计的特点是把弹性元件的一端固定，而另一端为自由端，利用弹性元件受压力变形后的自由端位移，通过拉杆、扇形齿轮等机械传动机构放大并带动指针，可组成各种规格的压力表。常用的测压弹性元件有弹簧管、膜片、波纹管三类（图 11-1），分别组成弹簧管压力计、膜片式压力计和波纹管压力计。这类测压仪表结构简单、造价低廉、精确度较好、便于携带和安装使用，目前应用仍相当广泛。其测量范围从负压、微压到高压，精度等级一般为 1~2.5 级，精密压力表可达 0.1 级。由于其机械结构的频率响应低，所以不宜用于动态压力测量。这些弹性式压力敏感元件和各种位移传感器相组合可制成压力变送器，压力变送器内装有放大电路，是输出标准信号的压力传感器，输出通常为 4~20mA 直流电流信号或 1~5V 直流电压信号。

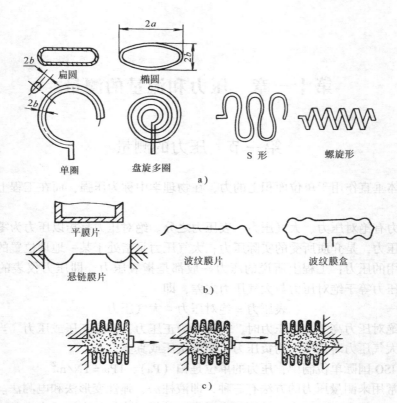

图 11-1 弹性压力敏感元件
a) 弹簧管　b) 膜片　c) 波纹管

1. 弹簧管

弹簧管的横截面呈椭圆或扁圆形,当它的内腔接入被测压力,且管内压力大于管外压力时,因为管子短轴方向的内表面积比长轴方向的大,所以受力也大,短轴要变长些,长轴要变短些,迫使管子向圆形截面变化,产生弹性变形。由于短轴方向与弹簧管圆弧的径向方向一致,因此变形使自由端向管子伸直的方向移动,管端产生向外的位移量。自由端位移量与作用压力在一定范围内呈线性关系。弹簧管压力表的结构见图 11-2。弹簧管自由端位移通过拉杆带动齿轮传动机构放大,转换成指针的转动,在刻度盘上指示出被测压力值。单圈弹簧管的测压范围从真空到几百兆帕。

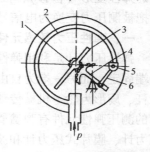

图 11-2 弹簧管压力表
1—小齿轮 2—弹簧管 3—指针
4—扇形齿轮 5—自由端 6—拉杆

单圈弹簧管自由端的位移量较小,为了增加自由端的位移量,提高灵敏度,可采用 S 形弹簧管或螺旋形弹簧管，但是它们的测压上限比单圈弹簧管低。

2. 膜片

膜片是用弹性材料制成的圆形薄片，主要有平膜片、波纹膜片和悬链膜片等。膜片的周边刚性固定。把两片膜片的周边焊接起来，可构成膜盒，几个膜盒串接在一起，形成膜盒组。

在压力作用下，膜片的中心位移和膜片的应变在小变位时均与压力近似成正比。平膜片具有较高的抗振、抗冲击能力，用得较多。波纹膜片和膜盒的灵敏度较高。悬链膜片受温度的影响较小。以膜片为敏感元件的膜片式压力计适用于真空或 0 ~ 6MPa 的压力测量，膜盒式压力计的测量范围是 0 ~ ±4 × 10⁴Pa。

3. 波纹管

波纹管是一种外周沿轴向有许多环状波纹的薄壁圆筒。使用时应将开口端焊接于固定基座上并将被测流体通入管内。在流体压力的作用下，密封的自由端产生位移。在波纹管的弹性范围内，自由端的位移量与作用压力呈线性关系。波纹管一般用于低压测量。

二、常用压力传感器

按测量原理压力传感器可分为电阻应变式、压阻式、电感式、电容式、压电式、霍尔式等多种类型。压力传感器的动态特性较好，适用于动态压力的测量。

1. 压阻式压力传感器

压阻式压力传感器的结构原理如图 11 - 3 所示。其敏感元件通常是 N 型硅膜片，在上面扩散制成四只阻值相等的 P 型电阻，组成电桥。当硅膜片的两边存在压力差而发生形变时，膜片各点产生应力，由于压阻效应，使扩散电阻的阻值发生变化，电桥失去平衡，输出相应的电压，其电压大小就反映了膜片所受的压力差值。

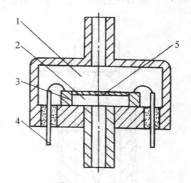

膜片的一侧是和被测系统相连的高压腔，另一侧是低压腔，低压腔和大气相通时，测的是表压力，低压腔密封成真空室时，测的是绝对压力，高压腔和低压腔分别接入高低两种压力时，可测差压。

图 11 - 3　压阻式压力传感器的结构
1—低压腔　2—高压腔
3—硅杯　4—引线　5—硅膜片

压阻式压力传感器的体积小，可微型化，已有 0.8mm 的微型产品。它的灵敏度高，比金属应变片的灵敏度高 50 ~ 100 倍；精度高，通过温度补偿和非线性补偿，可达 0.1% ~ 0.02%；动态特性好，可测 300 ~ 500kHz 的脉动压力；抗干扰，工作可靠。

目前，包括压敏电桥、感温元件、温度补偿电路、放大电路在内的集成压力传感器和带微处理器的智能压力传感器都已商品化。

2. 电容式差压传感器

图 11-4 是电容式差压传感器的结构。该传感器由两个相同的可变电容器组成。中心的金属弹性膜片作为电容器的动极板，是压力敏感元件。电容的两个定极板是镀在凹型球面玻璃圆片上的金属层。被测压力 p_1 和 p_2 分别作用于两片隔离膜片上，通过硅油将压力传递给弹性膜片。在压力差的作用下，膜片凹向压力小的一面，使得一个电容增大而另一个相应减小，发生差动变化，测量这两个电容的变化，就可知道差压的数值。当过载时，膜片受到球面玻璃片的保护，不至产生破裂。电容式差压传感器具有结构简单、小型轻量、精度高（可达0.25%）、互换性强等优点，已广泛应用于工业生产中。

3. 力平衡式压力变送器

它采用力矩平衡原理，将弹性元件测压产生的集中力与输出电流经反馈装置产生的反馈力通过杠杆形成力矩平衡，这时的输出电流值反映了被测压力值。

图 11-5 是力平衡式压力变送器的原理图。测压弹性元件波纹管产生的集中力 F_1 使杠杆绕支点 O 逆时针偏转，位移传感器检测杠杆的位移而产生输出电流，此电流经放大后流经反馈装置电磁铁的线圈，电磁铁产生电磁反馈力 F_2，从而形成一个使杠杆作顺时针偏转的反力矩与 F_1 的作用力矩相平衡。当杠杆平衡时，输出电流正比于被测压力 p。

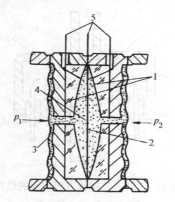

图 11-4　电容式差压传感器
1—金属层　2—弹性膜片
3—隔离膜片　4—硅油　5—引线

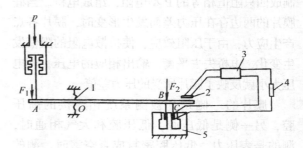

图 11-5　力平衡式压力变送器原理
1—弹性支承　2—位移传感器
3—放大器　4—输出负载　5—电磁铁

由于采用力矩平衡原理，有效地减小了弹性元件的弹性滞后、变形非线性的影响，测量精度较高，可达 0.5 级；但结构复杂、体积较大，而且动态性能较差。

第二节 流量的测量

一、概述

1. 流量

流体在单位时间内通过管道某截面的数量称为流体的瞬时流量，简称流量。按计量流体数量的不同方法，流量可分为体积流量（单位有 m^3/s、m^3/h 等）和质量流量（单位有 kg/s、t/h 等）。二者满足

$$q_m = \rho q_V \tag{11-1}$$

式中　q_m——质量流量；

　　　q_V——体积流量；

　　　ρ——流体的密度。

瞬时流量的时间累计值，即在某一段时间内流体流过管道截面的总和称为流体的积累流量或总量，计量单位是 m^3 或 kg、t 等。一般把测量瞬时流量的仪表称为瞬时流量计，把测量总量的仪表称为总量计，不论瞬时流量计还是总量计，习惯上都称为流量计，但实际上是有差别的。

2. 流量测量方法

流体流量的测量方法很多，一般可分为以下三类：

（1）容积法　用容积法制成的流量计相当于一个具有标准容积的容器，连续不断地对流体进行度量。容积式流量计有椭圆齿轮流量计、腰轮流量计、刮板流量计等。

（2）速度法　由于流体的平均流速与体积流量成正比，于是与流速有关的各种物理量都可以用来度量流量。属于这一类的有差压式流量计、转子流量计、电磁流量计、涡轮流量计、超声波流量计等。

（3）质量流量法　这种方法是测量与流体质量流量有关的物理量（如动量、动量矩等），从而直接得到质量流量，具有被测流量不受流体的温度、压力、密度、粘度等变化影响的优点。其中新型的有哥氏力质量流量计。但目前这种流量计比较复杂、价格较贵，尚不普及。

二、常用流量计

目前，在工业生产中使用的流量计中，差压式流量计历史悠久，技术成熟，应用最为广泛，其他应用较多的是转子流量计、容积流量计、电磁流量计等。

1. 差压式流量计

差压式流量计是在管道中安装某种节流元件（孔板、喷嘴、文丘利管等），如图 11-6，当流体流过节流元件时，流束收缩，在节流元件前后形成与流量成一定函数关系的压力差，测量该压力差即可确定被测流量的大小。

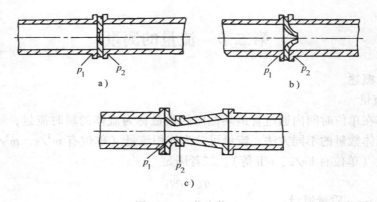

图 11 – 6 节流装置

a) 孔板 b) 喷嘴 c) 文丘利管

图 11 –7 是在管道中放入节流元件（孔板）后，流体在节流元件前后的流束及压力变化情况。由图可知，流体流过孔板时，流束截面缩小，流动速度增加，压力下降。如果在节流元件端面前后处取静压力 p_1 和 p_2，则对于不可压缩流体可整理出表示流体体积流量 q_V 和质量流量 q_m 的公式如下

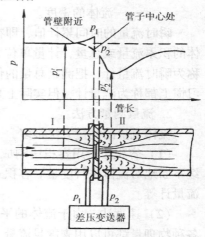

$$q_V = \alpha A_0 \sqrt{2/\rho\,(p_1 - p_2)}$$

$$(11-2)$$

$$q_m = q_V \rho = \alpha A_0 \rho \sqrt{2/\rho\,(p_1 - p_2)}$$

$$(11-3)$$

式中 α ——流量系数；

A_0 ——孔板开孔面积；

ρ ——流体密度。

图 11 –7 孔板装置及压力分布图

上式适用于不可压缩流体，对于气体、蒸气等可压缩流体，规定公式中的流体密度使用节流元件前的流体密度 ρ_1，而把流体的可压缩性影响用流束膨胀系数 ε 来修正。

流量系数 α 是与管道尺寸、取压位置、流速分布状态等影响因素有关的系数，无量纲。目前工业上使用的节流装置中，以孔板、喷嘴、文丘利管应用最广，已积累了大量的试验数据和设计经验，都已标准化。在使用这些节流装置时，根据结构形式、标准化尺寸、安装方式和使用条件查阅有关手册，就可计算出流量系数，不需要进行标定。

流体流过节流装置所产生的压力差，由差压变送器检测出来，经过计算显示

流量值。

差压式流量计可测流体种类多、条件限制少、量程范围大、精确度为1% ~ 2%左右、有压力损失产生。

2. 电磁流量计

（1）原理和结构　电磁流量计的原理如图11-8所示，导电性流体流过内壁绝缘的测量管，在垂直于流体流动方向加上磁场，根据法拉第电磁感应定律，在流体中将感应出与平均流速成比例的电动势。在与管道轴线和磁场方向都垂直的方向上设置一对电极，将所产生的电动势引出。流体中的感应电动势可用下式表示

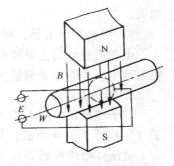

图11-8　电磁流量计原理图

$$E = kBdv \qquad (11-4)$$

式中　E ——感生电动势（V）；

　　　k ——比例常数；

　　　B ——磁场的磁感应强度（T）；

　　　d ——测量管的内径（m）；

　　　v ——流体的平均流速（m/s）。

由于流体的体积流量 q_V（m^3/s）为

$$q_V = \frac{1}{4}\pi d^2 v \qquad (11-5)$$

故电磁流量计的体积流量

$$q_V = \frac{\pi d}{4kB}E \qquad (11-6)$$

工业用电磁流量计大都采用交变磁场，即

$$B = B_m \sin\omega t \qquad (11-7)$$

于是

$$q_V = \frac{\pi d}{4kB_m \sin\omega t}E \qquad (11-8)$$

所以当流量计的测量管内径 d 和磁场磁感应强度 B 一定时，体积流量与感生电动势成正比。

（2）主要特点

1）精度高，可达0.5%。

2）不受被测流体的压力、温度、密度、粘度等变化的影响。流体电导率在5μs/cm以上即可测量。

3）不仅可以测量单相的导电性液体的流量，而且可以测量液固两相介质，

象泥浆、纸浆、矿浆、化学纤维浆、污水等的流量。还可以测量高温、腐蚀性流体。

4）测量管内没有突出物，内壁光滑，因此被测流体流过时，几乎没有压力损失。

5）结构简单可靠，没有可动部件，寿命长。

电磁流量计的主要缺点是不能用来测量电导率很低的液体，如石油制品、有机溶剂等。不能用于测量气体介质。

3. 转子流量计

转子流量计由向上扩大的锥形圆管和能上下浮动的转子（也称浮子）所组成，其工作原理见图 11-9。

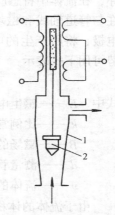

当流体沿锥形圆管自下而上流过管子与转子间的环形间隙时，由于节流原理，在转子的上下产生压力差 $\Delta p = p_1 - p_2$，该压力差使转子向上移动，直到压力差作用于转子上的力与转子在被测介质中的重力相平衡为止。流量愈大，转子的平衡位置愈高，环形流通截面积愈大，环形流通截面积是随流量而变化的，故转子流量计也称为面积式流量计。对于圆锥形测量管，环形流通截面积与转子的高度近似成正比关系，通过测量转子的高度，可求得流量。测量转子的高度可以在测量管上直接刻度，也可采用光电法或其他位移传感器将流量信号转换为电信号。

图 11-9　转子流量计
1—锥形圆管　2—转子

转子流量计广泛用于小流量测量，其精确度较低。

4. 椭圆齿轮流量计

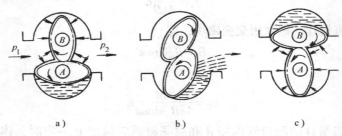

a)　　　　　　　　b)　　　　　　　　c)

图 11-10　椭圆齿轮流量计

椭圆齿轮流量计属于容积式流量测量仪表，工作原理如图 11-10 所示。其主要构造是计量箱和装在计量箱内的一对相互啮合的椭圆齿轮 A 和 B。当被测介质从计量箱进口端流入时，由于进出口两端压力差的存在，使得椭圆齿轮受到力矩的作用而转动。如齿轮处在图 a 的位置时，由于进口端的压力 p_1 大于出口端的压力 p_2，产生的力矩使 A 轮逆时针方向转动，A 轮的转动把它与箱体间月牙形空腔内的流体排至出口，并带动 B 轮作顺时针方向转动，此时 A 为主动轮，B 为从动轮；当齿轮转动到图 b 所示的位置时，A、B 两轮都产生转矩，均是主动轮，在继续转动时一方面使 A 轮与箱体间月牙形空腔内的流体排出，另一方面逐渐将流体封入 B 轮与箱体间月牙形空腔内；当齿轮转到图 c 所示位置时，作用于 A 轮上的力矩为零，而 B 轮在压力差产生的力矩作用下继续作顺时针方向转动，并把 B 轮与箱体间月牙形空腔内的流体排至出口，此时 B 为主动轮，A 为从动轮。如此往复循环，椭圆齿轮每转一周，就向出口端排出四个月牙形容积的流体。通过椭圆齿轮流量计的流量 q_V 为

$$q_V = 4V_0 n \qquad\qquad (11-9)$$

式中　V_0——月牙形空腔的容积；

　　　n——椭圆齿轮的转速。

只要测量椭圆齿轮的转速就可确定通过流量计的流量。用光电测速或其他测速传感器，再配上相应的仪表可读出平均流量和累计流量。

该流量计适用于高精度流量测量，引起的测量误差主要是泄漏误差，流体的粘度越高，泄漏误差越小。它的精确度一般为 0.5% 左右。

习题与思考题

11-1　说明力平衡式压力变送器的工作原理。

11-2　利用弹簧管作为压力敏感元件，试设计一个霍尔式压力变送器。

11-3　流量主要有哪些测量方法？

11-4　电磁流量计有哪些特点？

第十二章　计算机控制测试系统

计算机控制测试技术是计算机技术与传统的测试技术相互结合而产生的自动测试技术，也常称为计算机数据采集系统，或简称数据采集系统。它可以满足现代科学实验和生产过程中，测量精度高、路数多、速度快、结果显示和打印形式多样化的要求。它把从传感器或其他方式得到的各种信号经过处理后变成计算机能接收的数字信号，也即完成所谓的数据采集，以便存储、数据处理、传输交换、显示或打印等。数据采集系统是计算机硬件、软件结合的综合技术，是当代传感器技术、电子技术、计算机技术、自动控制技术、微电子技术的综合应用。它不但具有测量功能，还是非常灵活的存储、复杂的计算和逻辑判断、先进控制技术的有机结合。实际的数据采集系统一般不仅用来测量，也用来完成闭环控制时所必需的控制对象状态信息反馈功能，计算机数据采集系统只要配套相应的控制软件和控制量输出硬件就具有了测量和控制功能，也就成为了一个广泛应用的测量控制系统。

20 世纪 60 年代，随着半导体集成电路和数字计算机技术的迅速发展，相继出现了各种类型的自动测量系统，基本上具备了精度高、速度快、功能强的优点，也具备了基本的数据分析和处理能力。由于测试系统是由分立元器件和中小规模集成电路组成，可靠性较低，大多数是缺乏通用性和灵活性的专用系统。大规模集成电路和计算机技术的飞速发展，为自动测量系统的发展提供了强大的技术基础。特别是 20 世纪 60 年代后期出现的 CAMAC 标准接口系统，20 世纪 70 年代初期出现的 GPIB 通用接口系统，20 世纪 80 年代后期出现的 VXI 总线接口系统，20 世纪 90 年代出现的现场总线，如 FF（Field Foundation，基金会现场）总线、LON（Local Operating Networks，局部操作网络）总线（Lonworks 技术支持）、CAN（Controller Area Network，控制器局域网络）总线、Profibus（Process Field Bus，过程现场总线）接口系统及 HART 通信协议等，大大增强了测试系统的通用性和灵活性，从而很快得到了广泛应用。

自动测量系统能够满足现代科学实验和生产过程中更高的要求，如测量越来越复杂、精度要求越来越高、测量点位越来越多、测量速度要求越来越快及要求结果显示和报表形式更加人性化等等。测量设备除了要准确完成实时测量控制外，还要并行完成大量的数据处理工作，实时输出结果。传统的人工直接参与控制的测量设备是无法完成上述要求的。不论测量系统的自动化程度高低，测量过程中都无须人工参与或者只要求简单的人工操作，能自动采集、分析和处理数据，并能自动显示或记录结果。

第一节　数据采集系统概述

20世纪70年代以前的数据采集系统的主流是根据具体需要、针对特定的任务，采用独立元器件搭建的专用系统，因而体积庞大、可靠性较低、数据处理能力极为有限、精确度不高、缺乏数据通讯及远传功能。此时的测试设备和计算机是彼此相互独立的，计算机是真正的离线辅助工具，只用来完成测试结果统计、数据处理和间接测量的中间计算等。20世纪70年代以后计算机测试数据采集系统开始逐渐发展起来，测试设备通过模/数（A/D）转换器、数/模（D/A）转换器及输入/输出（I/O）接口与计算机对接，计算机控制完成测量工作，构造出了基本的计算机数据采集测试系统。其间随着标准总线的普及，实现了计算机数据采集系统模块化结构。进入80年代后，单片微型计算机、DSP芯片及技术有了长足的发展，缩小了计算机数据采集系统的体积，出现了便携式和嵌入式结构，而且在硬件和软件上都有了巨大发展。采用硬件和软件相结合的技术，系统的通用性、性能指标都达到模拟测试设备无法达到的程度。计算机数据采集系统具有对数据进行计算、分析和判断的能力，也被称为自动数据采集分析系统或智能测量系统。90年代以来，由于专用集成电路和计算机网络技术的发展，使计算机数据采集系统正向微型化和网络化方向发展。在软件编程实现方面也由机器语言、汇编语言发展到通用高级语言、专用高级语言和测试专用语言，提高了编程速度、缩短了开发周期，也使系统软件维护和升级更容易、操作界面更趋人性化。

一、计算机数据采集系统的主要功能

1. 程控自动测量

计算机有数据存储、判断和处理能力，能控制开关通断、量程自动切换、系统自动核准、自动诊断故障、结果自动输出等。把测量过程中要完成的操作动作等编制成测量控制程序，固化在非易失性存储器中，操作人员只需按下键盘上所指示的功能健，数据采集器就能按预先编制的程序自动测量。改变测量操作动作，只需调整程序即可。程控完成的操作动作包括选择测量项目、信号通道及测量范围，调整增益和频率范围，实现最佳测量，提高测量精度等。

2. 程控自动校正

一般测量系统的测量准确性完全由系统内元器件的精确度和稳定性来保证，各功能器件，如滤波器、放大器、A/D转换器及参考电压等的温度漂移和时间漂移都将反映到测量结果中去。计算机控制自动测量数据采集系统可以采用自动校准技术来消除系统内元器件所产生的漂移电压。在实际测量之前，计算机发出指令把"零点"信号源接入为测量系统的输入，此时测量的结果便是系统内部器件产生的零点漂移值，并将其存储待用。尔后进行实际测量时，计算机再发出指令把被测信号接入进行实际测量，得到实际测量值。实际测量值扣除零点漂移值，即可得到准确的测试结果，保证测试精度。

3. 结果判断及故障报警

当一般测量系统内部的一些元器件发生故障时仍然会不受限制地继续工作、并输出已经是不正确的结果，例如，为 A/D 转换器提供参考电压的器件出现故障，但 A/D 转换器仍然会"正常"工作，输出的结果肯定是错误的，系统内部其他的部件也会"正常"工作，最后得到的测量结果也肯定是错误的。计算机控制自动测量数据采集系统可以设置自检功能，对测量系统自身的主要部件进行自我检测，完成自身的故障诊断报警。具体方式有开机自检、周期自检及键控自检等。基本过程是由 CPU 向系统各部分发出自检指令，各功能器分别得到已知的"输入"，检查其"输出"是否正确。例如，对 A/D 转换器施加一个标准电压，若 A/D 转换器的输出结果在预期的范围之内，即可以认定 A/D 转换器工作正常；对于 RAM 的自检可以通过比较写入与读出数据是否一致来判断 RAM 器件出现故障与否。经过比较，可以判断各部件有无故障发生，并能及时故障报警。

4. 数据处理

计算机可对测量的数据进行分类处理、数学运算、误差修正及工程单位转换等。增强数据处理能力可实现 FFT、相关分析、统计分析、平滑滤波等处理。通过数据变换可获得多种相关参数。例如，测量得到频率值时，也就很容易求得相应的周期值；其他如峰值与有效值、信号的最大值、最小值及平均值等。

5. 联网通信

一般计算机的外设，如打印机、显示器、磁盘磁带机、绘图机、记录仪等，通过标准接口和系统进行联网通信；同时通过标准接口，还能与另外的数据采集和控制系统进行联网通信。

6. 多路巡回或同时测量

一台仪器一般只能测量一个或几个参数，而自动测量系统可以配备多个信号通道，有的多达上千路。例如一些 OEM 厂商生产的数据采集处理系统，其基本通道为 64 路，可扩展到 4096 路。对于多路信号通过计算机软件控制，进行高速扫描采样。选择合适的功能模板也能很方便地实现对多通道信号同时测量，如测量多个信号之间的相位关系。

二、数据采集系统的分类

从系统的结构形式，可分为专用接口型和通用接口型；从系统用途的适用程度，又可分为通用数据采集系统和专用数据采集系统；还可以按所用程控设备来分等。下面按结构形式分类介绍。

1. 专用接口型

采用特定功能的模块相互连接组成的系统是专用接口型，它具有结构紧凑、模块利用率高等优点。由于模块间的差别、系统接口标准不统一，组成系统时相互间的接口十分麻烦，这是它的缺点。同时模块都是系统不可缺少的组成部分，也不能单独使用，灵活性很低。

专用接口型数据采集系统可以是从专业生产厂家购买的大型、高精度的专用数据采集系统。系统通道一般可达几千路之多，抗干扰能力强，传输距离远，适用于飞机、火箭这一类实验环境恶劣、条件复杂、测量精度要求高的大型、精密的实验场合。也可以是购置的小型智能测量仪器或系统，或者是用户自行研制的数据采集仪器或系统。这类系统一般是按照所要求的功能，选择芯片及元件进行硬件设计及软件编程，构成所需要的非模块化结构系统或仪器，一般适用于不太复杂的小型系统，如单片机控制的测量仪器。

专用接口系统的功能相对固定，硬件及软件基本没有冗余部分配置，性能价格比较高。当系统较复杂或规模较大使设计和制造成本大幅度增加时，就要考虑采用其它实施方案。

2. 通用接口型

通用接口型系统中所有模块间的接口都是按国际标准设计的。当模块是台式仪器时，用标准电缆将各模块连接起来即可组成系统；当模块为插板部件时，将需要的插板部件插入标准机箱插槽即可组成系统。系统组建方便、适应性强，通过修改软件就可完成不同的测量任务，系统的灵活性和可扩展性较好。此类系统有 PC 机标准接口系统、STD 标准接口系统、GPIB 标准接口系统、CAMAC 标准接口系统及 VXI 总线标准接口系统等。

三、数据采集控制系统的基本构成

图 12 - 1 所示为一般的计算机控制数据采集与控制系统结构框图。计算机数据采集与控制系统的组成是以计算机为中心，主要有前向输入通道（模拟或数字

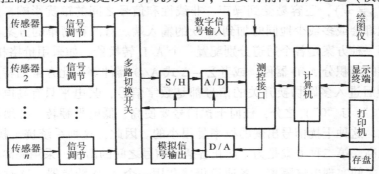

图 12 - 1   一般的数据采集控制系统

输入通道）部件、后向输出通道（模拟或数字控制通道）部件、人机交互设备（显示器、键盘）及输出设备（打印机、绘图仪及数据存储器）等，它们与计算机之间的连接是通过适当的接口和总线来实现的，所以接口和总线也是数据采集和控制系统的重要组成部分。

传感器将非电量被测信号转换成相应的电信号，它是任何非电量检测系统必需的环节。不同的被测信号所用传感器是不同的。传感器输出的信号需要进一步处理才能送到输出设备进行显示或记录。信号处理有模拟信号处理和数字信号处理，模拟信号经 A/D 转换以后变为数字信号，数字信号可以直接送入计算机接口。

多数传感器都是模拟传感器，少数为数字传感器。模拟传感器输出的模拟信号输入到计算机之前必须经过模拟量到数字量的转换。因而，一般来说模/数转换器（A/D）是数据采集系统中必不可少的功能器件，它将模拟量转换为计算机认知的数字量形式。在 A/D 转换器进行一次模拟量到数字量转换的过程中，要求 A/D 转换器输入端的被转换模拟量必须维持不变，否则不能保证转换精度，甚至不能正常工作。所以在模拟信号变化速度较快的情况下，需要在 A/D 转换器输入端安装采样保持器（S/H）。快速变化的模拟信号通过此 S/H，变为采样模拟量，并保持到一次 A/D 转换结束。

在进行多路数据采集处理时，需要预先计算各路模拟信号的上限频率、采样间隔，保证采样频率满足香农采样定理，否则就不能得到正确结果。

多路切换开关（模拟多路开关）是实现模拟信号通道接通和断开的器件。模拟开关有"导通"和"断开"两种状态，由数字控制电路改变其通断状态。在数据采集系统中，为了减少成本，经常采用多个信号通道共享一个 A/D 转换器的方案，这就要用模拟多路开关对多个待转换的模拟信号通道进行时间分隔，顺序地或随机地每次接通一个通道，把信号送入 A/D 转换器。

多通道共用一个 A/D 转换器方案的优点是以较低的成本采集多路信号，但其精度会相应降低。因为模拟多路开关并不是理想开关（导通电阻 $R_{on} \neq 0$，关断电阻 $R_{off} \neq \infty$），还容易受到噪声、非线性和信号之间的窜扰影响，多路信号及其干扰都会或多或少地同时加到 A/D 的输入端。有两种简单的方案克服这个缺点，第一种方案是各个通道分别配置一个 A/D 转换器，如采用价格相对较低、性能可靠的双积分 A/D 器件，或者 $\Sigma - \Delta$ 式 A/D 器件等。此方案的特点是，经 A/D 转换后进入多路切换开关的信号都是数字信号，其电平只有高电平与低电平（即"1"与"0"）之分，任何干扰信号要使高、低电平翻转，必须具有相当强的幅度，这种干扰信号出现的概率是很小的。因此，这种系统抗干扰能力强，但成本较高。第二种方案是为了防止各通道信号之间的窜扰，采用隔离技术，将输入通道之间实现电气隔离。各通道仍然共用一个 A/D 转换器，这时可以选用特殊的切换开关，如松下的光电隔离器件 AQW214 等，它相当于半导体继电器，控制端为一发光二极管，输入电流 3～50mA，输出端为一对触点，与控制端电气隔离，隔离交直流电压均可达到 400V，触点电流容量 130mA，导通电阻典型值为 9.8Ω，闭合时间为 0.2ms，恢复时间为 0.08ms，可以满足一般模拟切换开关的要求，并且在电气上满足信号通道之间的隔离。图 12－2 给出了一个典型的应用示例。图中 CH_1+、CH_1- 为第一道模拟信号输入，CH_2+、CH_2- 为第二道，依次类推共 8 道模拟量输入。U3、U4，…，U10 为松下半导体继电器 AQW214 器件，每一个器件有二对触点和二个控制用的发光二极管，恰好构成一道模拟量输入。当 U6（74LS138 三－八译码器）的 Y0 端有效时（低电平），U3：A 和 U3：B 中的二个发光二极管有 5mA 左右的电流流过，发光二极管变亮，导致对应的触点闭合，模拟输入信号 CH_1+，CH_1- 就加在 AD7715 的 AIN+ 与 AIN－端上，而此时 U6 的八个输出端上，只能一个有效，其余均无效，故其他七个通道因触点断开，而与通道隔离。当通道 1 完成 A/D 转换后，通过 80C196 控制 U6 的输入端 P10、P11 和 P12，使之切换到第二道，让 Y1 有效，接着采集第二道的数据。重复以上过程，即实现了输入通道之间的电气隔离。

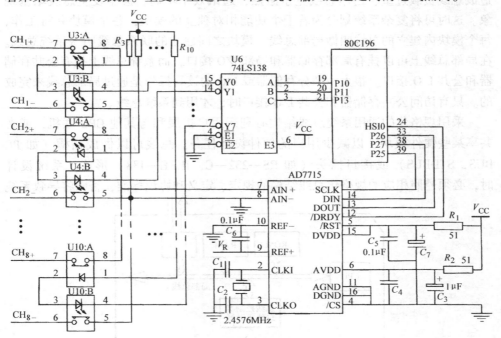

图 12－2　采用 AQW214 模拟输入隔离原理图

四、系统总线概述

计算机数据采集系统的组建需要与已有的硬件、软件有机地组合，为此就需要通过某种形式的硬件和协议，将各单元连接起来协调工作，它的主要硬件基础就是接口和系统总线。接口和总线是数据采集与控制系统的重要组成部分，起着纽带和基础的作用。计算机数据采集系统都要涉及到接口和总线的问题。

接口是系统间的交接部分，其基本功能是管理它们之间的数据、状态和控制信息的传输和交换，比较详细内容请参考有关"计算机原理与接口技术"等资料，下面简要介绍一下总线的概念。

总线是计算机系统中模块与模块之间传送信息的一组信号线，是传送规定信息的公共通道。进行传送信息时，有的采用分时共用总线方式的单总线结构，总线上的信息在不同时刻可以是不同类型的信息（即数据信息、地址信息和控制信息分时共用同一组总线）；有的采用标准结构的并行三总线形式，即数据信息总线、地址信息总线和控制信息总线是各自独立的总线结构。

1. 局部总线与系统总线

在较复杂的计算机系统或多主机组成的大系统中，扩展的许多存储器、I/O接口等之间及多个主机之间频繁地进行通信联络时，全部共用一组外部总线容易造成总线负载过重、占用总线竞争激烈，通讯效率不高，甚至发生总线堵塞现象。这时可将复杂系统划分为若干个功能相对独立的模块，各个模块并行工作，每个模块内建立的总线叫做局部总线。模块之间建立的联系总线叫做系统总线。在局部总线上可以挂有局部存储器和局部 I/O 接口，而系统总线上挂有公共存储器和公共 I/O 接口。很大一部分存储器或 I/O 的读写操作是通过局部总线来完成的。只有访问公共存储器和公共 I/O 接口时，才用到系统总线。

采用规格化的通用系统总线结构有利于用户扩展和与其他 CPU 联机，或者共享某些硬件模块，以减少用户的硬件设计任务。总线可以做成插槽（如 PC BUS，STDBUS）或接口插头（如 RS—232—C，IEEE—488）形式。系统设计时，必须遵照相应的规格化总线结构的规定、定义和协议标准，否则将导致系统

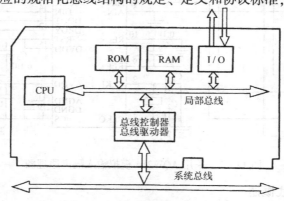

图 12 – 3　局部总线和系统总线关系示意图

不能正常工作，甚至发生短路事故。图12-3表明了局部总线和系统总线之间的关系。

2. 总线仲裁

当一个总线系统上，具有两个或两个以上主控模块时，必须通过总线占用仲裁来决定哪个操作应在总线上进行。实现总线占用仲裁的方式很多，最简单的方式是串行链接式总线仲裁方式，原理是由仲裁器发出一个"应答（GRANT）"信号，响应"请求（REQUEST）"信号，所有的总线主控部分按顺序接听这个信号，首先接听到GRANT信号的请求占用总线的模块，便取得了总线控制权。在这个模块已经控制总线的情况下，其余的模块就不可能对总线进行操作了。其他仲裁方式还有定时查询方式和独立请求方式等。

3. 总线协议

总线协议是为了对传送的信息进行正确和可靠接收所做的约定条款。例如传输速率，对于串行总线，要保证发送的波特率和接收的波特率严格一致；对于并行总线，则要保证两次发送之间的时间间隔符合接收的要求。为了协调计算机与外部接口器件间的速度差异，经常采用总线缓冲技术，即设立发送或接收缓冲器以协调二者之间的速度。再如传输信息格式，包括基本信息的格式和辅助信息的格式。当信息格式符合预先的约定时，被认定执行某种操作或某种识别。例如在多个主控模块的总线传输系统中，当总线系统上的两个模块之间进行信息传输时，先要通过判断信息的格式确定总线控制权，通过握手信息的格式认定起始信号后，才能进行有效数据的传送。

第二节 数据采集系统的设计

设计构建工业现场条件下的测量系统，首先要考虑信号特征、传感器的选择、信号的调节、信号的分析与处理以及测量系统的性能指标要求。其次要考虑研制周期、经费预算、安装条件及应用环境等。然后根据被测信号确定硬件结构、采样速度、分辨率等技术方案。

设计数据采集系统时必须将硬件软件结合起来考虑，有些功能可以用硬件也可以用软件来实现，这就需要根据具体情况做出选择。如果研制周期短，应尽量选用现成的标准或专用接口数据采集系统，增减某些模板等，再根据硬件环境配置适当的软件。如果经费有限、系统规模不大，可以自行设计满足要求的功能模板等，组成专用系统。

一、确定信号的特征

在设计测量系统之前，对于位移、速度、振动、加速度、温度、湿度及压力等机械参量的信号特征应有一个基本的估计，作为设计的基础。机械参量的类型及其时域、频域特性，直接关系到传感器选型、变换电路设计、测量精度、数据存储、处理和后续显示（记录）设备的选择等。机械装置的惯性较大，一般机械参量的频域都在 10kHz 以内的范围。

可以根据经验或参照相关研究资料估计待测信号的频域特性。同时考虑现场干扰因素影响信号测量的质量，尤其是干扰信号的频谱和有用信号混杂在一起的情况。

二、选择传感器

同一种机械参量，有时可以用多种传感原理和多种器件实现非电参量的电测量。根据测量的目的和对象合理地选择传感器是系统设计中首要解决的问题。下面介绍传感器的一般选用原则。

1. 根据测量目的确定传感器类型

根据测量的目的和被测物理量的特点，选用性能价格比合适的传感器。

2. 可靠性及稳定性

工业现场工作的传感器必须能在一定的环境温度、湿度、介质条件、振动与冲击、电磁场干扰、电源波动等的工作条件下正常工作，而且传感器的性能要长期稳定，其特性指标不随时间与环境的变化而改变。每一种传感器都有自己特定的适用范围，设计时要仔细观察现场的实际工况。例如，对于电阻应变式传感器，湿度会影响其绝缘性，温度会影响其漂移；长期使用通常出现蠕变现象；工业尘埃会使电容传感器的电介质发生变化，甚至会导致变间隙型传感器工作失效。又如在电场、磁场干扰较大的场合，霍尔效应元件工作时易带来较大的测量误差。在比较恶劣的工作环境中，为保证传感器工作的可靠性，应十分重视传感器类型的选择及工作条件的改善。在设计系统时还要考虑包括传感器在内的故障诊断功能，便于及时重新标定传感器。

3. 频率响应特性

传感器频响特性是影响测量系统动态响应的主要因素之一。因此，要从几种原理可行的传感器中做出选择或确定具体型号时要考虑其频响特性，传感器的频带宽度只要覆盖测量信号的频率范围，才有可能实现不失真测量。此外，测量系统的动态响应不仅与传感器有关，而且还与后续的处理电路、部件等的动态特性有关。动态测量，应综合考虑信号通道上的全部部件的动态特性，以保证测量结果真实。

4. 线性范围

如果传感器的输入与输出成线性关系，则可使测量系统的软件和硬件得到简化。在此情况下，传感器线性范围的宽窄决定了测量系统工作量程的大小。如变极距式电容位移传感器，机械位移使极距的变化与电容量的变化是非线性关系，灵敏度也随着极距变化而变化，从而引起非线性误差。如果不采取软件或硬件校正补偿措施，则此电容位移传感器只能用于微小位移测量，输入与输出可近似为线性关系。对于电容位移传感器有一种简单的差动式结构形式，可以大大改善非线性和提高灵敏度；也有许多电路，如运算放大器电路，可将变极距或变面积型电容位移传感器的输入与输出变成线性关系，而不是小范围内的近似线性关系。

5. 精度

传感器的精度是保证测量系统精确度的第一个重要环节，但是传感器精度越高，价格也就越贵。所以应从实际需要和经济性角度选择合适精度的传感器。如果测试是用于定性分析，可选用重复性好、精度一般的传感器；如果是进行定量分析，而且必须获得准确的测量值，就需要选用精度等级可满足要求的传感器。

6. 灵敏度

传感器的灵敏度应保证在测量范围内，被测参量能有效地转换为电压或电流的输出。灵敏度越高，传感器能感知的物理变化量就越小。灵敏度对于信号和噪声，都有同样的传感或变换能力，所以灵敏度的选择要以信噪比为基础。

另外，灵敏度指标是对信号处理系统的线性工作范围而言的，当出现饱和或非线性区域时，灵敏度的选择应慎重，根据量程限定范围。

此外，还需要考虑的问题还有传感器的量程；传感器的体积和安装空间及方式；传感器要由被测机械参量的运动来驱动，传感器作为附加的负载，是否影响了被测信号原有的变化规律，必要时采用非接触测量；传感器供货、价格如何等。

三、信号调理与处理

信号调理与处理电路的设计原则是对有用信号起增益作用，对噪声干扰起抑制作用。信号调理与处理的内容之一是把传感器输出的微弱电压或电流信号放大，以便于信噪分离、传送或驱动其他测量显示电路；多数传感器的变化输出是电阻、电感或电容等不便于直接记录的电参量，需要用电桥电路等把这些电参量转换为电压或电流的变化，这是信号调理与处理的内容之二；其三是抑制传感器输出信号中噪声成分的滤波处理；其他内容如阻抗变换、屏蔽接地、调制与解调、信号线性化等。测量微弱信号系统，放大与滤波处理是必备的环节。

四、计算机系统硬件和软件设计

根据任务的具体要求、应用环境、系统需要完成的功能，确定计算机系统应有的采集速度、精度、存储容量、所需外部设备的种类和数量、规定工作时序关系等。如果是标准系统，需要考虑选配哪几种插件板或仪器，对于专用系统则要考虑整体方案的设计。设计的一般步骤为：

1. 选择计算机

数据采集系统的核心是计算机，根据系统精度和速度要求，选择合适的计算机，如 8 位机、16 位机、32 位机等。对于简单的控制，例如家用电器、自动售货机、数字仪表等，一般使用 8 位单片机。如果控制系统较复杂，则应选用 8 位或者 16 位机，甚至 32 位机。在硬件选择上主要考虑芯片功能、复杂程度、数量等，例如输入/输出通道数量、传输速率、数据字长等。

为了合理选择系统计算机，首先应把任务的典型要求，画成操作流程图，分别编出程序，然后根据程序所占容量、执行时间、所需接口数量、程序难易程度和特殊要求等，进行综合比较，从中选优。

2. 硬件和软件设计

选定计算机后，应根据外部设备的工作特点、须完成的功能来确定连接方式、输入输出接口、逻辑控制电路、通道的工作方式（是按规定顺序工作还是随机选择）。软件研制和硬件设计相互配合，应该根据功能特性和经济性，适当选择硬件实现和软件实现。对于专用的数据采集系统一般都配有相关应用软件，此时只须正确选择和使用。

3. 组装调试

系统根据上述软、硬件设计的要求进行组装。组装后的软、硬件调试工作应事先拟定好方案。对每一项所要求的功能都应进行试验，通过试验发现问题，并找出合理的操作使用方案，直至所有功能满足规定要求，方能交付使用。即使是购置成套系统，也要严格按技术规范进行逐项检查全面验收。

五、信号的分析与处理

1. 抑制噪声，提取信号

在测控系统的前向通道即在机械参量由传感器转换成电信号的过程中、经过传输导线及中间变换电路到达 A/D 转换器的过程中都会混入各种干扰噪声，如电磁干扰、地回路干扰等。干扰噪声的幅值有时比有用信号还大。从频谱上看，噪声功率谱分布有时与有用信号分离，有时与有用信号混叠在一起。

在信号的传输或变换电路里可以设计各种信噪分离电路，用数字信号处理的方法，也可以实现滤波和各种运算，达到与模拟电路等价的效果。

2. 信号特征提取与分析

对信号做进一步的分析与处理，是为了获得能够反映测量对象状态和特征的信息。具体的方法或技术应根据具体的测控对象而定。信号的分析可用模拟电路完成，也可用数字系统完成。模拟信号处理系统速度快，但易受环境干扰的影响，会引起电路参数的变化而影响性能。相对而言数字系统速度稍慢，但比较稳定不易受到使用环境的影响。数字系统的信号分析用特定的软件实现，软件实现的算法完成特定的模拟电路的功能。多任务软件和多 CPU 系统是数字信号分析软件和硬件的技术支持基础。

3. 系统误差修正

传感器结构原理、元器件的非线性及环境温度等因素，都可能引起系统误差。通过信号分析可以发现系统误差，并用数据处理的方法消除或减少系统误差。

六、数字滤波和数据处理

计算机控制系统信号的输入是每隔一个采样周期断续地进行的。由过程输入通道采集到的各种原始数据除了开关量、脉冲量、频率量外，大部分是如温度、压力、流量、液位、成分等模拟量，需要首先进行模拟量到数字量的转换，才能由计算机进行处理。由于种种原因，采集到的原始数据可能出错或混杂有噪声。为提高信号的有效性和可靠性，在使用采样数据之前需要对它们进行合理性的判别与滤波；还有些检测到的数据与实际物理量成非线性关系，需要对其进行线性化处理。

1. 采样数据的合理性判别及报警

在进行计算机控制时，各个通道的采样数据在每个采样周期依次被送入计算机，或作为过程动态数学模型和控制策略计算的依据，得到的计算结果再施加于被控对象；或作为工艺操作数据被显示、打印与记录下来。在这不断循环的过程中，如果某个测量通道发生了不正常情况，必须及时地检测出来。一方面是避免产生错误的计算结果，另一方面是要及时地给出异常的报警信号，以尽早地得到修复。常见而又简单可行的检测方法如下。

1）越限采样值的限幅与报警 每个被测信号都有一定的量程范围，即给定的上限和下限。对某些比较重要的参数，还需设置上上限和下下限两个门槛。当检测到的采样值超过设定的量程范围时，一方面将得到的采样值限幅，一方面给出相应的报警信息。例如，设某通道当前采样值为 $y(k)$，上限值为 y_H，下限值为 y_L，正常情况下（即 $y_L \leqslant y(k) \leqslant y_H$ 时），取 $y(k)$ 作为当前采样有效值；当出现超限的异常情况时，则将限幅后的采样值作为当次采样的有效值。即

当 $y(k) > y_H$，则取 $y(k) = y_H$（上限值），同时报警

当 $y(k) < y_L$，则取 $y(k) = y_L$（下限值），同时报警

2）对采样数据的分析判断 对采样数据的分析判断一方面是根据能量平衡、物料平衡、热量平衡、过程机理等客观规律和操作经验进行检查，另一方面是根据运算模块进行检查。主要是看是否有明显不合理的情况出现，如违反某种定理、被零除、负数被开方、数据溢出等。如果检查到有明显不合理的数据，表明采样通道出现故障。常见的处理方法是当第一次出现故障时，维持上一次采样数据不变，如果连续出现同样错误，且其出现的次数超出了给定的限值，则停止运行该通道相应的在线程序，并给出它的报警信息，提醒操作人员检修。如果是重要的通道，可以预先建立故障诊断系统，根据现场数据推测出故障产生的原因、提出解除故障的建议。对于特别重要的参数，如果有可能，最好还应设计容错系统，以保证整个系统的安全。

2. 数字滤波

工业生产过程中的噪声通常是"高频"的，而过程变量的变化则相对比较缓慢。虽然硬件上往往在信号入口处采用能抑制高频干扰的 RC 低通滤波器，但 RC 低通滤波器对低频干扰信号的滤波效果并不理想。这种情况下采用数字滤波方法可以取到较好效果。

所谓数字滤波，又称为软件滤波。就是在计算机中采用某种计算方法对输入的信号进行数学处理，消除或削减各种干扰和噪声，提高信号的真实性。其优点之一是不需要增加硬件设备，只需在计算机得到采样数据之后，在数据用于控制算法和处理之前，执行一段根据预定的滤波算法编制的程序即可达到滤波的目的。优点之二是数字滤波的稳定性好，一种滤波程序可以反复调用，并且使用灵活、方便，可根据不同回路的需要修改滤波参数或算法。因此，数字滤波在计算机控制系统中获得了广泛的应用。下面介绍几种常用的数字滤波方法。

(1) 平均值滤波法　常用以下两种：

1) 算术平均值滤波　算术平均值滤波法是对采样数据 $y(i)$ 的 m 次测量值进行算术平均，然后将平均值 $y_p(k)$ 作为时刻 K_T 的有效采样信号值，即

$$y_p(k) = \frac{1}{m} \sum_{i=1}^{m} y(k-i) \qquad (12-1)$$

其中算术平均的次数 m 值决定了信号的平滑度和灵敏度。随着 m 的增大，平滑度提高，灵敏度降低。它适用于对流量、压力及沸腾状液面一类信号作平滑。因为这种信号的特点是有周期性的振荡现象，信号在平均值范围附近作上下波动，这时，仅取一个采样值作依据显然是不准确的。对于一般流量，通常取 $m = 8 \sim 12$；若为压力，一般取 $m = 4 \sim 8$。

这种算法可以是在一个采样瞬间对一个测点多次采样后，计算出其平均值作为该次采样的有效值；也可对多个采样周期的平均采样值作递推滤波使用。

2) 加权递推平均滤波（滑动平均值滤波）　算术平均值滤波对 m 次中的每个采样值给出相同的权重系数，即 $1/m$。如果要增加新采样值在有效信号中的比重，提高系统对当前所受干扰的灵敏度，实际应用时，可采用加权递推平均滤波，其算式为

$$y_p(k) = \sum_{i=0}^{m-1} a_i y(k-i) \qquad (12-2)$$

其中

$$\sum_{i=0}^{m-1} a_i = 1$$

式中　$0 \leqslant a_{m-1} \leqslant a_{m-2} \leqslant \cdots \leqslant a_0 \leqslant 1$

而且常数 a_i 的选取有多种方式，选取合适可以得到更好的滤波效果。

（2）中值滤波法　中值滤波的基本原理是在一个采样瞬间对被测参数连续采样奇数次，按大小排序，选择大小居中的数据作为有效信号。中值滤波能有效地去除由于偶然因素引起的波动或因采样器的不稳定造成的误码等脉冲性干扰，对缓慢变化的过程采用中值滤波有良好的效果。

如果将平均值滤波与中值滤波方法结合起来使用，滤波的效果会更好。方法是连续采样 m 次（$m \geq 3$），并按大小顺序排列，从首尾各舍掉 1/3 个较大的数据和较小的数据，再将剩余的 1/3 个大小居中的数据进行算术平均，作为本次采样的有效数据；亦可去掉采样值中的最大值和最小值，将余下的 $(m-2)$ 个采样值算术平均，作为本次采样的有效数据。

平均值滤波法对具有周期性干扰噪声的信号比较有效，而中值滤波法对偶然出现的脉冲干扰信号有良好的滤波效果，所以要根据被控过程的实际情况选择合适的滤波方法。

（3）惯性滤波法（一阶滞后滤波）　典型 RC（电阻 – 电容）低通滤波器的动态方程为

$$T\frac{\mathrm{d}y}{\mathrm{d}t} + y = x \tag{12-3}$$

其中 $T = RC$，称为滤波器的时间常数，x 是测量值（滤波器输入），y 是经滤波后的测量值（滤波器输出）。显然，改变 T 可改变滤波器的滤波效果。当有效信号响应较快时，T 应选择较小的值。若将式（12-3）离散化，可得

$$y(k) = ay(k-1) + (1-a)x(k) \tag{12-4}$$

式中　$a = T/(T+T_0)$，且 $0 < a < 1$，称为滤波系数，其中 T_0 为采样周期。当 $a \to 1$ 时，相当于不采用当前的测量值，当前的 $y(k)$ 等于它在前一步的值 $y(k-1)$，即将新的测量信号完全滤掉；当 $a \to 0$ 时，滤波器输出 $y(k)$ 等于测量值 $x(k)$，相当于不进行滤波。通常选择 $0 < a < 1$，滤波后的数值与当前测量值及前一步的滤波值有关，而前一步的滤波值又取决于再前一步的滤波值和测量值，因此实际上滤波值是与"无穷多"个历史值有关，a 越大，与历史值的关系越大，滤波值产生的"滞后"现象越严重。因此，应适当选择滤波系数，使得被测参数既不出现明显的振荡，反应又不太迟缓。式（12-4）表示的动态 RC 滤波器的离散式可以很容易地用计算机软件实现，相应的数字滤波器称作惯性滤波（或一阶滞后滤波）。

（4）程序判断滤波　在计算机控制系统中，由于变送器的可靠性问题或者现场较大的随机干扰，会引起输入信号出现偶然的大幅度失真，导致计算机控制系统的误动作。为防止这种偶然的、大幅度的跳码干扰，在采样数据经过合理性判别后，通常还要采用程序判断滤波法去伪存真。

常见的程序滤波方法是比较两个相邻采样瞬间采样值的大小，用其增量（以

绝对值表示）与两次采样允许的最大差值 Δy_0 比较。若小于或等于 Δy_0，则将本次采样值作为有效值；若大于 Δy_0，则仍取上次采样值作为本次采样值的有效值。Δy_0 是一个可供选择的常数，它应视被测量的变化速度而定。一般按照输入信号最大可能变化速度及采样周期来决定，即 $\Delta y_0 = V_f T_0$，V_f 为该输入信号最大可能变化速度，T_0 为采样周期。因此，正确选择 Δy_0 是应用本法的关键，如果选取不当，非但达不到滤波效果，还可能降低系统控制品质。由于此法限制了两次采样间的最大差值，所以又称之为限速（变化率）滤波法。

上面讨论的几种滤波方法各有其特点，如平均值滤波适用于周期性干扰，加权平均递推滤波适用于纯滞后较大的过程，中值滤波和程序判断滤波适用于偶然的脉冲干扰，惯性滤波适用于高频干扰。因此，在实际使用中要根据被控对象的具体情况和不同滤波方法的特点选用其中一种或几种。比较常见的是先用程序判断滤波或中值滤波，再用平均值滤波。值得注意的是，对某些随机干扰比较多的过程，运用上述滤波方法后的效果可能还不能满足控制要求，这种情况下往往需要采用能比较有效克服随机干扰的滤波算法，读者可参考有关文献资料。

3. 数据处理

采用了上述数字滤波方法，虽然可以得到比较真实的被测参数，但有时并不能直接使用这些采样数据，还需要对它们作某些数学处理。例如，对孔板差压信号进行开方运算、流量的温度和压力补偿、热电偶信号的线性化处理等。

（1）线性化处理　计算机从模拟量输入通道得到的检测信号与该信号所代表的物理量之间不一定成线性关系。例如，差压变送器输出的孔板差压信号同实际的流量之间成平方根关系；热电偶的热电势与其所测温度的关系呈非线性等。而在计算机内部参与运算和控制的二进制数希望与被测参数之间成线性关系，其目的是既便于运算又便于数字显示。为此，必须对非线性参数进行线性化处理。

为了简单起见，线性化还可以采取分段的办法处理，即用多段折线代替非线性函数曲线，线性化时首先判断测量数据处于哪一折线区间内，然后按相应的线性化公式计算出线性值。折线段数越多，线性化精度就越高。除此之外，还可将非线性关系转化为表格形式存在计算机内，在线的工作便是根据采样值直接从表格中查取对应数值做为有效采样值。

（2）校正运算　有时来自测控对象的某些检测信号与真实值有偏差，此时需要对这些信号进行补偿校正，使补偿后的检测值能反映真实情况。

（3）测量值与工程量的转换　计算机测控系统在读入转换成数字量的被测模拟量后，为了方便操作人员的操作以及满足一些运算、显示和打印等的要求，往往需要将这些数字量转换成操作人员所熟悉的工程量。由于生产现场的各种工艺参数量纲不同，如压力的单位为 Pa，流量的单位为 m^3/h，温度的单位为℃等等。这些参数经 A/D 转换后已是一系列的数码，它们并不一定等于原来带有量纲的参数值，而是仅代表参数值的相对大小，故有必要将它们转换成带有量纲的数值。这种转换就称为工程量转换（也称标度变换）。转换时常用到如下三种类型的公式。

1）线性值公式　这是一种标度变换，其前提是参数值与 A/D 转换结果之间呈线性关系。若输入信号为零，A/D 输出值不为零，则变换公式如下

$$y = (y_{max} - y_{min})(x - N_{min}) / (N_{max} - N_{min}) + y_{min} \qquad (12-5)$$

式中　y——参数测量值的工程量；

y_{max}——参数量程终点值；

y_{min}——参数量程起始值；

N_{max}——参数量程终点值对应的 A/D 转换后的值；

N_{min}——参数量程起点值对应的 A/D 转换后的值；

x——测量值对应的经数字滤波后的 A/D 输出采样值。

2）开方值转换公式　当用差压变送器来测量流量信号时，由于差压和流量的平方成正比，因而必须在流量工程量转换前对输入信号进行开方处理，这时的流量变换公式是

$$y = (y_{max} - y_{min}) \sqrt{\frac{x - N_{min}}{N_{max} - N_{min}}} + y_{min} \qquad (12-6)$$

式中各参数与上式相同。

3）热电偶与热电阻公式　对计算机接收到的热电势输入信号，为将其转化成温度量纲，通常采用

$$y = ax + b \qquad (12-7)$$

式中　a、b——已知的常数。

实际上，此式与上两式形式完全一致，仅常数不同而已。

上面介绍的只是一些有关计算机控制系统中数据处理的最常用的知识。在实际应用时，还必须根据具体情况作具体的分析和应用。

第三节　典型的数据采集系统

一、标准总线数据采集系统

目前在世界上得到广泛采用的标准接口数据采集系统种类很多，例如有 PC、STD、GPIB、CAMAC 和 VXI 等标准总线系统。受篇幅所限，在此不能一一列举。下面简要介绍 PC、STD、GPIB 和 VXI 标准总线系统。这类标准总线系统一般都是用于测量控制的。

1. PC 标准总线系统

PC（Personal Computer）是个人计算机的简称，在计算机发展的初期，主要

用于科学计算和办公。随着计算机的普及，在测量控制领域也逐渐应用基于 PC 机的硬件设计。于是符合 PC 总线标准的各种功能卡，例如：A/D，D/A，I/O 等应运而生。现在已成功地研制出大量可直接插入 PC 机插槽中的多功能模板。这样试验人员可方便地组成以 PC 机为中心的数据采集系统。PC 总线包括 IBMPC/XT，IBM PC/AT，EISA 总线等，常统称为 PC 总线。其分布在一块称为底板（母板）的印制电路板上。它上面有若干个扩展插槽，PC 机是典型的总线式结构，其 I/O 扩展槽是直接连接在 PC 机系统总线上的。把一台普通的 PC 机组装成微机测量系统的办法十分简单，只须在 PC 机剩余的 I/O 扩展槽中插上所需要的 I/O 功能模板，例如 A/D 和 D/A 模板等，再加上相应的软件就构成了一个可以在实验室环境下运行的测量控制系统。须说明的是 PC 总线不是直接把 CPU 的数据线、地址线、控制线、电源线等直接连接到总线插槽上，中间要经过锁存、驱动、信号组合等逻辑电路。此外，为了适应多主系统（即在一个系统中有两个以上 CPU），PC 总线都采用总线控制器来判定总线占有权。

由于 PC 总线应用十分广泛，当前的微机系统大部分都采用这种总线结构，而且在单片机系统中，也往往采用这种总线规范设计，便于单片机系统与 PC 机系统之间的连接。所以以 PC 机为中心的测量控制系统得到了广泛应用。

图 12 - 4 所示是以 PC 机为基础的测量控制系统框图。图中 CPU 模块、存储器模块、软盘、硬盘控制器模块、显示控制器接口模块等分别通过系统总线中的数据线、地址线、控制线、电源线等连接成一个整体，即 PC 机主机。再通过这些模块与键盘、显示器、打印机相连，则成为一个完整的 PC 机系统。在实际装置中，CPU 模块通常是与存储器模块等组装在一块模板上。图中的接口板部分即为 A/D 和 D/A 模板、脉冲输入模板、开关量输入输出模板等。通过这些板再与外界的信号发生关系，整个系统就成为一个以 PC 机为中心的测量控制系统。现在生产的工业级 PC 机在结构上做了很多改进，不但大大提高了可靠性，而且更加方便和实用，它把 CPU 模板等全部做成插卡形式。

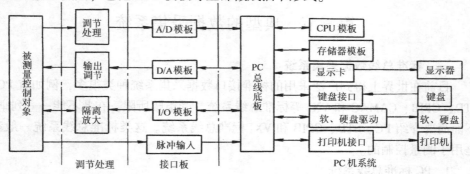

图 12 - 4 PC 机测量控制系统框图

PC 总线测量控制系统的主要优点如下：

1）使用 PC 机的用户对其软件、硬件已比较熟悉，因而 PC 机用户能比较快地组建 PC 总线测量系统。软件、硬件设计简单、快捷。

2）系统的可扩展性好。当测量控制系统需要增加功能时，只要增加相应的功能模板，插入扩展槽中，再配上相应的软件即可。

3）可维修性好。当出现故障时，先运行诊断软件，按照结果换下被怀疑的模板，插上功能相同的模板，一般情况下即可解决问题。

4）易于升级换代。因为 PC 机的升级产品都能兼容下级产品，所以当需要给 PC 机升级时，只需要换上新模块，有时可能要安装新的操作系统，改装之后，再对原来的软件稍加调试即可。

2. STD 标准总线系统

STD 总线是 1978 年由美国 Prolog 公司推出的一种并行微型计算机总线标准。它使用小板结构及 56 线插头。

STD 总线采用底板（母板）总线结构，即在一块底板上并行布置了数据总线、地址总线、控制总线和电源总线，板上安有若干个插座，每个插座都与总线相接。总线母板允许任何标准插板插在任意的插槽中使用。CPU 模板和各功能模板可插入任意插座，相互间经母板总线连通，组成一个完整的微型计算机系统，如图 12－5 所示。图中列出部分常用模板，通常显示设备都是外加的，可以根据现场要求选配 CGA、EGA 或 VGA 显示器。STD 总线系统的器件选配应根据现场测控要求进行，要量体裁衣，设计出性能价格比最优的系统。STD 总线系统是一种开放式的结构。只要模板的信号、几何尺寸和引脚符合 STD 总线标准，就可以在 STD 总线上运行。因此各种型号的 CPU，只要按该标准设计成 CPU 模板就能在 STD 总线上使用。不同厂家生产的功能模板可以插在一块母板插座内组成一个系统。STD 总线采用小块插件模板结构，每块模板只具有一二种功能。因此用这种小型化、模块化、标准化的总线组成适应不同要求的测量系统是十分方便的。这些功能模板决定了组成系统的性能。主要模板有 CPU 模板、显示模板、I/O 接口模板、数据处理模板等。这些模板以 CPU 模板为核心，通过 STD 总线扩展应用系统所需的 A/D，D/A，I/O 接口及附属外设通信等模板，再配以支持软件和应用程序就构成了一个完整的工业测控系统。用 STD 设计和研制一个应用系统所需的时间很少，这是 STD 总线的主要优点之一。

STD 总线具备兼容式总线结构，该总线支持各种 8 位、16 位，甚至 32 位的微处理器。这种覆盖面很广的兼容式总线结构对于用户来说非常方便。例如，当用户开始搞应用项目时，由于水平和各方面条件的限制，可能选用 8031 系列组成系统，但随着应用水平的提高，各方面条件成熟，需要对原来的应用系统进行扩充或升级时，就面临着原系统的各种模板如何处理的问题。在 STD 总线上这

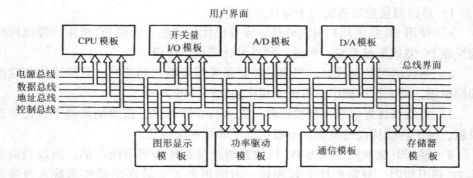

图 12 - 5 STD 总线系统

种问题就很好解决。原系统的各种模拟量 I/O、开关量 I/O、数字量 I/O 以及存储器都不用变动，只要将新选的 CPU 模板插入系统取代原来的 CPU 模板，再将软件改变过来，即可将升级换代后的新系统投入运行。这样，不仅可避免一般更新换代时要废弃原来的系统所造成的重复投资，降低改造费用，而且可大大缩短新系统的开发和调试周期，使升级后的系统尽快投入运行，提高了系统的生存周期。

STD 总线是针对工业现场的测量与控制任务而设计的一种总线。对工业现场存在的实际工况，如电磁干扰、电源脉动、机械振动和冲击、温度和湿度等，都作了设计考虑。它的设计目标是能用于现场的连续运行。STD 总线作为工业标准的微型机总线具有很高的可靠性，为了适应工业控制的恶劣环境，该产品在印制板布线、元器件老化筛选、模板的在线测试、科学的质量保证体系、电源的高抗干扰性能、分路的端接技术等方面，都采取了许多保证措施。

STD 标准总线系统的主要优点可归纳如下：

1）STD 总线的模块和系统的特点是简单、成本低、可靠性高、开放式组态、兼容式总线结构等。

2）可支持多种 8 位、16 位、32 位的微处理机。特别是它能方便地支持多处理机系统，可实现分布式、主从式及多主 STD 总线多处理机系统。其最多允许 16 个多主 CPU 模板在一块 STD 总线底板上运行。

3）由于其结构合理、性能优良而成为国际上流行的主要标准总线。

4）其较适合作为恶劣环境中工作的中、小规模的测量控制系统。

3. GPIB 标准总线系统

GPIB （General Purpose Interface Bus）系统称为通用接口系统，它的总体结构形式如图 12 - 6b 所示，其中每个设备就是一台仪器。它是组建自动测量系统的国际标准接口。通常连接的器件数量最多为 15 台，最大传输距离为 20 m。为了使各器件能交换信息和接受程序控制，各器件都配备有一个接口。该接口无论在功能上、电气上和机械接插上都按照国际标准设计。图中总线也是标准的，内含 16 条通信线，每条线都有特定的意义。其中有 8 根数据线，5 根管理总线，3 根挂钩总线。通过三线挂钩技术实现不同速率的器件之间的数据传送。具有这种接口的器件，无论是哪个厂家的产品，都能互相兼容。这种接口系统的成功点在于组建系统时非常方便，用户只要选定好所需器件，并用总线将各器件接插上即可，用户的主要精力应用在编制测量程序上，而系统拆散后，各器件又可作为单台仪表使用。这种系统可用来测各种电量、非电量，也可作闭环控制。

GPIB 标准总线系统的主要优点可归纳如下：

1）一个接口连接多到 14 个设备（包括计算机为 15 个设备），在有限的距离（20m）内使用，能满足实验室和一般的生产环境测量的需要。由图 12 - 6 可见，一般接口系统是"点对点"传送，而 GPIB 则是 1 对 N 传送。

2）具有广泛的通用性和灵活性。只要是符合其标准接口要求的仪器设备都可以互相连接起来，组建成一个自动测量系统。人们进行操作时仅需要搬动设备和插拔电缆插头，并不需要接口硬件设计。

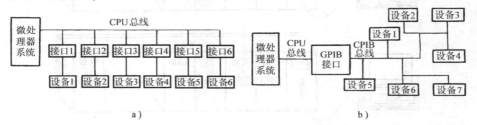

图 12 - 6 GPIB 系统配置和一般接口系统的比较

3）允许系统中被连接的仪器之间，既可在控制器（计算机）的控制下传输数据，也可以在无控制器的条件下自动进行数据传输。

4）数据传输是双向异步的。数据传输速率能在较大的范围内变化，并可满足不同工作速度的仪器的要求。一般最高速率为 250 kB/s，如果采用三态门发送器，则最高速率可达 1MB/s。

5）成本较低，使用方便。

4. VXI 标准总线系统

VXI 总线是 VME 总线在仪器领域的扩展（VMEbus EXTENSIONS FOR INSTRUMENTATION）。它是继 GP—IB 之后，为适应测量仪器从分立的台式和机架式结构发展为更紧凑的模块式结构的需要，于 1987 年推出的一种新的总线标准。它对所有厂家和用户都是公开的，允许用户将不同厂家的模块用于一个系统的同一机箱内。它为测试系统和仪器的设计者又提供了一种新的选择，发展前景令人瞩目，在国际上得到广泛应用。VXI 总线系统是机箱式结构，如图 12 - 7 所示。总线在机箱内部背板上，一个接插模板就相当于一台仪器或特定功能器件，多个模板共存于一个机箱可组成一个测量系统。采用 VXI 总线的测量系统最多可包含 256 个器件。它与 GPIB 系统的主要区别在于，它的全部器件都是插件式的，并且对插件和主机架的尺寸要求严格。

此外，由于 VXI 总线为器件提供了数据传输、中断、时钟、模拟信号线、多种电源线等多种总线，因而它既适用于数字器件，也适用于模拟器件，还便于传输 8 位、16 位、32 位等多种数据。

VXI 总线系统集中了智能仪器和现代测量系统的很多特长，并且具有小型便携、高速数据传输、模块式结构组建系统和使用方便等特点。

VXI 标准总线系统的主要优点可归纳如下：

1）开放性，多厂家共用标准使其更加灵活，不容易淘汰。

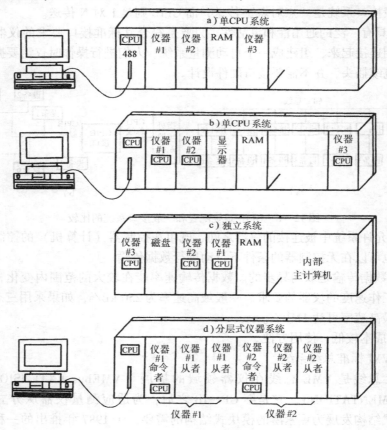

图 12-7　VXI 总线系统配置实例

2）规范化的 VXI 软件使系统的配置、编程和集成更简单、容易。

3）数据传输速率高，最高可达 33 MB/s。

4）更精确的定时和同步提高了测量准确度。

5）系统组建灵活，容易与其他总线接口。

5. CAMAC总线系统

CAMAC（Computer Automatic Measurement And Control）是一种典型的自动测量控制系统，它的各种仪器、功能组件、计算机等通过标准机箱连接成系统，由总线实现信息相互通信。CAMAC标准接口系统一般由测量控制组件、机箱控制器、机箱插件、数据总线、接口驱动及其外设组成，如图10-8所示。CAMAC系统普遍采用微型或小型计算机作为全系统的控制部件，组成一种计算机测控系统。计算机和系统的仪器设备一样，通过接口连接到CAMAC总线上。更换不同型号计算机，只需要换一个接口。

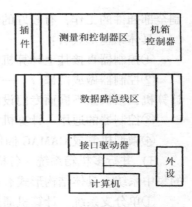

图12-8　CAMAC接口系统

CAMAC系统中，机箱是基本单位。单机箱系统用于规模较小的系统，多机箱系统用于规模较大的集中和分布式系统。有多种标准化与非标准的功能组件，大体可分为：

1）一般用途组件　包括计时器、输入寄存器、输出寄存器、时钟发生器、脉冲发生器、数显组件等。

2）模拟数据采集的转换组件　例如多路模拟数据采集、采样保持、模/数转换器、数/模转换器、积分器、数码转换器等。

3）外设接口组件　如打印机接口、磁带机接口、磁盘驱动器接口、显示器接口、绘图仪接口等。

4）机箱控制器组件　用于各种类型计算机的并行和串行控制器。

5）分布驱动器。

CAMAC总线共有两级二种。两级：第一级是机箱内用的平行总线，称为数据通道（Data way）；第二级是在机箱多于一个时用于机箱间连接的总线。两种：一种是并行的称为分支通道（Branch Highway），适用于信息量大，传输速率高时；另一种是串行的，称为串行通道（Serial Highway），适用于机箱间距离较远时。

用CAMAC机箱、组件、驱动器、总线，计算机可灵活地组成各种规模和结构的计算机测控系统。典型的有以下几种：

1）无计算机系统　这是最简单的CAMAC系统。仍可编程，可执行程序指令，但功能较简单，限于一个CAMAC机箱范围内。所谓无计算机，是指无机箱外接的计算机。在机箱内插件上，仍可有内存程序控制器，以至单片机。

2）单机箱系统　其结构规定以一个机箱为限。微计算机通过机箱控制器控制全部插件的工作，有较好的性能价格比。

具体结构形式有：

①控制器直接挂上计算机的 I/O 总线，这种结构应用较多。

②控制器做成两部分：一部分面向机箱数据通道，是标准的；另一部分面向计算机，因机型不同而专门设计。

③控制器的通用　计算机接口制成插件，与控制器相连。

④微型机制成 CAMAC 插件板放在机箱中，键盘、显示器等外接。

3）并行多机箱系统　各机箱并行连接，信息传输速率高，适用于数据量大的集中系统。具体结构形式有：

①单分支系统　计算机通过驱动器与各机箱连接，最多可连接 7 个机箱。

②多分支系统　各机箱直接与计算机相连，形成星形结构。

③混合式。

4）串行多机箱系统　计算机通过串行驱动器与机箱相连，机箱连成环形。各机箱之间可用专用电缆相连，也可用电话电缆相连。机箱之间距离可达 5 ~ 10km。对于更远的距离，可增设专用接口，采用远距离通信手段，如微波、无线电等。

5）混合多机箱系统

上述结构还可按需要进行组合。如：

1）串行驱动器作为一个插件，连到机箱的数据通道中，再通过串行驱动器与远距离的机箱相连。

2）在多机箱系统中，各机箱用一台计算机管理，通过 CAMAC 的箱间通道与中央计算机相连。

3）在 CAMAC 各级，包括机箱控制器和组件，均配置微型机或单片机，组成智能控制器和智能组件，可进行数据预处理、局部闭环控制等，增强系统功能。

二、专用数据采集系统

通用标准接口系统的最大优点可以说是其在组装上的灵活、方便，但它们的功能比较简单，没有功能强大的专用数据采集和处理软件。此外，其准确度、采集速度等都不如目前先进的专用数据采集系统。现在宇航及航天领域的地面试验测量中都是采用性能优良的大型专用数据采集系统。下面介绍两种在宇航测量中所使用的测量系统。

1. 多通道采集记录分析仪

多通道采集记录分析仪 Odyssey 是美国尼高力（Nicolet）公司生产的一种集数据采集、显示、存储记录、分析、报告生成为一体的高性能价格比的专用数据采集记录系统。此系统最多可以同时实时记录 32 路模拟通道和 32 路数字通道，可以实时显示采集的波形。每块采集模板都有一个 1 GB 硬盘，使每个通道（每块板上有 4 个通道）都有 200MB 内存，因而在很高的采样速度下可以连续记录30min 以上。它还可以进一步连接各种外部存储设备，比如大容量的可擦写光盘、外挂式大容量硬盘、磁带机等，并通过网卡连到网络终端上，从而大大延长了记录时间。

该记录分析仪的原理示意图如图 12-9 所示。由图可见，其主要是由两大部分组成，一部分是计算机，它的作用是控制仪器的工作，对数据进行显示和处理，并负责与各种外设接口。另一部分是多种数据采集板，它可供用户自由选择，以实现不同的功能。

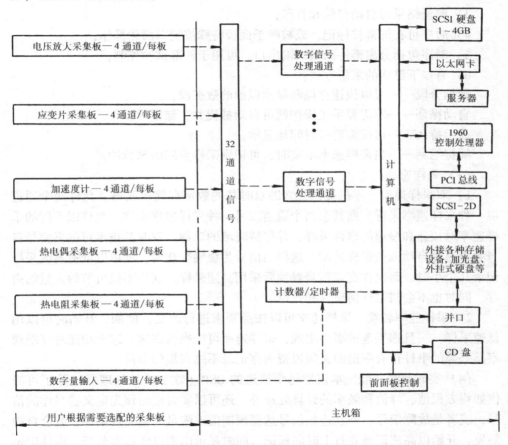

图 12-9　多通道采集记录分析仪原理示意图

下面对其各部分功能及特点予以介绍。

（1）数据采集部分　如图所示，供用户选择的数据采集板有通用电压放大器，电压信号可以直接输入此板的接口，还有可连接应变片、热电阻、热电偶或加速度计的专用模板。数据采集板的每一个通道都有放大器和独立的16位模/数转换器，因而没有通道间的干扰，并且32个通道都能在100 K/S/CH的采样速率下同时进行采集。采集板内的数据滤波和平均技术可有效地抑制从传感器混入的噪声信号。

（2）采集方式　通过用户定义测量及时序，实现自动测量。自动时序既节省时间又可提高效率。本机可方便地输入8个可编程时序，实现完全的仪器控制。主要功能是：

1）根据不同条件的测量结果，实行不同的操作处理；

2）时序可按要求修改；

3）测量结果可自动存储和打印；

4）时序可在屏幕被标记，或被赋予面板特殊按键以简化操作；

5）时序包括分离事件的输入输出口，可用于外部试验控制；

6）有如下灵活的采集方式：

数据分段——可以快速存储和显示以前的数据段；

自动循环——不需要手工操作就可自动捕捉并存储图形；

显示持久——可按需要长时间地显示；

捕捉毛刺——当采样速率不高时，可识别采样点间的窄脉冲。

（3）采样速率

1）双采样速率　本机提供独立的双时基的数字存储示波器。允许两个通道以一种采样速率采样，而其余两个通道以另一种采样速率采样。允许以不同的采样速率对快速和慢速的事件采样，并保持时域的对称。双时基技术可根据信号自身频带速度自动调整采样速度，这样当信号为缓慢变化时，就可以低速连续采样记录几个小时，而仅在高速信号触发后采用高速采样。这样不仅可节约大量的内存，同时也不会错过任何事件和数据。

2）采样速率转换　采样速率可以按照要求进行改变，例如，开始时可以用低速采样，一旦感兴趣的事件出现，采样速率可变换到高速。这个功能对仔细观察感兴趣的事件很有帮助而无须浪费内存记录不感兴趣的事件。

（4）实时监测功能　本仪器每个通道的DSP（数字信号处理器）除了可提供如均方根值、峰值和频率的计算处理外，还可以实时监测预先定义感兴趣的信号，或者是故障信号。一旦这些信号达到预期值或满足其他失效条件，就会自动触发，开始以高速记录并打上时间标记，同时显示出来以便观察分析。事件记录完毕后又恢复低速记录。触发信号可以是输入的实测信号，也可以是由DSP实时计算出来的参数，如RMS、峰值或频率。

（5）数据记录与回放

可以把数据直接存储在采集板的硬盘上，也可以把数据存储到外接的硬盘上。

记录分析仪的回放非常方便，它既可以按采集时的正常速度回放，也可以进行加速回放快速找到感兴趣的地方。对感兴趣的部分可以尽量放大，也可以在屏幕上开两个窗口，同时显示现在采集的数据和以前的试验数据并作比较。还可以采用叠加模式，把两条曲线的起始点重合，通过叠加以区分两条曲线的细微差别。此外，通过在记录过程中对重要事件自动作标记，只须按下一个键就可以找到所要找的波形。全部记录都可压缩显示在一屏上，对所感兴趣的部分可放大。

（6）扩展功能

多通道记录分析仪 Odyssey 给用户留出两个标准 ISA 扩展槽，用户可根据需要配置网卡，这样可利用网络终端的灵活功能或配上 GPS（全球卫星定位系统）接收器，给多通道记录分析仪提供绝对精确的时间，以这个时间为参考可以使多台仪器在不同地点进行并行采集，突破每台仪器 32 个通道的限制，理论上可无限制地扩充通道。还可加装串行接口，用于控制其他的仪器和设备。

（7）软件处理功能

本仪器控制分析软件是在 Windows 环境下运行的，具备 Windows 的所有功能，可以用任何与 Windows 兼容的打印机输出结果。软件还具有报告生成功能。任意组合的文字、数据表、技术图形等都可彩色打印输出。

选择感兴趣的波形，将该波形"拉"到分析窗口，用箭头选择时域和频域分析功能（也可选择自己生成的公式库），即可得到结果。

可以实时显示和测量的参数包括：上升时间、下降时间、频率、周期、脉冲宽度、过调量、峰—峰值、面积、均方值、电压值、幅度等。

可以实时显示和处理的标准分析功能包括：波形反转、加、减、乘、除以及比例放大和缩小。

（8）高级分析功能

可以实现在高速下最复杂的实时测量，用户可选 FFT 线性或对数显示，实时最长到 16K 点。积分微分带可变比例，直方图显示随时间积累结果，通过参数测量显示波形趋向。每时基范围内可提供六阶低通滤波器。

（9）通信功能

机内置以太网可以使数据送到世界各地，或通过互联网传到其他站点，遥控软件可以从任何地方控制和监视其屏幕或作硬拷贝，管理者可以监视所有的试验站。

综上所述，可以看出多通道记录分析仪 Odyssey 的最大优点是准确度高、速度快、可靠性好、软件功能丰富强大。尼高力（Nieolet）公司其他型号的产品具有更高的速度，但通道数相对减少。

2. 太平洋 6000 数据采集系统

太平洋（PACIFIC）6000 数据采集系统（以下简称 6000DAS）是美国太平

洋仪器公司 20 世纪 90 年代的最新数据采集系统。此数据采集系统在设计与制造上有独到之处，特别是在小信号检测方面很有特色，其抗干扰能力很强，精度很高。它是采用标准化模块设计方法，用户可按实际需要灵活组装与扩展。其不仅能对全系统进行校准，还具有对传感器进行自动校准的功能。能适应大、中、小各种测试的要求，应用广泛，已作为一种标准仪器使用。

6000DAS 采用高度集成的模块化设计，软、硬件结合的设计方案，通过软件界面对信号进行调节、采集及数据处理，并具有自动控制功能。6000DAS 独特的体系结构可以使系统同时进行动态和静态数据的采集。IEEE488 接口的高速系统传输速率保证了高速和实时的数据显示、存盘。在 Win98/NT 操作系统下运行应用软件，有友好的可视化图形操作界面，所有的通道和系统功能及参数都可以通过软件编程实现。所提供的数学计算功能可用于各通道间参数的数学处理。

（1）PACIFIC6000 数据采集系统的组成　PACIFIC6000 数据采集系统的主要组成部分如下：

1）硬件部分

①8 通道应变片桥/电压数字化板（MODEL6033）；

②8 通道热电偶/电压数字化板（MODEL6013）；

③8 通道热电阻/电压数字化板（MODEL6018）；

④4 通道频率/计数板（MODEL6048）；

⑤数字 I/O 板（MODEL6040）；

⑥带系统控制板和通道控制板（MODEL6090、MODEL6091）的主机箱；

⑦带通道控制板（MODEL6090）的从机箱；

⑧EDC522 程控电压源（可选）；

⑨带 PCI—GPIB 卡的计算机；

⑩两个 GPIB—140A 总线扩展器和 300m 光纤电缆（可选）。

2）软件部分

①运行于 Win98/2000/NT 下的采集软件 GRASP—P1660；

②运行于 Win98/2000/NT 下的支持 PCI—GPIB 卡的 IEEE488.2 通信软件。

（2）PACIFIC6000 数据采集系统的工作原理　PACIFIC6000 数据采集系统可以适合各种类型传感器的输出信号，是一个多通道的传感器输出信号和信号调节、记录的可编程数据采集处理系统。它采用模块化体系结构设计，使得系统结构紧凑、组合方便。它还能产生数字量和模拟量输出用于实验或现场控制。系统原理图如图 12－10 所示。

不同类型传感器的输出信号被送入模拟量通道模板（板的型号为 MODEL6033，6013，6018），输入到模板上的信号可以是应变片电桥的信号，也可以是热电偶或者热电阻的信号。这些信号进入模板后被放大、滤波、采样/保持，

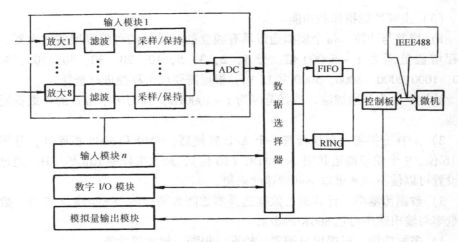

图 12－10　PACIFIC6000 数据采集系统的原理框图

再经过 A/D 转换，一块板上的 8 路信号共用一个 A/D。经过 A/D 转换后的数字信号和数字 I/O 板（MODEL6040）输出的数字信号以及计数板 6048 输出的数字信号被送入数字化数据选择器（Digital Data Selector 简称 DDS）。数据经过 DDS 存入其中的两个并行缓存器（FIFO 先入先出数据缓存器和 RING 环行缓存器）后，经高速 IEEE—488.2 接口，送入计算机进行显示、处理和存储。

数据选择器 DDS 装配在系统控制板上，经 A/D 转换后的数字信号以最高速率（10K/S/CH）送到 DDS。DDS 再按程序事先设定的对不同通道的不同采样速率选择采样点，使得采集系统可以最有效地利用存储空间。

先入先出数据缓存器和环行缓存器的容量均为 2MB。先入先出数据缓存器的作用是暂时存储采集数据，等待送入计算机，以免丢失数据。环行缓存器的作用是可以高速记录触发前后所选择的某通道的瞬态变化情况，通过编程可设置 4 种触发条件（包括警告和报警界限的快速响应的硬件检测）。具体保存哪个通道的数据，以什么速率保存均可事先设定。

先入先出数据缓存器和环行缓存器可以采用不同的工作速率。例如，某大型实验需要一星期时间，要求记录其全过程，并希望详细了解实验过程中的失效情况，此时可以把先入先出数据缓存器设置为较慢的记录速度，如 1 次/min；而把环行缓存器设置为较快的记录速度，如 1000 次/s。

通道控制板中有一个 CPU，用于控制通道的各种功能（自平衡、校准和数据输出），且用于响应计算机指令，处理各通道的操作参数。这些操作参数依通道在机箱中的位置存储在此板上的一个非易失性存储器 RAM 里。

通道 I/O 模块板实现对传感器输出信号的调节和数字化。每块板上有一个 EPROM，用于存储该板上的通道校准和其他的一些信息。

（3）主要性能指标和功能

1）增益与滤波　每个模拟通道具有独立的高质量的可编程增益放大器，可编程增益范围为 1～5 000 倍，分 1，2，3，5，10，20，30，50，100，300，500，1000,2000，3000，5000 共 15 档，根据需要可由程控进行选择。

滤波模块为低通滤波。选择范围为 1～1000Hz，且为 7 个带宽的 4 级低通滤波器。

2）A/D 变换器　每块板有一个 A/D 转换器，6040 和 6048 板除外，分辨率为 16 位。8 个模拟通道共用一个 ADC（16 位），最大采样率 10K/S/CH。通过软件设置可以使不同通道以不同的速度采集。

3）数据传输率　计算机与数据选择器之间为高速的 IEEE488.2 接口，数据存盘率与输出速率可达 800Kword/s。

4）多种功能　可提供自调零、校准、报警、触发等功能。

5）通道容量　每个机箱有 16 个槽，可配置 16 块 I/O 模板，系统最大容量为 4096 个通道，相应的需要多个从机箱。

6）测量精度　0.02%～0.05%FS。

7）输入范围　±（2～10）mV。

综上所述，6000 系统是一个现代化的先进的大型数据采集控制系统。其主要特点是容量大、集成度高、精度高、采集速度快、智能化、自动化程度高、采集软件界面标准化等。与美国早期生产的 NFFF620 数据采集系统相比，其速度、精度及集成度都有提高。

第四节　虚 拟 仪 器

虚拟仪器（Virtual Instrument）是通过软件将通用计算机与有关仪器硬件结合起来，用户通过图形界面（通常称为虚拟前面板）进行操作的一种仪器。

虚拟仪器的开发和应用起源于 1986 年美国 NI（National Instruments）公司推出的 LabVIEW 软件，并提出了虚拟仪器的概念。虚拟仪器利用计算机系统的强大功能，结合相应的仪器硬件，采用模块式结构，大大突破了传统仪器在信号传送、数据处理、显示和存储等方面的限制，使用户可以方便地对其进行定义、维护、扩展和升级等；同时实现了系统的资源共享，降低了成本，从而显示出强大的生命力，并推动仪器技术与计算机技术的进一步结合。

一、虚拟仪器的组成

虚拟仪器的基本部件包括计算机、软件、仪器硬件以及将计算机与仪器硬件相连接的总线结构。

计算机是虚拟仪器的硬件基础，对于测试与工业自动控制而言，计算机是功能强大、价格低廉的运行平台。由于虚拟仪器充分利用了计算机的图形用户界面（GUI），所开发的具体应用程序都基于 Windows 运行环境，所以计算机的配置必须合适。GUI 对计算机的 CPU 速度、内存大小、显示卡性能等都有最基本的要求，一般而言要使用 486 以上的 CPU 和 16M 以上内存的计算机才能获得良好的效果。

除此以外，虚拟仪器还须配备其他硬件设备，如各种计算机内置插卡或外置测试设备以及相应的传感器，才能构成完整的硬件系统。实际应用中有两种构成方式，一种是直接把传感器的输出信号经放大调理后送到 PC 内置的专用数据采集卡，然后由软件完成数据处理。目前许多厂家已经研制出许多用于构建虚拟仪器的数据采集 DAQ 卡。一块 DAQ 卡可以完成 A/D 转换、D/A 转换、计数器/定时器等多种功能，再配以相应的信号调理电路模块，就可构成能组成各种虚拟仪器的硬件平台。

另一种是把带有某种接口的能与计算机通信的各种测试仪器连接到 PC 上，例如 GPIB 仪器、VXI 总线仪器、PC 总线仪器以及带有 RS—232 口的仪器或仪器卡。

基本硬件确定以后，要使虚拟仪器能按照用户要求定义，必须有功能强大的软件。软件部分一般由仪器驱动软件和监控系统软件组成。其中，设备驱动软件主要是完成各种硬件接口功能的控制程序，虚拟仪器通过设备驱动软件与真实的仪器系统进行通信，并以虚拟仪器面板的形式在显示器上显示与真实仪器面板操作元素相对应的各种控件。在这些控件中集成了对应仪器的程控信息，所以用户用鼠标操作虚拟仪器面板就如同操作传统仪器一样真实与方便。IN 公司提供了数百种 GPIB、VXI、RS—232 等仪器和 DAQ 卡的驱动程序。有了这些驱动程序，只要把仪器的用户接口代码及数据处理软件组合在一起，就可以迅速而方便地构建一台新的虚拟仪器。监控系统软件通过仪器驱动程序和 I/O 接口软件实现对硬件的操作，进行数据采集，同时完成诸如数据处理、数据存储、报表打印、趋势曲线、报警和记录查询等功能。系统软件部分直接面对操作人员，要求有良好的人机界面和操作方便。这里，硬件部分实现数据采集功能并提供数据处理的具体环境，而数据的处理、显示和存储则由软件来完成。所以说软件是虚拟仪器系统的核心，由它来定义仪器的具体功能。

当前流行的虚拟仪器软件是图形软件开发环境，其代表产品有 LabVIEW 和 HP 公司的 VEE。LabVIEW 所面向的是没有编程经验的一般用户，尤其适合于从事科研、开发的工程技术人员。它是一种图形程序设计语言，把复杂、繁琐和费时的语言编程简化为简单、直观和易学的图形编程，编写的源程序很接近程序流程图。同传统的编程语言相比，采用 LabVIEW 图形编程方式可以节约 80% 的编程时间。为了便于开发，LabVIEW 还提供了包含四十多个厂家的 450 种以上的仪器驱动程序库，集成了大量的生成图形界面的模板，包括数字滤波、信号分析、信号处理等各种功能模块，可以满足用户从过程控制到数据处理等的各项工作。

HP 公司的 VEE4.0 也是一种优秀的可视化编程语言。另外还有 Lab Windows/CVI 和加载于 Visual BASIC 下的 Component Works 等。

二、虚拟仪器的分类与应用

虚拟仪器根据所采用总线方式的不同，可以分为以下四种类型。

1. PC 总线—插卡型虚拟仪器

这种方式借助于插入 PC 机中的数据采集卡和专用软件（如 LabVIEW）相结合，完成具体的数据采集和处理的任务。它充分利用 PC 的总线、机箱和电源等硬件资源以及极其丰富的软件资源。其关键还在于 A/D 转换的精度和速度。插卡式仪器适用于小型的、廉价的、精度要求不十分高的数据采集系统。然而，这类仪器受计算机机箱和总线的限制，还有机箱内部噪声电平较高且无屏蔽以及插槽尺寸较小且数量少等缺点。

2. GPIB 总线方式的虚拟仪器

这种系统是在微机中插入一块 GPIB 接口卡，通过 24 或 25 线电缆连接到仪器端的 GPIB 接口。一块 GPIB 接口卡最多可带 14 台仪器。当微机的总线变化时，例如采用 ISA 和 PCI 等不同总线，接口卡也要随之变更，其余部分可保持不变，从而使 GPIB 系统能适应微机总线的快速变化。由于 GPIB 系统是在 PC 出现的初期问世，所以有一定的局限性，如其数据线只有 8 根，传输速率最高 1MB/s，传输距离 20m（加驱动器可达 500m）等。尽管如此，目前它仍是仪器、仪表及测控系统与计算机互连的主流并行总线。

3. VXI 总线方式的虚拟仪器

该系统是将若干仪器硬件模块插入具有 VXI 总线的机箱内，仪器模块没有操作和显示面板，必须由计算机来控制和显示。在该系统中围绕机械、电气、控制方式、通信协议、电磁兼容、软面板、驱动程序、I/O 控制，乃至机箱、印制电路板的结构，通风散热等都做了详细的规定，使不同厂家的 VXI 总线产品相互兼容。VXI 系统最多可包含 256 个器件（装置），可组成一个或多个子系统，每个子系统最多可包含 13 个插入式模块，插入同一个机箱内，在组建大、中规模自动测量系统以及对速度、精度要求高的场合，具有其他仪器无法比拟的优势。VXI 总线支持即插即用，人机界面良好，资源利用率高，容易实现系统集成，大大地缩短了研制周期，且便于升级和扩展。不足的是 VXI 系统的成本相对较高。

4. PXI 总线方式的虚拟仪器

PXI 总线是 1997 年美国 NI 公司发布的一种高性能低价位的开放性、模块化仪器总线。PXI 将 Windows NT 和 Windows 95 定义为其标准软件框架，并要求所有的仪器模块都必须带有按 VISA 规范编写的 WIN32 设备驱动程序，使 PXI 成为一种系统级规范，便于系统的集成和使用。

随着网络技术的发展，VI 技术也必然走标准化、开放性的技术路线，目前 VI 已发展成具有 GPIB、PC – DAQ、VXI 和 PXI 四种标准体系结构的开放技术。由于虚拟仪器技术以 PC 为平台，具有方便、灵活的互联能力，而且 NI 等公司已开发出通过 Web 浏览器观测这些嵌入式设备的产品，使人们可以通过因特网来操作仪器设备，进而形成遍布各处的分布式测控网络。随着测量和控制过程的进一步网络化，虚拟化的测控技术必将在测控领域发挥更大的作用。

第五节 干扰及抑制方法

为提高数据采集系统在实际工作现场中的安全性和可靠性，对该系统采取抗干扰措施是必不可少的。干扰对系统的安全可靠运行造成的后果主要表现为：

1）数据采集误差加大　干扰窜入测量系统模拟信号的输入通道，使模拟信号失真、数字信号出错，其直接后果将是使采集的数据误差加大，当对微弱信号测量时，影响更加突出。

2）数据受干扰发生变化　在干扰的影响下 RAM 中的数据有可能被改写，这将使某些决定性的参数被破坏或改变某些芯片的工作方式，从而造成数据出错、控制失灵等。

3）数据采集系统失常　干扰侵入系统内核，使总线数据错乱，CPU 得到错误信息，程序计数器 PC 出错，从而程序运行就会出现混乱，使数据采集系统工作失常。

为此，为了抑制和减弱干扰，首先要弄清干扰或噪声的来源及作用方式和途径，然后在此基础上采取各种有效的措施。

一、干扰源

干扰又称噪声，其主要因素包括系统内部和外部的各种电气干扰、系统结构设计、元器件选择、安装、制造工艺和外部环境条件等。噪声有着不同的分类方法，从来源上讲一般可分为外部噪声和内部噪声。外部噪声一般是指测试系统外部的电气设备在接通与断开时产生的瞬变电火花或辐射电磁波。内部噪声是指系统内部固有的噪声，系统内信号间的串扰等；若按噪声的产生原因和作用方式分类，可分为静电噪声、磁噪声、电磁辐射噪声、公共阻抗噪声等。一般常见干扰（噪声）源有以下几种。

1. 外部干扰

外部干扰又可分为来自自然界的干扰和来自电器设备的干扰。例如，大气层发生的雷电、电离层的变化、太阳黑子的电磁辐射及来自宇宙的电磁辐射等。对于长期存在的自然干扰，由于能量微弱，可以忽略。但对于强烈的干扰，如雷电等，则不能忽略其影响，此时最好设法回避或屏蔽。

来自电器设备的干扰主要有大电流及电压变化率引起的噪声。如当大型感性负载通断时，在开关接点处会产生电弧，还有高压输电线引起的电晕放电，金属电焊引起的弧光放电等，这种瞬变过程形成的噪声通过公用电源线传入信号电路，或通过相邻导线耦合到信号电路中。还有电路中不可避免的工频干扰等。

2. 内部干扰

内部干扰主要是由于设备内部和系统的公共线与地线引起的噪声。设备内部干扰主要是设计不良或者是内部器件在工作时产生的热噪声、散粒噪声和闪烁噪声等。热噪声一般是由电阻一类导体中电子不规则运动产生的电压变化，散粒噪声是由于电子管、晶体管等中的电子不规则发射产生的电压起伏，还有电源变压器引起的噪声等。

系统的公共线与地线引起的干扰，主要是由于电子设备中常将系统的零线与信号返回的公共线连接到一个公共导体上，形成一条公共地线，这在原理上是正确的，但实际系统中若处理不好，就会产生严重噪声干扰。例如，当弱电信号与强电装置共用一条公共零线，多路信号线共用一根返回线，不适当的接地（像屏蔽层两端接地，屏蔽层绝缘不好等）等都会产生噪声；在高频线路中特别容易引起信号的窜扰。

噪声的来源是多方面的，除上述几种情况外，还有很多易被人们忽视的因素也能成为噪声源，例如接触不良造成的接触噪声，不同导体相连形成的热电噪声等。

通常，信噪比是衡量被测信号和干扰噪声相对大小的指标，以 SNR 表示，一个测量系统的实际分辨率是指在保证系统输出端达到一定信噪比要求的情况下，系统的输入端必须达到的最小信号电压。显然，系统受干扰越大，其实际分辨率就越低，测量精度也越低，从测试角度看，希望 SNR 尽量大。

二、干扰的作用方式

各种噪声源产生的干扰电压，通过各种渠道进入数据采集系统，使测量结果产生误差，根据干扰进入测量电路的方式，可将干扰分为串模（又称差模）干扰和共模干扰（也称并联干扰）。

1. 串模干扰

在被测信号两端与被测信号串联的干扰电压称为串模干扰。串模干扰产生的原因一般是外部高压线路交变磁场通过分布电容耦合进线路和电源交变磁场漏电流的耦合，很多情况是通过供电线路窜入的，叠加在各种不平衡输入信号和输出信号上。

2. 共模干扰

共模干扰电压是出现在信号的任一输入端和公共端（大地或机壳）之间的干扰电压。在模拟信号传输过程中，由于静电感应及地电位不等，均可以在传输线上形成共模干扰电压。共模干扰往往都是转换成串模干扰以后才能暴露出其干扰的结果。

三、抑制干扰的措施

对一个系统受干扰的程度常表示为：$S = WC/I$。其中，S 为系统受干扰的程度，W 为干扰源的强度，C 为干扰源对系统的耦合因素，I 为系统的抗干扰性能。因此为减少或抑制噪声的干扰，测试前，要对周围环境作周密细致的调查分析或反复多次做实验，首先应准确地判断噪声的来源，尽量减小干扰源的强度 W，当然抑制干扰的最根本办法是消除或远离噪声源；其次要搞清楚噪声的传播途径或作用方式，尽量切断或降低干扰耦合因素 C。如果受条件限制不能这样做时，就要采取防护措施，提高系统的抗干扰能力 I。下面就几种常用的抑制干扰的措施做简单介绍。

1. 电源噪声的抑制

一般来说如果电源噪声得到抑制，系统的抗干扰问题也就解决了近一半。常采用的方法有分类及分立供电、变压器的初级屏蔽、减少变压器的泄漏磁通等。为抑制来自交流电网的瞬变噪声，最广泛采用的方法就是在各电子设备的电源进线端加接电源滤波器。在直流电路中为抑制感性负载产生的瞬变噪声，最好的办法是在产生噪声的设备上采取措施，如在继电器两端加装一个抑制电路。

2. 共模噪声的抑制

为抑制共模噪声主要方法有选用高质量的差动放大器、选择良好的接地、尽量做到平衡对称输入，最主要的就是做好屏蔽。通常采用屏蔽线作为信号传输导线，同时要求屏蔽层正确地接地。导线的屏蔽层在信号源端通过外壳接地，而在接收端则接到仪器的内层屏蔽壳上，内外层屏蔽是相互绝缘的。采用隔离变压器抑制共模干扰，在信号源与测试仪器之间加装隔离变压器也可以抑制共模干扰。

对于直流或低频信号可以采用光电耦合器及隔离放大器来隔离。由于信号源与测试仪器之间是用光来耦合的，故二者之间的地电位被隔断，即使地电位不同也不会形成共模干扰。

3. 利用前置放大器，提高信噪比

如果把放大器设置在信号源附近，把信号放大后再进行长线传输。此时，由于传输线上的噪声没有被放大，因此提高了信噪比。最好采用抗共模干扰好的测量放大器。

4. 多路数据系统的共模干扰及抑制

当多路模拟信号共用一个放大器和 A/D 转换器时，要注意在切换多路信号

的同时也要切换它的屏蔽层。

5. 模拟信号的滤波

在测试现场，差模噪声的主要成分是 50Hz 交流及其谐波，当被测信号缓慢变化时，利用无源、有源 RC 滤波器或集成芯片滤波器进行滤波，可以较好地抑制差模噪声。但应指出这是以牺牲测试系统的带宽为代价的。

6. 信号传输线的选择与铺设方法

信号传输线最好采用双绞屏蔽线。在长距离传输高频信号的情况最好采用同轴电缆。

在铺设信号线时要注意以下几点：

1）易产生噪声的导线尽量远离低电平信号线，避免把它们捆扎在一起或平行走线。

2）较长的低电平信号传输线应采用双绞屏蔽线，并将其置于钢管中。

3）较长的信号传输线布线时应力求短、直，并最好固定起来。

4）低电平信号传输线布线时避免通过产生噪声的设备。

5）在满足阻抗匹配的情况下应尽量减小电路的输入阻抗。

7. 接地

抑制干扰的一个重要措施是将系统正确接地，其虽然简单，但如果处理不好，会使干扰大大增加，甚至使系统无法工作。测试系统中的地线可分为以下 4 类：

1）保护地（又称为安全地） 这个地一般是指大地，将仪器的外壳屏蔽层接地，要求接地电阻小于 4Ω。

2）信号地（模拟地） 它是电路中输入与输出的零信号电位公共地，它本身可能与大地是隔离的。信号地又分为模拟信号地和数字信号地。模拟信号一般较小，对地线的要求较高。

3）信号源地 是传感器本身的零信号电位基准公共线。

4）交流电源地 为了设备安全而采取的保护接地措施，注意其与零线不同。它是为三爪插头用的。

正确接地的目的是为了消除公共地线阻抗所产生的共阻抗耦合干扰，并避免受磁场和电位差的影响，使其不能形成地电流回路，避免产生磁场耦合干扰。常用的接地方法可归结为图 12 – 11 所示的 3 种形式。其中，图 12 – 11a 是共用地线串联一点接地，由于接地导线事实上存在电阻，而各接地线又串联入地，因此各电路的接地电位均受其他电路电流影响，所以这种接地方式不理想。图 12 – 11b 中各信号源

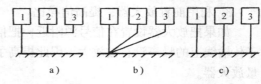

图 12 – 11 信号地接地方式

为独立地线，然后在一点并联接地。这种方式可避免电阻耦合干扰，最适合于低频，不适合高频。图 12 - 11c 中各信号源为独立地线，然后在多点并联接地，这种方式适合高频。

上述方法有时须同时采用才能奏效。但一般情况下，噪声干扰是难以完全消除的，只能尽量将它抑制在工程上允许的最小程度。

以上是硬件抗干扰措施，一般来说已将绝大多数干扰拒之门外。但仍然有少数干扰窜入系统，引起不良后果，故软件抗干扰措施作为第二道防线也是必不可少的，但这是以 CPU 的价格为代价的。因此，一个成功的抗干扰系统应使两者结合，充分发挥硬件抗干扰效率高、软件投资低的优点。软件抗干扰措施一般有指令冗余技术、软件陷阱技术、"看门狗"技术、数字滤波技术等，详细技术请参阅有关专著，在此不做具体介绍。

习题与思考题

12 - 1　计算机数据采集系统的设计原则、设计内容及设计步骤有哪些？

12 - 2　计算机数据采集系统主要有哪些功能部分组成？

12 - 3　什么是虚拟仪器？虚拟仪器是怎样组成的？

12 - 4　计算机数据采集系统一般有哪几种地线？有几种主要的接地方式？

12 - 5　对计算机数据采集系统产生干扰的因素有哪些？如何进行干扰抑制？

12 - 6　计算机数据采集系统中通常采用哪些可靠技术？

附　录

镍铬—镍硅热电偶热电势分度表　　　　　　冷端温度为0℃

工作端温度/℃	0	1	2	3	4	5	6	7	8	9
	热电势/mV									
0	0.00	0.04	0.08	0.12	0.16	0.20	0.24	0.28	0.32	0.36
10	0.40	0.44	0.48	0.52	0.56	0.60	0.64	0.68	0.72	0.76
20	0.80	0.84	0.88	0.92	0.96	1.00	1.04	1.08	1.12	1.16
30	1.20	1.24	1.28	1.32	1.36	1.41	1.45	1.49	1.53	1.57
40	1.61	1.65	1.69	1.73	1.77	1.82	1.86	1.90	1.94	1.98
50	2.02	2.06	2.10	2.14	2.18	2.23	2.27	2.31	2.35	2.39
60	2.43	2.47	2.51	2.56	2.60	2.64	2.68	2.72	2.77	2.81
70	2.85	2.89	2.93	2.97	3.01	3.06	3.10	3.14	3.18	3.22
80	3.26	3.30	3.34	3.39	3.43	3.47	3.51	3.55	3.60	3.64
90	3.68	3.72	3.76	2.81	3.85	3.89	3.93	3.97	4.02	4.06
100	4.10	4.14	4.18	4.22	4.26	4.31	4.35	4.39	4.43	4.47
110	4.51	4.55	4.59	4.63	4.67	4.72	4.76	4.80	4.84	4.88
120	4.92	4.96	5.00	5.04	5.08	5.13	5.17	5.21	5.25	5.29
130	5.33	5.37	5.41	5.45	5.49	5.53	5.57	5.61	5.65	5.69
140	5.73	5.77	5.81	5.85	5.89	5.93	5.97	6.01	6.05	6.09
150	6.13	6.17	6.21	6.25	6.29	6.33	6.37	6.41	6.45	6.49
160	6.53	6.57	6.61	6.65	6.69	6.73	6.77	6.81	6.85	6.89
170	6.93	6.97	7.01	7.05	7.09	7.13	7.17	7.21	7.25	7.29
180	7.33	7.37	7.41	7.45	7.49	7.53	7.57	7.61	7.65	7.69
190	7.73	7.77	7.81	7.85	7.89	7.93	7.97	8.01	8.05	8.09
200	8.13	8.17	8.21	8.25	8.29	8.33	8.37	8.41	8.45	8.49
210	8.53	8.57	8.61	8.65	8.69	8.73	8.77	8.81	8.85	8.89
220	8.93	8.97	9.01	9.06	9.09	9.14	9.18	9.22	9.26	9.30
330	9.34	9.38	9.42	9.46	9.50	9.54	9.58	9.62	9.66	9.70
240	9.74	9.78	9.82	9.86	9.90	9.95	9.99	10.03	10.07	10.11
250	10.15	10.19	10.23	10.27	10.31	10.35	10.40	10.44	10.48	10.52

（续）

工作端温度/℃	0	1	2	3	4	5	6	7	8	9
	热电势/mV									
260	10.56	10.60	10.64	10.68	10.72	10.77	10.81	10.85	10.39	10.93
270	10.97	11.01	11.05	11.09	11.13	11.18	11.22	11.26	11.30	11.34
280	11.38	11.42	11.46	11.51	11.55	11.59	11.63	11.67	11.72	11.76
290	11.80	11.84	11.88	11.92	11.96	12.01	12.05	12.09	12.13	12.17

工作端温度/℃	0	10	20	30	40	50	60	70	80	90
	热电势/mV									
300	12.21	12.62	13.04	13.45	13.87	14.30	14.72	15.14	15.56	15.99
400	16.40	16.83	17.25	17.67	18.09	18.51	18.94	19.37	19.79	20.22
500	20.65	21.08	24.50	21.93	22.35	22.78	23.21	23.63	24.05	24.48
600	24.90	25.32	25.75	26.18	26.60	27.03	27.45	27.87	28.29	28.71
700	29.13	29.55	29.97	30.39	30.81	31.22	81.64	32.05	32.46	32.87
800	33.29	33.69	34.10	34.51	34.91	35.32	35.72	36.13	36.53	36.93
900	37.33	37.73	38.13	38.53	38.92	39.32	39.72	40.10	40.49	40.88
1000	41.27	41.66	42.04	42.43	42.83	43.21	43.59	43.97	44.34	44.72

参 考 文 献

1 姜建国等. 信号与系统分析基础. 北京：清华大学出版社，1994
2 黄长艺，严普强. 机械工程测试技术基础. 第2版. 北京：机械工业出版社，1995
3 严钟豪，谭祖根. 非电量电测技术. 第2版. 北京：机械工业出版社，1988
4 张琳娜，刘武发. 传感检测技术及应用. 北京：中国计量出版社，1999
5 辛淑华，施卫. 现代机电工程测试技术. 广州：华南理工大学出版社，2001
6 黄惟公，曾盛绰. 机械工程测试技术与信号分析. 重庆：重庆大学出版社，2002
7 陈花玲. 机械工程测试技术. 北京：机械工业出版社，2002
8 李守智，田敬民. 智能传感器技术及相关工艺的研究进展. 传感器技术，2002，21（4）：61～64
9 张国雄，金篆芷. 测控电路. 北京：机械工业出版社，2001
10 秦世才，钱其璎等. 集成运算放大器实用电路. 天津：天津科学技术出版社，1981
11 王锡良. 机械量测试技术. 沈阳：东北大学出版社，1993
12 施文康，徐锡林. 测试技术. 上海：上海交通大学出版社，1996。
13 柳昌庆，刘玠. 测试技术与实验方法. 北京：中国矿业大学出版社，1997。
14 周生国. 机械工程测试技术. 北京：北京理工大学出版社，1993
15 李方泽等. 工程振动测试与分析. 北京：高等教育出版社，1992。
16 吕崇德. 热工参数测量与处理. 北京：清华大学出版社，2001
17 曲波，肖圣兵等. 工业常传感器选型指南. 北京：清华大学出版社，2002
18 孙传友，孙晓斌. 感测技术基础. 北京：电子工业出版社，2001
19 张迎新，雷道振等. 非电量测量技术基础. 北京：北京航空航天大学出版社，2002
20 黄继昌，徐巧鱼等. 传感工作原理及其应用实例. 北京：人民邮电出版社，2000
21 刘迎春. 传感原理设计与应用. 北京：国防工业出版社，1990
22 郑淑芳，吴晓琳. 机械工程测量学. 北京：科学出版社，1999
23 樊尚春. 信号与测试技术. 北京：北京航空航天大学出版社，2002
24 王慧. 计算机控制系统. 北京：化学工业出版社，2000
25 刘洪梅，薛永毅等. 微型计算机实用接口技术. 北京：机械工业出版社，1998
26 李国厚，冯启高. 虚拟仪器技术及其开发与应用. 自动化仪表，2002，23（7）：4～6